CONSTRUCTION

DES

LIGNES ÉLECTRIQUES

AÉRIENNES.

17787. PARIS. — IMPRIMERIE GAUTHIER-VILLARS ET FILS,

QUAI DES GRANDS-AUGUSTINS, 55.

ÉCOLE PROFESSIONNELLE SUPÉRIEURE DES POSTES ET TÉLÉGRAPHES.

CONSTRUCTION
DES
LIGNES ÉLECTRIQUES
AÉRIENNES,

Par A. BOUSSAC,
INSPECTEUR GÉNÉRAL DES POSTES ET TÉLÉGRAPHES,

pas dépôt.

COURS COMPLÉTÉ

Par E. MASSIN,
INGÉNIEUR DES TÉLÉGRAPHES.

PARIS,
GAUTHIER-VILLARS ET FILS, IMPRIMEURS-LIBRAIRES
DU BUREAU DES LONGITUDES, DE L'ÉCOLE POLYTECHNIQUE,
Quai des Grands-Augustins, 55.

1894

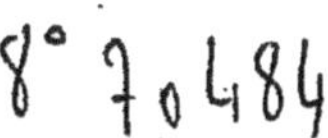

PRÉFACE.

De 1878 à la fin de 1892, toutes les générations qui se sont succédé soit à l'École de Télégraphie, soit à l'École professionnelle supérieure des Postes et Télégraphes, commis, contrôleurs, inspecteurs et élèves ingénieurs ont eu comme professeur de Construction M. Boussac.

Clair, précis, égayé fréquemment de pointes d'esprit d'une malicieuse bonhomie, l'enseignement de M. Boussac avait pour caractéristique d'être toujours approprié à ses diverses catégories d'auditeurs. Solidement appuyé de nombreux développements mathématiques dans les Leçons destinées aux élèves ingénieurs et lithographiées en 1882, il donnait la part prépondérante aux applications pratiques dans le Cours professé aux élèves de l'École professionnelle.

M. Boussac s'occupait de la publication de ce dernier Cours qui comprend vingt-cinq Leçons, et venait de corriger les épreuves de la Seizième Leçon, lorsqu'il fut frappé par la maladie qui devait l'emporter le 14 janvier 1893; et c'est à nous, son suppléant, qu'échut le soin d'achever l'ouvrage.

Nous avons trouvé dans les papiers de notre regretté Maître, les Dix-septième et Dix-huitième Leçons complètement rédigées et la Vingt-cinquième presque entièrement constituée, mais sur les six autres Leçons il n'existait absolument rien que l'indication des chapitres.

M. Boussac, lorsque la maladie est venue l'arrêter, se proposait de refaire sur de nouvelles bases les dernières Leçons qui traitent précisément la partie pratique de la Construction : le développement rapide et considérable des lignes téléphoniques urbaines et interurbaines a, en effet, créé de nouveaux besoins et apporté dans l'établissement des lignes d'importantes modifications, mais les idées nouvelles ne se sont définitivement imposées que dans le courant de 1892.

Ainsi s'expliquent l'absence de tout manuscrit sur la fin du Cours et, par suite, l'obligation où nous avons été de recourir à nos données personnelles pour la rédaction de cette partie de l'ouvrage.

E. MASSIN.

Paris, le 27 janvier 1894.

CONSTRUCTION

DES

LIGNES ÉLECTRIQUES

AÉRIENNES.

PREMIÈRE LECON.

SOMMAIRE.

Aperçu historique. — Fonction de la ligne électrique. — Conditions auxquelles doit satisfaire une bonne ligne électrique. — Objet du Cours. — *Lignes électriques aériennes.* — Éléments constitutifs d'une ligne aérienne. — *Étude spéciale du poteau.* — Nécessité de recourir à des moyens préservateurs contre la décomposition du bois par pourriture de la sève. — Classification des procédés usités à cet effet. — *Procédés de préservation par revêtement extérieur.* Carbonisation superficielle.

---

1. **Aperçu historique.** — L'existence de la ligne électrique telle que nous aurons à l'envisager dans ce Cours, c'est-à-dire comme moyen de grande exploitation, ne remonte pas à une époque éloignée. La première grande ligne qui ait été construite est, en effet, celle de Paris à Rouen; elle ne date que de 1844.

Jusqu'à cette époque, la télégraphie électrique n'avait pas franchi le domaine des expériences physiques ou de simple curiosité. On doutait qu'il fût possible d'isoler suffisamment un fil conducteur pour lui permettre de transmettre l'électricité entre deux points éloignés l'un de l'autre.

Tant qu'on n'a connu que l'électricité statique, il est certain que les appréhensions étaient fondées; car cette électricité était d'une production très pénible et d'un isolement très difficile. La découverte de l'électricité dynamique vint, il est vrai, au commencement de ce siècle ouvrir une voie nouvelle aux recherches en permettant de substituer une source permanente d'électricité, telle que la pile, aux bouteilles de Leyde dont on s'était servi jusqu'alors. Néanmoins, la télégraphie électrique continua jusqu'en 1839 à n'être considérée que comme une expérience curieuse, mais sans utilité pratique. L'importante question de savoir s'il serait possible d'obtenir, sur une grande longueur, un isolement suffisant du fil conducteur sans une trop forte dépense n'était pas encore résolue.

Cependant, on ne tarda pas à reconnaître que des fils métalliques suspendus au moyen d'isolateurs en porcelaine ou en verre étaient capables de transmettre le courant électrique avec une intensité suffisante pour faire fonctionner les appareils et, après de nombreux tâtonnements, on arriva enfin à la solution complète et pratique de la question.

La ligne de Paris à Rouen dont il a été déjà question fut établie par l'initiative de M. Alphonse Foy, alors chef de l'Administration des Télégraphes et malgré des oppositions de toute nature. Elle aida beaucoup aux résultats obtenus parce qu'elle permit de faire des expériences décisives, au point de vue pratique, notamment en ce qui concernait la suppression du fil de retour et son remplacement par une communication à la terre aux deux extrémités de la ligne.

Enfin, en 1846, une compagnie s'organisa, en Angleterre, en vue d'une véritable exploitation télégraphique.

C'est donc à 1846 qu'il faut fixer en réalité la date de l'application en grand de l'électricité. Mais, depuis cette époque, les réseaux électriques se sont développés dans tous les pays avec une rapidité extraordinaire. Les moyens d'action se sont améliorés. En outre, des communications ont été établies sous les mers, en sorte qu'aujourd'hui on peut dire que les lignes électriques couvrent le monde entier.

C'est là un résultat merveilleux et sans exemple dans l'histoire des Sciences appliquées.

2. Fonction de la ligne électrique, conditions qu'elle doit remplir. — La fonction d'une ligne électrique est de transmettre l'électricité, c'est-à-dire la force motrice qui doit mettre en mouvement les appareils télégraphiques ou téléphoniques. D'où il suit qu'une bonne ligne électrique doit transmettre rapidement et fidèlement le courant d'une extrémité à l'autre. Elle ne doit donc présenter ni solution de continuité ni interposition d'un corps susceptible d'arrêter ou même de retarder la propagation de l'électricité.

Cette condition sera facilement remplie en prenant des *fils métalliques* qui sont toujours *conducteurs*.

En second lieu, une bonne ligne ne doit offrir à l'électricité aucune voie d'écoulement autre qu'elle-même. Le conducteur doit donc être *isolé* sur tout son parcours.

Outre ces *conditions essentielles*, la ligne doit présenter une solidité suffisante, fournir, le plus longtemps possible, un service régulier et être établie de telle manière que les moindres défauts puissent être facilement recherchés et promptement réparés.

Enfin, on doit tenir compte de la dépense qu'il faut réduire au minimum possible.

En résumé, les conditions qui constituent une bonne ligne électrique sont :

1° Deux conditions essentielles : conductibilité, isolement;

2° Trois conditions pratiques : d'être solide, durable et établie dans les meilleures conditions possibles de bon marché.

3. **Diverses espèces de lignes électriques. Objet du Cours.** — Au point de vue des procédés de construction, il y a trois manières distinctes d'établir une ligne électrique :

1° Suspendre le conducteur nu dans l'atmosphère en le privant de tout contact avec le sol; c'est la *ligne aérienne*.

2° Enfouir le conducteur sous terre ou le placer dans des galeries, dans des égouts ou sous des tunnels, etc., après l'avoir préalablement recouvert d'un diélectrique; on a la *ligne souterraine*.

3° Déposer le conducteur au fond de la mer, après l'avoir préalablement revêtu d'un diélectrique comme précédemment; on obtient la *ligne sous-marine*.

Les seules lignes que nous ayons à considérer dans cette partie du Cours de construction et matériel sont celles de la première espèce. Notre objet sera donc exclusivement l'étude des *principes* et des *règles relatives à la construction et à l'entretien des lignes électriques aériennes.*

LIGNES ÉLECTRIQUES AÉRIENNES.

4. **Éléments d'une ligne électrique aérienne.** — Une ligne électrique aérienne peut être télégraphique ou téléphonique.

Je m'occuperai tout d'abord de la ligne télégraphique et, en même temps, de ce qui est commun entre cette ligne et la ligne téléphonique. Les considérations particulières relatives à cette dernière ligne feront l'objet de leçons spéciales.

5. Dans une ligne aérienne il est nécessaire de suspendre le fil à une certaine hauteur au-dessus du sol, pour éviter : 1° les pertes à la terre, 2° les accidents, 3° les effets de la malveillance et 4° afin de ne pas gêner la circulation. Pour cela, on installe le fil sur des appuis qui sont : des poteaux en bois ou métalliques, quelquefois des arbres vivants et, au besoin, des potelets ou des appuis spéciaux scellés aux murs, aux balustrades des ponts, etc. Le *poteau* étant l'appui le plus généralement employé et les autres genres n'étant que des exceptions, confondons, pour le moment, tous les appuis sous la désignation générale de *poteau*.

Pour isoler le fil, on interpose entre ce fil et le poteau une substance isolante nommée *isolateur*. L'isolateur est relié au poteau au moyen de tiges et de consoles. Nous comprendrons, pour le moment, le tout sous la désignation générale d'*isolateur*.

Une ligne aérienne est donc composée de trois éléments : 1° le poteau ; 2° l'isolateur ; 3° le fil.

Avant d'aborder l'examen des règles et des procédés de construction nous étudierons séparément chacun de ces trois éléments dans l'ordre qui vient d'être indiqué.

ÉTUDE SPÉCIALE DU POTEAU.

6. **Nomenclature des poteaux usités en France.** — Les poteaux sont de deux espèces : *poteaux en bois* et *poteaux métalliques.*

Les poteaux en bois, dont l'idée a dû évidemment se présenter la première à l'esprit, sont encore d'un emploi à peu près exclusif.

Nous ne nous occuperons pour le moment que des poteaux en bois, les poteaux métalliques feront ultérieurement l'objet d'une leçon spéciale.

A l'origine, les lignes télégraphiques étaient établies le long des chemins de fer et ne portaient qu'un petit nombre de fils. Les poteaux avaient 6^m de longueur, sauf aux passages à niveau et aux croisements de voies où l'on plaçait des poteaux dits *d'exhaussement* et ayant 9^m de longueur.

Aujourd'hui, les lignes sur chemin de fer comportent la plupart du temps un grand nombre de fils; on construit non seulement sur les routes, mais même en dehors de toute voie de communication. Les poteaux sont plus longs; ils varient entre 7^m et 10^m; ceux d'exhaussement entre 10^m et 12^m, sauf dans des cas tout à fait particuliers où l'on a besoin d'une hauteur exceptionnelle; on emploie alors des appuis de 15^m à 18^m, soit tout d'une pièce, soit composés d'assemblages.

Au surplus, voici les longueurs des poteaux usités en France, telles qu'elles figurent à la nomenclature du matériel de l'Administration.

Poteaux	injectés de	5^m à $6^m,50$.
»	»	$6^m,50$ à $7^m,50$.
»	»	$7^m,50$ à 9^m.
»	»	9^m à 10^m.
»	»	10^m à 11^m.
»	»	11^m à 12^m.
»	»	12^m.
»	»	plus de 12^m.

Ces diverses longueurs peuvent être résumées en cinq types moyens, savoir :

Poteaux de	6,50.
»	8^m.
»	10^m.
»	12^m.
»	15^m.

C'est ainsi qu'on les définit dans les cahiers des charges pour les fournitures faites à l'adjudication.

Pour nos études, nous adopterons cette nomenclature résumée en cinq types.

7. Nécessité de recourir à des moyens préservateurs pour les poteaux. — Si, pour obtenir un poteau, il suffisait de couper un arbre, de l'écorcer et de le scier à la longueur voulue, la question serait bien simple ; mais ce procédé ne saurait être employé que dans des cas très rares ou d'une urgence tout à fait exceptionnelle.

L'expérience démontre, en effet, que, dans ces conditions, les poteaux, surtout ceux qui proviendraient d'arbres à essences tendres, tels que pins, sapins, aunes, peupliers, etc., seraient promptement pourris et ne fourniraient par suite qu'un service absolument insuffisant.

On a donc été conduit à n'employer les poteaux en bois qu'après avoir pris les mesures nécessaires pour les soustraire, autant que possible, aux causes de destruction qui atteignent les arbres abattus.

8. Constitution de l'arbre et circulation de la sève. — Avant d'exposer ces causes, disons un mot de la structure de l'arbre et de la circulation de la sève.

Si l'on fait une section dans un tronc d'arbre par un plan perpendiculaire à son axe (*fig.* 1), on remarque :

Fig. 1.

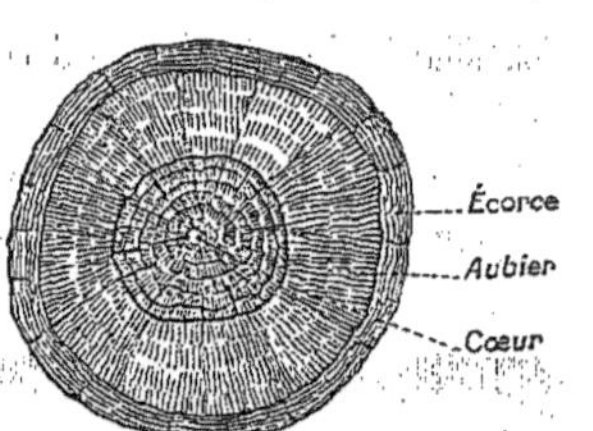

1° A la partie externe une enveloppe généralement rugueuse qui est l'*écorce*.

2° En se rapprochant du centre, une zone appelée l'*aubier* qui est du bois récent, encore imparfait.

3° Plus près du centre une autre zone constituant le *cœur ;* c'est de l'ancien aubier dont les vaisseaux ont été oblitérés ou incrustés ; en un mot, du bois dur.

Ces diverses parties constituent une réunion de canaux longitudinaux dont les parois sont formées par les fibres et qui sont destinés à la circulation de la sève. Cette sève admise par les racines s'élève tout le long des canaux séveux, principalement sous l'action de l'aspiration des feuilles, jusqu'au sommet des branches les plus déliées. Là, au contact de l'air, la sève devient nutritive ; elle redescend sous l'écorce, en nourrissant l'arbre et accroissant l'aubier. D'autre part, une partie de l'aubier qui confine au cœur, s'incruste et se transforme elle-même en cœur.

9. **Causes d'altération des bois destinés à faire des poteaux.** — Maintenant, lorsqu'un arbre a été abattu et qu'il est abandonné à lui-même, quelles sont les causes qui tendent à l'altérer?

Les substances albuminoïdes contenues dans la sève fermentent sous l'action de la chaleur et de l'humidité; elles se putréfient et déterminent ensuite la fermentation et l'altération des autres parties de l'arbre jusques et y compris les fibres ligneuses elles-mêmes. Il faut ajouter que ces substances, une fois fermentées, hâtent l'altération du bois parce qu'elles sont devenues propres à la nourriture des parasites (insectes ou champignons). Les premiers finissent par broyer et détruire les fibres ligneuses; les seconds se développent rapidement, détruisent également les fibres et accélèrent la décomposition en absorbant très facilement l'humidité de l'air et surtout celle du sol qu'ils fixent pour ainsi dire d'une manière permanente sur le bois.

10. **Classification des moyens préservateurs.** — Malgré leur grande diversité, les moyens employés pour remédier aux causes de destruction que nous venons d'énumérer peuvent se ramener à deux types principaux.

Le premier consiste à recouvrir le bois de matières solides ou liquides, de manière à former une sorte de *revêtement* ou d'*enduit extérieur* destiné à le protéger contre les agents de décomposition. Le principal de ces moyens de préservation par revêtement extérieur est la *carbonisation superficielle*.

Mais le mode de préservation par revêtement extérieur est incomplet par le seul fait qu'il n'étend son action qu'à la partie externe. Il est vrai que cette partie est la plus utile à préserver : 1° parce qu'elle contient l'aubier, c'est-à-dire la partie la plus susceptible d'altération; 2° parce qu'elle oppose aux agents destructeurs une première ligne de défense et que ce n'est presque toujours que, lorsque les enduits extérieurs sont atteints, que la décomposition s'achève. Mais, dans l'intérieur même du bois, les causes d'altération dues à la présence de la sève subsistent et les revêtements extérieurs ne sont que des obstacles insuffisants ou temporaires. L'air, l'eau et la chaleur ont toujours accès et finissent par pénétrer dans le bois pour y exercer leur action destructive.

Le second type général des moyens préservateurs consiste à se débarrasser du principe destructeur lui-même en *éliminant la sève.*

Cette élimination peut avoir lieu par simple *immersion.* On plonge le bois dans l'eau qui entraîne, du moins en grande partie, l'albumine soluble. C'est là un procédé connu depuis longtemps.

Si l'immersion n'est pas trop prolongée et si la dessiccation ultérieure n'est pas trop retardée, on assure ainsi au bois une plus longue durée. Mais ce procédé n'est pas complet, attendu que l'immersion n'enlève jamais qu'une partie de la sève. L'expérience l'a démontré d'une manière certaine.

Ce n'est donc pas ainsi qu'on procède généralement pour éliminer la sève. On *fait pénétrer* ou bien on *injecte* dans le bois des agents chimiques capables non seulement de chasser la sève, mais encore de former avec elle des composés inaltérables et impropres à la nourriture des parasites. Ce sont là les procédés dits *de pénétration* ou *d'injection.*

Les procédés de pénétration se divisent eux-mêmes en deux grandes classes. Dans les uns, on fait pénétrer la substance *préservatrice* ou *antiseptique par pression* dans le bois qui a été préalablement placé dans un espace fermé; on a la méthode de *pénétration par pression en vase clos.* Dans les autres, on profite du déplacement de la sève pour introduire dans le bois le liquide préservateur. Ce sont les *procédés Boucherie.*

Résumant tout ce qui vient d'être dit, nous classerons, ainsi qu'il suit, les moyens de conservation :

1° Revêtement extérieur	....	Carbonisation superficielle.
2° Élimination de la sève	Immersion.	
	Pénétration ou Injection.	Par pression en vase clos par les procédés Boucherie.

C'est dans cet ordre que nous les examinerons.

PROCÉDÉS DE CARBONISATION SUPERFICIELLE.

11. **Expériences de l'amirauté anglaise sur la carbonisation superficielle.** — Il est connu que, de tout temps, on a passé au feu l'extrémité des pieux destinés à séjourner en terre, de manière à les recouvrir par une *carbonisation superficielle* d'une couche de charbon dont la propriété conservatrice est indéniable.

On trouve de nombreuses applications de ce procédé, et notamment l'essai tenté en Angleterre, en 1808.

A cette époque, l'amirauté anglaise, se basant sur l'opinion séculaire favorable à la carbonisation des bois, résolut d'agrandir le champ des expériences et fit appliquer ce procédé aux bois destinés à la construction d'un navire. L'échec fut complet : les bois ne durèrent pas plus de six ans. C'est que, probablement, on n'avait fait qu'enfermer les germes destructeurs du bois sous une mince couche de charbon.

12. **Procédés Lapparent.** — En 1862, M. de Lapparent proposa un moyen qui réussit parce qu'on *desséchait* le bois en même temps qu'on le carbonisait. Le procédé consiste à soumettre la pièce à l'*action d'un jet de flamme intense* qui, d'après M. de Lapparent, produit les effets suivants :

1° Sous l'action du jet de flamme, le bois éprouve, sur une épaisseur très sensible, une dessiccation complète. A l'extrémité de la pièce soumise à ce jet, on voit, en effet, l'eau séveuse s'échapper en bouillonnant sur toute la périphérie.

2° Le jet de flamme détruit tous les germes qui, entraînés par l'air, auraient pu pénétrer dans le bois.

3° La douche de flamme développe sur les faces du bois une légère couche entièrement charbonnée qui repose immédiatement sur une surface simplement torréfiée, c'est-à-dire qui n'a reçu que la quantité de chaleur nécessaire à la distillation du bois, dont la croûte se trouve, par suite, imprégnée des produits de cette distillation, lesquels se composent principalement de matières créosotées ou empyreumatiques. Ces matières sont antiseptiques.

4° Le jet de flamme durcit considérablement les faces et les rend infiniment moins sensibles aux agents extérieurs.

13. **Chalumeau à gaz.** — Pour opérer la carbonisation dans les conditions qui viennent d'être indiquées, le moyen le plus simple et le plus commode est le chalumeau à gaz.

Description. — Le chalumeau employé par M. de Lapparent est le suivant (*fig.* 2) :

Fig. 2.

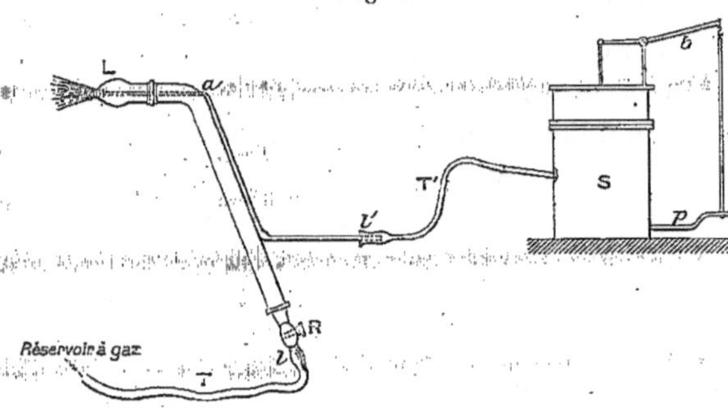

L*l*, lance ou canal en laiton coudé à sa partie antérieure, en *a*.

T, tube en caoutchouc dans lequel s'emmanche la queue *l* de la lance et qui communique avec le réservoir à gaz.

R, robinet destiné à régler ou à intercepter l'arrivée du gaz dans la lance.

L*l'*, canal en laiton soudé à la lance et pénétrant dans le coude au point *a*.

T', tube en caoutchouc dans lequel s'emmanche le tuyau L*l'* et qui communique avec une soufflerie.

La soufflerie peut être quelconque ; celle employée par M. de Lapparent était une petite soufflerie cylindrique S, manœuvrée par une pédale *p*, ou un balancier conjugué *b*.

Mode de procéder. — Lorsque le mélange de gaz et d'air a été enflammé, un ouvrier manœuvre la soufflerie ; un autre, tenant la lance à la main, promène le jet de flamme sur toute la pièce à carboniser.

Quand on ne peut pas rattacher le tube T à une conduite ou réservoir de gaz en pression, on comprime le gaz à onze atmosphères dans des cylindres CC (*fig.* 3), qu'on apporte sur des chariots. Ces cylindres sont mis en communication avec un régulateur U auquel on amène le tube T et qui est muni d'un robinet

Fig. 3.

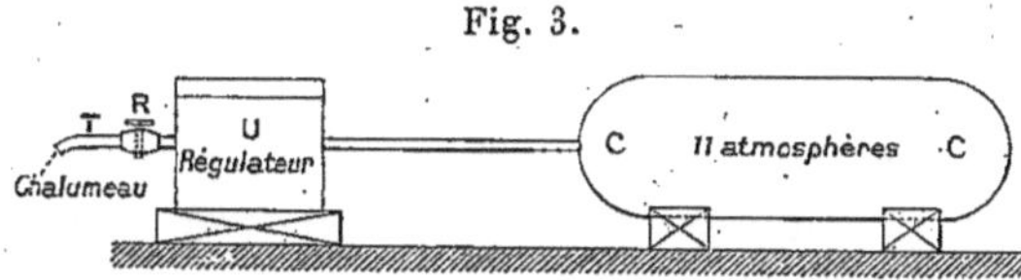

permettant de débiter le gaz à une pression aussi faible qu'on le désire. On peut adapter au régulateur U autant de tubes et autant de lances que l'on veut.

14. Lampe chalumeau mobile. — Ces moyens supposent que l'on se trouve au moins à proximité d'une ville où il y a le gaz. Dans le cas contraire, M. de Lapparent se sert de la lampe-chalumeau suivante (*fig.* 4).

Fig. 4.

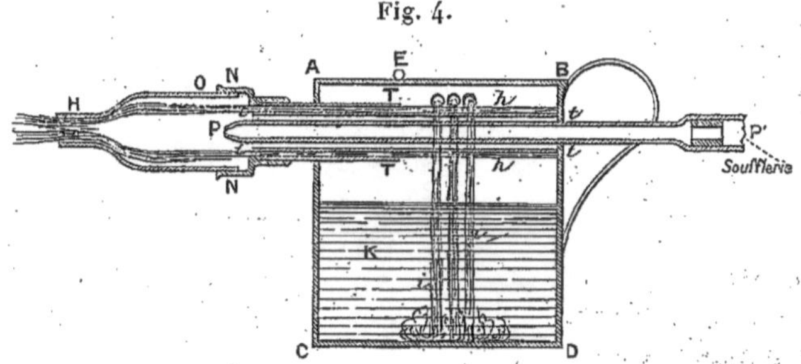

Description. — ABCD, réservoir cylindrique destiné à contenir le liquide de combustion, qui est de l'huile lourde de goudron ou de pétrole. On introduit ce liquide en soulevant le couvercle EB autour de la charnière E.

tt, tube cylindrique, dit *porte-mèche*, soudé à la paroi BD.

TT, tube cylindrique, concentrique au premier, d'un diamètre plus grand et ne s'avançant que d'une certaine distance dans l'intérieur de la lampe.

hh, mèche en coton tressé qu'on introduit entre les deux tubes.

H, cheminée en tôle malléable fixée au moyen d'une embrasse au tube TT. Cette cheminée est mobile autour d'une charnière O.

PP', tube par où arrive l'air venant d'une soufflerie.

ii, mèches en coton non tressé placées à cheval sur la mèche *h* et destinées à l'imbiber du liquide de combustion.

K, liquide de combustion.

Mode de procéder. — On allume la mèche *h* et, dès que la soufflerie est mise en mouvement, un jet de flamme d'une grande intensité sort par la cheminée H. On se sert de cette lampe comme précédemment de la lance à gaz.

15. **Appareil Hughon.** — Lorsqu'il s'agit de carboniser un nombre considérable de pièces de bois assez maniables, quoique lourdes, et qu'on veut opérer rapidement et économiquement, on emploie l'appareil Hughon (*fig.* 5).

Fig. 5.

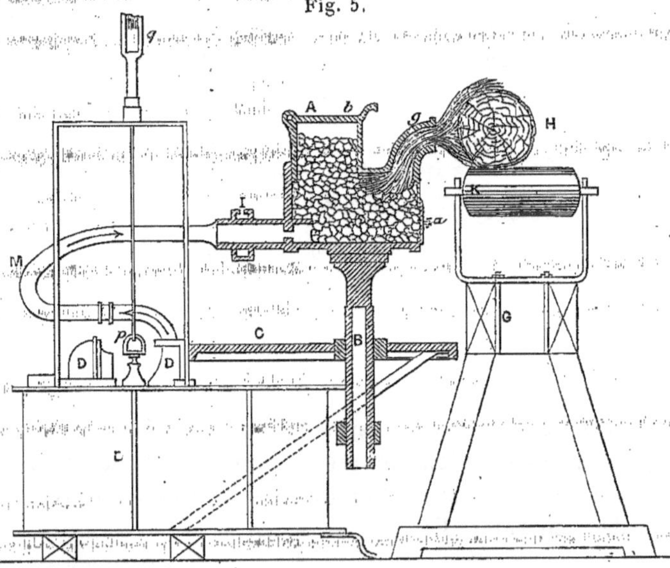

Description :

A, fourneau en fonte muni d'un couvercle mobile *b*, d'une cheminée *g* et d'une porte antérieure *a*.

B, colonne supportant le fourneau et soutenue elle-même par une Table C.

D, soufflerie à double vent, dont le piston est mené par une tige *pq* et un levier emmanché en *q*.

M, tube en caoutchouc qui conduit l'air de la soufflerie dans le fourneau.

I, cavité qui doit être toujours remplie d'eau pour éviter que la chaleur du fourneau ne détériore le caoutchouc du tube M.

H, poteau à carboniser posé sur des rouleaux K, portés par des bancs en bois G.

Manière de procéder. — 1° On remplit d'eau la cavité I et l'on a soin d'entretenir cette eau.

2° On allume dans le fourneau A du menu bois, laissant ouverts la porte *a* et l'orifice *b*.

3° On ferme la porte *a* que l'on bute avec de la glaise; on souffle et l'on charge le combustible par l'orifice *b* jusqu'à ce que le fourneau soit plein.

4° Le combustible étant bien allumé, on ferme l'orifice *b* et aussitôt la flamme sort par la cheminée *g*.

5° Si la flamme vient à faiblir, on donne un ou deux coups de ringard par l'orifice *b*.

6° On fait glisser le poteau H sur les rouleaux K et on lui imprime en même temps un mouvement de rotation autour de son axe; on expose ainsi toutes ses parties à l'action du jet de flamme.

16. Essais de carbonisation superficielle tentés par l'Administration. — L'Administration a essayé de faire usage, en 1867, de poteaux carbonisés.

Pour appliquer le procédé de Lapparent, on se servait d'une lampe-chalumeau à combustion d'huile lourde. Le poteau AB

Fig. 6.

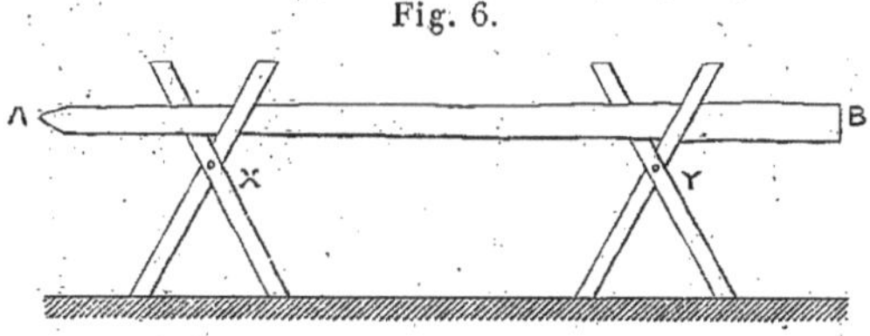

était posé sur deux chevalets X et Y (*fig.* 6). Trois ouvriers étaient employés, l'un pour la manœuvre du soufflet, l'autre pour porter la lampe et le troisième pour faire tourner le poteau sur les chevalets, de manière à exposer successivement toutes ses parties au jet de flamme; on a employé également l'appareil Hughon.

Les résultats obtenus ne furent que médiocrement satisfaisants, et on ne tarda pas à revenir à la simple injection au sulfate de cuivre, procédé auquel on se tient exclusivement aujourd'hui. Toutefois, la carbonisation superficielle peut donner de bons résultats, ainsi que nous le verrons plus tard, comme moyen supplémentaire de préservation pour le pied des poteaux dans certaines circonstances exceptionnelles.

DEUXIÈME LEÇON.

SOMMAIRE.

Procédés de préservation par immersion. — *Procédés de pénétration par pression en vase clos.* — Appareil Bréant. — Appareil Bethell.

IMMERSION.

17. Élimination de la sève par immersion. — Lorsqu'on a cherché à introduire dans le bois un liquide destiné à le conserver en éliminant la sève, la première idée a dû être de l'immerger dans le liquide. C'est, en effet, ce genre d'essais qui a été tenté le premier.

Ainsi, dès 1740, un médecin français, Fagot, proposa d'imprégner les bois d'alun et de sulfate de fer.

Après l'alun et le sulfate de fer on a proposé l'emploi d'huile végétale, de chlorure de sodium (sel marin), de bichlorure de mercure (sublimé corrosif), de sulfate de cuivre chauffé à 70°, etc. Mais on n'a jamais obtenu ainsi qu'une préservation *superficielle* et par conséquent *insuffisante*. Ajoutons que certains des agents employés, comme par exemple le bichlorure de mercure, donnaient lieu à des accidents d'empoisonnement.

Toutefois, si l'on a recours à des huiles fixes qui ne bouillent qu'à une température élevée (280° environ), il est possible de chauffer suffisamment pour volatiliser les liquides de l'arbre. On a obtenu, par ce moyen, une préservation suffisante ; mais les bois ainsi traités perdent une partie de leur force mécanique et c'est là un inconvénient capital. En outre, l'application du procédé entraîne une dépense considérable, par suite, se prête assez mal à une exploitation industrielle.

Pour ces motifs, je n'insiste pas davantage sur ce sujet. La méthode par immersion ne peut nous fournir de solution pratique pour ce qui concerne nos poteaux.

PÉNÉTRATION PAR PRESSION EN VASE CLOS.

18. Principe du procédé de pénétration par pression en vase clos. — Ce procédé, inventé en 1831 par Bréant, chimiste manufacturier et vérificateur des essais à la Monnaie de Paris, est le premier qui ait permis de réaliser une pénétration complète des bois. Son principe est le suivant :

La pièce de bois A (*fig.* 7) est placée dans un espace clos, un

Fig. 7.

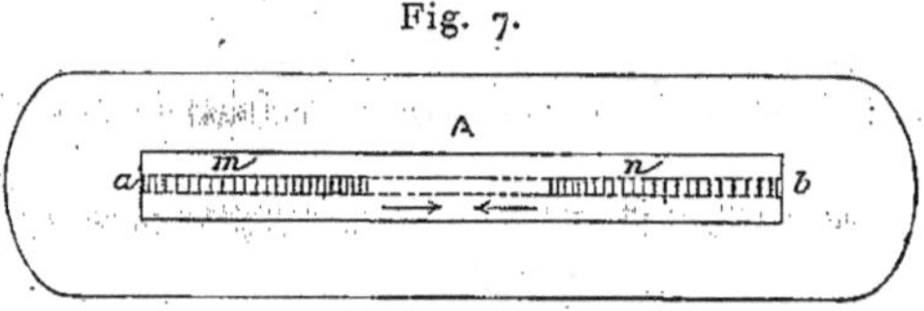

cylindre fermé par exemple, que l'on remplit de liquide d'injection; si l'on n'allait pas plus loin, on n'obtiendrait que le résultat reconnu insuffisant donné par la simple immersion; mais on exerce dans le cylindre une pression et on force ainsi le liquide à pénétrer dans les canaux séveux, ce qu'il ne ferait qu'incomplètement sans cela. Si l'on considère, en effet, un canal séveux *ab*, par exemple, on voit que le liquide y pénètre par les deux bouts, mais que les deux flux de liquide *m* et *n* sont empêchés de se rejoindre par l'air ou les gaz qu'ils compriment en s'avançant l'un vers l'autre. Il faut donc expulser ces gaz : c'est ce que fait la pression. Dans cet ordre d'idées, le résultat sera encore plus satisfaisant si, avant d'exercer la pression, on fait le vide dans le cylindre, afin de permettre aux gaz de s'échapper en se dilatant.

Tel est le principe du procédé de pression en vase clos qui comprend toujours trois opérations : 1° introduction du bois dans le cylindre; 2° vide; 3° pression.

19. Appareil Bréant. — L'appareil de Bréant, qu'il est intéressant de connaître quand ce ne serait qu'à titre historique, se compose essentiellement (*fig.* 8) de :

A, cylindre en fonte.

D, obturateur.

S, soupape de sûreté.

tt, tube avec robinet *r* faisant communiquer le cylindre A avec le cylindre C.

C, condensateur dans lequel on peut faire arriver soit de la vapeur, soit de l'eau froide par le tube *m*.

B, pompe foulante qui communique avec le cylindre A et avec un réservoir de dissolution à injecter.

Fig. 8.

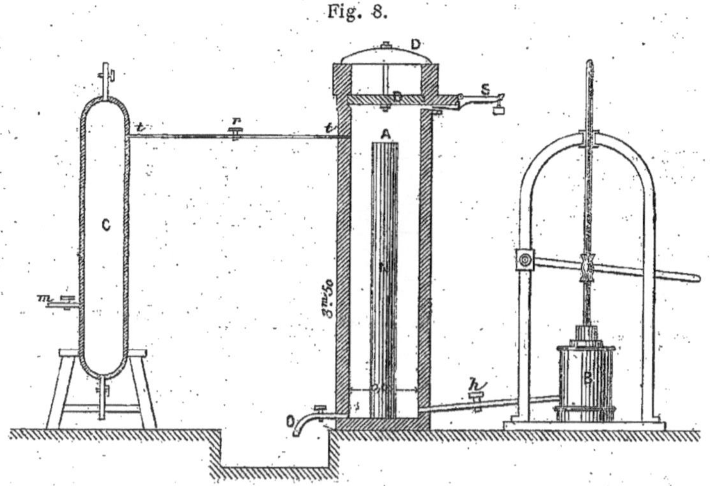

Les opérations sont les suivantes : L'obturateur D étant enlevé, on introduit dans le cylindre A la pièce à injecter N et, en même temps, de la dissolution jusqu'à 2^{cm} de la base supérieure de la pièce de bois. On ferme l'obturateur, on ouvre le robinet *r*, on fait le vide dans le cylindre en introduisant successivement de la vapeur et de l'eau froide dans le condensateur C; on ferme le robinet *r*, on maintient le vide quelques minutes; on ouvre le robinet *h*, et on manœuvre la pompe foulante jusqu'à ce que la pression atteigne 10^{atm} environ. Cette pression est maintenue en moyenne pendant six heures. Après ce temps, on laisse rentrer l'air par la soupape et on ouvre le robinet O. Le cylindre se vide et il ne reste plus qu'à retirer le bois.

Les résultats obtenus par Bréant au moyen de ce procédé furent satisfaisants. Il suffira d'en citer un exemple. Des pièces de sapin préparées par lui ayant été employées pour la construction du pont Louis-Philippe, en 1835, furent retrouvées intactes en 1848, époque où ce pont fut démoli, alors que des pièces de chêne non injectées étaient complètement désorganisées, bien qu'elles eussent été remplacées une fois.

20. Appareil Bethell. — L'appareil Bethell n'est autre chose qu'une application du procédé Bréant au moyen de dispositions plus pratiques au point de vue d'une grande exploitation.

Le liquide employé est la créosote.

Cet appareil se compose essentiellement de (*fig.* 9) :

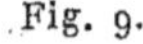

Fig. 9.

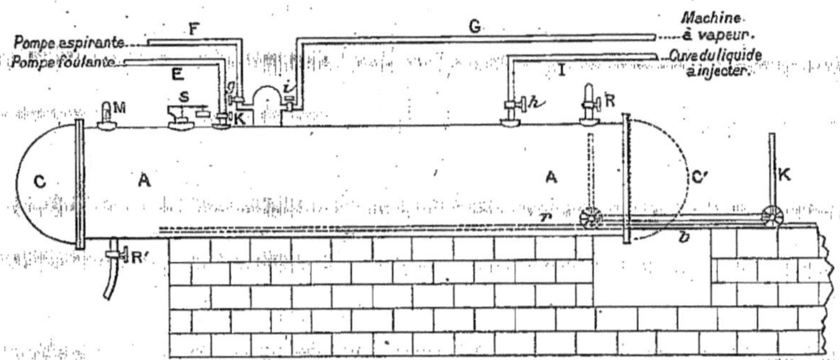

AA, cylindre en tôle de fer de 2^m de diamètre et de 9^m à 18^m de longueur, fermé à ses extrémités par deux calottes, l'une fixe C, l'autre mobile C′ qui sert d'obturateur et peut être enlevée ;

Fig. 10.

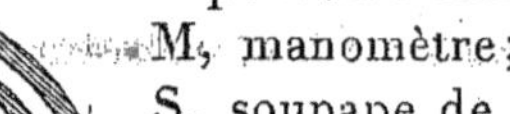

M, manomètre ;

S, soupape de sûreté ;

E, tube communiquant avec une pompe foulante ;

F, tube communiquant avec une pompe aspirante ;

G, tube communiquant avec le générateur de vapeur ;

I, tube communiquant avec la cuve du liquide à injecter ;

R, robinet à air ;

R′, robinet de décharge ;

K, chariot portant les pièces de bois retenues par des cercles *ff* (*fig.* 10) qui s'ajustent sur la coupe transversale du cylindre.

Ces chariots sont amenés sur des trucs roulants jusqu'en face du cylindre, puis introduits au moyen de rails mobiles *bb* (*fig*. 9) sur les rails *r* situés dans l'intérieur du cylindre.

La succession des opérations est la suivante :

1° On roule les chariots K en face du cylindre.

2° On enlève l'obturateur C'; on introduit les chariots K dans le cylindre puis on ferme l'obturateur C'.

3° On ouvre les robinets *i* et R'; un courant de vapeur s'établit dans le cylindre et en chasse l'air.

4° On ferme les robinets *i* et R', et on ouvre le robinet *g*; on jette de l'eau sur le cylindre ou on le met en communication avec un condenseur et on met en action en même temps la pompe aspirante. On fait ainsi le vide jusqu'à $0^m,13$ de mercure; on maintient cette pression quelques minutes.

5° On ferme le robinet *g* et on ouvre le robinet *h*; la dissolution pénètre dans le cylindre poussée par la pression atmosphérique et le remplit presque. On ferme le robinet *h*, on ouvre le robinet K, et, au moyen de la pompe foulante, on achève de remplir le cylindre, puis on foule jusqu'à 10^{atm}. On maintient cette pression comme dans l'appareil Bréant, pendant cinq à six heures.

6° On ouvre les robinets R et R'; le cylindre se vide.

7° On ouvre l'obturateur C' et on retire les chariots.

8° On fait rouler les trucs jusqu'au dépôt des bois.

21. Détails sur l'appareil Bethell. — On connaît à un instant donné la quantité de liquide absorbé en comparant le volume du liquide sorti du réservoir avec le volume du cylindre et celui du bois.

L'ensemble des opérations dure de six à sept heures. On peut les répéter trois fois par jour et injecter ainsi 240 poteaux.

Pour le pin, le sapin, le hêtre, et en général les bois d'essences légères, on doit injecter environ 105^{kg} de créosote par mètre cube. Le chêne n'absorbe que la moitié de cette quantité.

Pour vérifier si l'injection est complète, on pèse les pièces avant et après l'opération : il faut qu'elles aient gagné 105^{kg} par mètre cube.

22. Usage de la créosote. — La créosote est très employée en Angleterre. En Belgique et en Allemagne, son usage pour les poteaux tend à disparaître et on lui préfère le sulfate de cuivre. Elle offre les inconvénients suivants : elle se volatilise à la surface du poteau; à l'intérieur, elle coule et descend à la base, se répand autour du pied du poteau et détruit toute végétation; enfin elle rend aux surveillants l'abord des poteaux désagréable parce qu'elle leur brûle les mains et les vêtements.

23. Avantages et inconvénients des procédés de pression en vase clos. — Le procédé Bethell, comme tous ceux dans lesquels on emploie la pression en vase clos, ne réussit bien que pour les bois débités ou abattus depuis un certain temps, puisqu'il est nécessaire que les canaux séveux soient vides pour recevoir le liquide d'injection. C'est là un inconvénient sérieux, car le bois s'altère et l'injection ultérieure ne lui rend pas sa force. Par contre, il y a des avantages : on peut injecter en toute saison et employer des bois dont on s'approvisionne à l'avance; enfin, en préparant des bois débités, on n'injecte pas de matière inutile.

TROISIÈME LEÇON.

SOMMAIRE.

Procédés Boucherie. — Description sommaire d'un chantier-type pour l'injection des poteaux par filtration et pression. — Détails sur l'opération.

PROCÉDÉS BOUCHERIE.

Nous avons à nous occuper maintenant des procédés Boucherie qui ne s'appliquent qu'aux bois verts ou en grume. Ces procédés sont au nombre de deux et sont basés sur des principes distincts.

24. **Premier procédé Boucherie.** — Ce premier procédé consiste à utiliser le mouvement ascendant de la sève (n° 8) pour faire pénétrer à sa suite le liquide préservateur dans les canaux séveux.

Pour l'appliquer, il suffit d'introduire d'une manière quelconque le liquide à la base de l'arbre. Tout d'abord M. Boucherie coupait l'arbre près du pied et transportait le tout dans une cuve pleine de liquide d'injection. La circulation de la sève se continuait pendant une quinzaine de jours environ et le liquide antiseptique pénétrait dans tous les points du bois.

Plus tard, au lieu de couper l'arbre et de le transporter dans la cuve à liquide, M. Boucherie se contenta de scier cet arbre près de la base, mais en laissant assez de bois pour l'empêcher de s'abattre; puis il enveloppait la blessure ainsi faite d'un réservoir en étoffe imperméable et amenait le liquide d'injection dans ce réservoir. Le résultat était le même; ce dernier liquide montait avec la sève jusqu'au bout des branches les plus déliées.

M. Boucherie n'a pas découvert le principe même sur lequel repose son procédé. On connaissait avant lui le mouvement ascendant de la sève. De nombreuses expériences avaient été faites à ce sujet par Hales, Bonnet, Duhamel, Biot, etc.; mais ce qui appartient en propre à M. Boucherie, c'est l'idée d'appliquer la force vitale des végétaux à la conservation des bois.

Pour peu qu'on y réfléchisse, on acquiert bien vite la conviction que ce procédé ne pouvait se prêter à une application industrielle de quelque importance. Il donnait d'abord une injection incomplète dans le tronc et occasionnait une perte sensible de liquide qui se répandait inutilement dans les branches et les feuilles. En second lieu, la nécessité d'aller injecter chaque arbre sur place donnait lieu à une main-d'œuvre dispendieuse.

Ce sont ces motifs qui ont amené M. Boucherie à imaginer son second procédé.

25. **Second procédé Boucherie.** — Ce second procédé consiste à éliminer la sève par la simple filtration, dans les canaux séveux, du liquide à injecter, aidée, au besoin, au moyen d'une pression.

L'application de ce procédé est, en principe, la suivante :

Fig. 11.

Soit une bille de bois AB (*fig.* 11) qui est maintenue verticale. On adapte exactement au gros bout A un réservoir *a*, dans lequel on verse de la dissolution à injecter. A l'instant même, la dissolution pénètre dans les canaux séveux dont les ouvertures sont en contact avec elle et chasse la sève qui s'écoule par le petit bout B. L'opération peut être considérée comme terminée lorsque le liquide qui coule au petit bout est sensiblement le même que celui qu'on a versé dans le réservoir *a*.

Si l'on veut aider la filtration du liquide antiseptique en employant une pression, il suffit d'alimenter le réservoir *a* (*fig.* 11) placé au gros bout de la pièce de bois au moyen d'un autre réservoir placé plus haut, et alors on obtient la pression d'une colonne de liquide ayant pour hauteur la différence de niveau des deux réservoirs.

26. Remarquons que l'effet définitif sera le même si, au lieu de supposer la bille de bois verticale, on l'imagine inclinée, le gros bout étant, bien entendu, maintenu le plus élevé. Seulement,

dans ce cas, la dissolution, au lieu de descendre dans les canaux séveux sous l'action de son poids tout entier, n'y pénétrerait que sous l'action de la composante de ce même poids dans la direction du canal séveux. Quant à la pression, ce serait toujours le poids d'une colonne liquide égale à la différence de niveau des deux réservoirs.

Avant M. Boucherie, Hales et Biot avaient déjà fait pénétrer des liquides dans les végétaux. Biot a même fait une étude complète de l'injection par filtration et pression; mais M. Boucherie a eu le premier l'idée d'appliquer le procédé à la conservation des bois.

Le second procédé dont nous venons d'exposer le principe est devenu véritablement pratique et s'est prêté à de nombreuses exploitations industrielles. C'est celui dont on se sert exclusivement en France et presque partout, d'ailleurs, pour la préparation des poteaux télégraphiques.

Le liquide employé est le *sulfate de cuivre.*

27. **Description sommaire d'un chantier-type pour la préparation des poteaux par filtration et pression.** — Les chantiers pour la préparation des poteaux présentent dans les détails des dispositions différentes. Voici celles qui sont le plus généralement adoptées et qui constitueront, en quelque sorte, la description sommaire d'un chantier-type pour la préparation des poteaux par le *procédé de filtration et pression.*

28. **Conditions générales.** — Le chantier doit être établi sur un point facilement accessible aux voitures, aussi à portée que possible d'eaux courantes et assez rapproché de la forêt pour que les bois puissent être mis en chantier étant encore frais. Cette condition est importante, car, alors que les procédés de pression en vase clos exigent que les canaux séveux soient vides, les procédés Boucherie, au contraire, ne réussissent que si ces mêmes canaux sont encore pleins de sève; l'injection s'arrête, s'il n'en est pas ainsi.

29. **Estrade et cuves.** — La pression est obtenue, ainsi que nous l'avons déjà indiqué, en établissant le réservoir qui contient le li-

quide d'injection à un niveau supérieur à celui du réservoir placé au gros bout du poteau et qu'on appelle *réservoir de pénétration*. Dans un instant, nous verrons comment on constitue ce dernier réservoir. Quant au premier, on lui donne la hauteur nécessaire ainsi qu'il suit (*fig.* 12) :

Fig. 12.

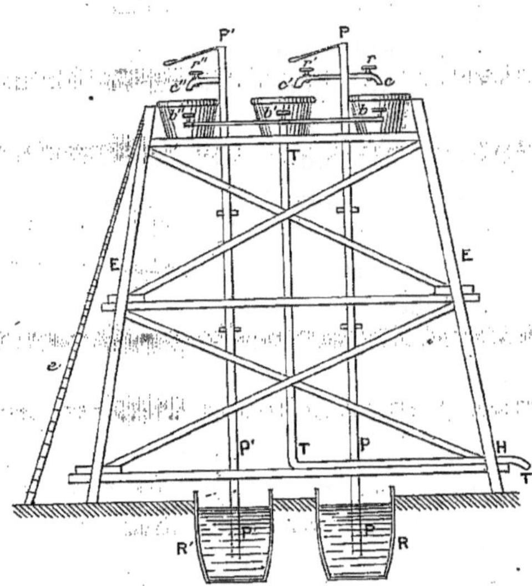

EE, échafaudage en charpente, supportant une estrade et ayant une hauteur variable entre $6^m,50$ et 12^m à 15^m.

e, échelle servant à monter sur l'estrade.

c, *c'*, *c''*, cuves destinées à recevoir le liquide d'injection et pouvant être mises en communication chacune isolément, au moyen des robinets *b*, *b'*, *b''* avec un tube en plomb T appelé *tube de distribution*.

T, tube de distribution, qui descend le long de l'estrade et qui, arrivé au niveau du sol en H, apporte, comme nous l'indiquerons bientôt, le liquide d'injection à tous les réservoirs de pénétration établis au gros bout de chaque poteau.

P, pompe aspirante manœuvrée à bras d'homme.

R, cuve contenant le liquide d'injection que la pompe P élève et peut verser dans l'une quelconque des cuves *c* ou *c'* au moyen de la manœuvre des robinets *r* ou *r'*.

P', pompe aspirante qui sert à élever, pour les verser ensuite dans la cuve *c''*, les liquides qui, ainsi que nous l'expliquerons bientôt, après être sortis par les petits bouts des poteaux, sont recueillis dans la cuve R'. On les appelle *liquides de retour*. En ce qui concerne nos chantiers, la pompe P' est inutile, attendu que nous interdisons l'emploi des liquides de retour pour nos injections. Nous en verrons bientôt les motifs.

30. La disposition de pompes qui vient d'être décrite n'est pas absolument générale. Quelquefois, la pompe P est remplacée par une pompe aspirante et foulante installée au bas de l'estrade sur la cuve R elle-même, et qui, manœuvrée à bras ou par une petite machine à vapeur, remplit les cuves situées sur l'estrade. Un flotteur nageant dans la cuve supérieure est attaché à un fil qui passe sur une poulie et descend au bas de l'estrade. Là, il porte un poids qui parcourt une règle verticale graduée, et indique par son élévation l'abaissement du niveau dans la cuve supérieure. On peut ainsi être averti, sans monter sur l'estrade, du moment où il faudra refouler du liquide dans la cuve supérieure.

Il peut y avoir encore d'autres dispositions de pompes; mais le procédé est toujours le même : faire descendre d'une certaine hauteur le liquide à injecter, afin qu'il soit poussé dans les canaux séveux par la pression d'une colonne liquide. Or ce résultat peut être atteint par les dispositions les plus diverses, et qui peuvent avoir chacune leur avantage sur les autres, en raison des circonstances locales. Nous bornerons donc là notre énumération.

31. **Étalages de poteaux.** — Les poteaux sont étalés sur le sol, les uns à côté des autres, et inclinés de manière que le gros bout soit plus élevé que le petit bout (*fig.* 13).

ll, *l'l'*, traverses horizontales sur lesquelles reposent les poteaux. La traverse *l*, située aux gros bouts des poteaux, est disposée, par rapport à la traverse *l'* placée aux petits bouts, de manière que les poteaux aient une inclinaison de 1^{m} de hauteur sur 15^{m} de base.

GG, G′G′, gouttières formées à l'aide de troncs d'arbres creusés en forme de cuvette. La gouttière G, située du côté du gros bout, est destinée à recevoir le tube de distribution T; la gouttière G′, au dessus de laquelle se présentent les petits bouts, doit recueillir le liquide sortant par ces petits bouts. L'une et l'autre ont les inclinaisons nécessaires pour que, d'une part, le liquide d'injection coule tout le long du tube T et que, d'autre part, les liquides de retour se rendent dans le réservoir R′ (*fig.* 12).

a, *a*′, *a*″, ..., tubulures portées par le tube T et situées en face de chaque poteau. Il y a autant de tubulures que de poteaux.

Fig. 13.

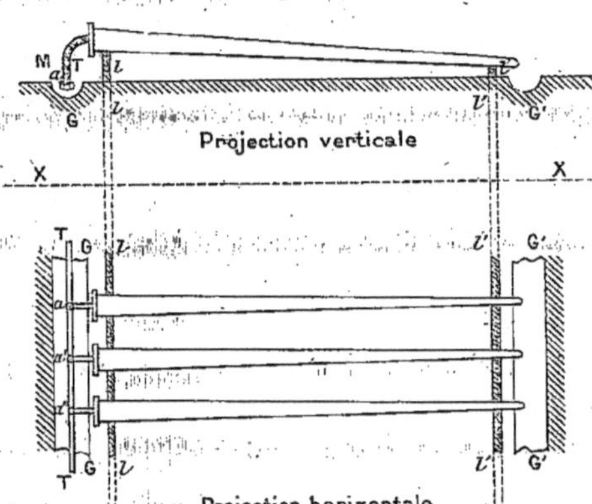

Sur chaque tubulure s'adapte un tube de caoutchouc M (*fig.* 13 et 14) qui opère la jonction de cette tubulure avec un organe nouveau, appelé *robignole*. Cet organe (*fig.* 14) est

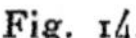

Fig. 14.

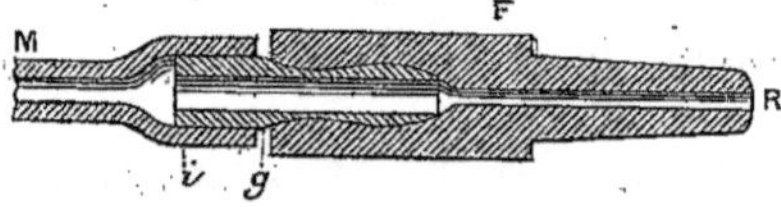

formé d'un ajutage en bois dur FR, dans lequel pénètre un fuseau en cuivre *g* dont le renflement *i* maintient le tube en caoutchouc M.

Si l'on veut intercepter la communication entre la tubulure et la robignole, on étrangle le tube M avec une ficelle; pour rétablir la communication on n'a qu'à dénouer cette ficelle.

32. **Mise des arbres en chantier.** — Pour mettre les arbres en chantier, on commence par rafraîchir les surfaces en enlevant à la scie une rondelle de 1 ou 2 centimètres à chaque extrémité. Cela fait, il s'agit de constituer le réservoir de pénétration au gros bout de chaque poteau.

On se sert, à cet effet, d'un plateau circulaire ou polygonal en cœur de chêne (*fig.* 15), un peu plus grand que la surface à injecter et muni d'une traverse AA. Ce plateau est posé sur le gros bout de l'arbre, mais il en est séparé, sur tout le pourtour, par une corde en étoupe de chanvre *mm*, placée sur l'écorce même. Il est ensuite pressé sur la corde par deux tiges en fer *a*, *a* à crochet dont la pointe s'enfonce dans l'écorce de l'arbre, tandis qu'on serre les écrous *a* placés aux deux extrémités de la traverse du plateau. Le réservoir de pénétration ainsi constitué est un cylindre ayant pour base inférieure la surface à injecter, pour base supérieure le plateau et pour paroi latérale la corde de chanvre.

Fig. 15.

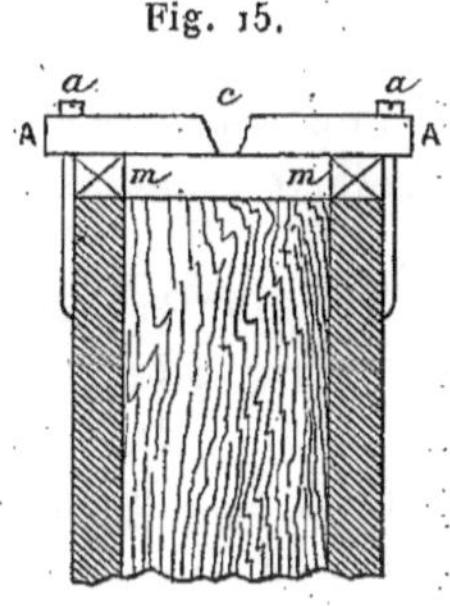

Le plateau AA porte une ouverture *c*. C'est en introduisant le bec R (*fig.* 14) de la robignole dans l'ouverture *c* qu'on réalise la jonction du tube T et, par suite, de la cuve située sur l'estrade avec le réservoir de pénétration établi au gros bout du poteau. Il en résultera que, de ce dernier réservoir, la dissolution sera poussée dans les canaux séveux par une pression égale au poids de la colonne liquide ayant sensiblement pour hauteur celle de l'estrade, soit à peu près 1 atmosphère par 13 mètres.

33. Une précaution importante est à observer lorsque l'on place la corde de chanvre sur le pourtour du gros bout du poteau. Il est absolument nécessaire que la corde pose exclusivement sur l'écorce; car, si elle empiétait sur la surface à injecter, elle obstruerait l'entrée des canaux séveux sur lesquels elle repose-

rait et l'injection ne s'y ferait pas. La disposition 1 (*fig.* 16) est

Fig. 16.

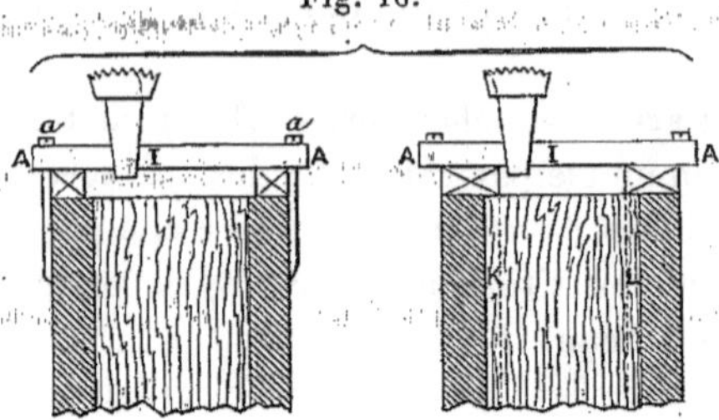

bonne; la disposition 2 serait mauvaise. Les bandes K et L ne s'injecteraient pas.

34. **Manière d'opérer.** — Toutes ces opérations effectuées, les cuves remplies, les tubes en caoutchouc étranglés, les robignoles introduites dans les plateaux, on dénoue les ficelles aux diverses tubulures. On fait un trou dans la corde de calfatage pour laisser échapper l'air contenu dans les réservoirs de pénétration. Le liquide venant par le tube de distribution entre dans les divers réservoirs de pénétration, chasse l'air, mouille les cordes qui, alors, ferment hermétiquement et se trouvent en contact avec la surface du poteau. Le phénomène, tel qu'il a été décrit, se produit à l'instant. La sève s'écoule au petit bout, pure d'abord, ensuite mêlée avec du sulfate de cuivre en proportion toujours croissante.

Lorsque la dissolution qui, dans la cuve, doit marquer 1° Baumé, marque 0,66 à sa sortie du poteau, on admet que le poteau est suffisamment injecté. Nous verrons bientôt le moyen pratique employé pour s'assurer de ce fait sans avoir recours à un aréomètre.

DÉTAILS SUR L'OPÉRATION DE L'INJECTION.

35. **Dosage de la dissolution.** — Le dosage de la dissolution de sulfate de cuivre est un des détails les plus importants de l'opération. Il est, en effet, démontré que, pour toute dissolution, il y a un point particulier de saturation qu'il faut saisir. Si la dissolu-

tion est trop saturée, elle laisse un excès de sel qui se recristallise et peut occasionner la désagrégation des fibres du bois. Si elle ne l'est pas assez, elle est peu efficace et nécessite un trop long séjour des poteaux sur le chantier. D'après l'expérience, la dissolution la meilleure doit contenir 1^{kg} de sulfate de cuivre pour 100^{kg} d'eau. C'est cette dissolution qui marque 1° à l'aréomètre Baumé. Nous imposons ce titre comme limite inférieure aux entrepreneurs dans nos cahiers des charges.

36. **Liquides de retour.** — Nous avons dit que les liquides de retour se rendaient dans un réservoir R′ (*fig.* 12). Ce réservoir est divisé en deux parties par un filtre et la pompe P′ élève dans la cuve c'' le liquide filtré. On pourrait remettre le liquide au titre voulu dans cette cuve c'', puis mettre la cuve elle-même en communication avec le tube de distribution.

Mais l'usage des liquides de retour présente des inconvénients graves et leur emploi est rigoureusement interdit à nos entrepreneurs. La dissolution qui a traversé le bois se charge, en effet, de sels alcalins et terreux qu'on ne lui enlève pas en la remettant au titre. Ces matières peuvent paralyser l'action de l'agent antiseptique, si elles n'activent pas la décomposition.

37. **Introduction de l'air dans le réservoir de pénétration.** — L'opération de l'injection exige une surveillance continuelle. Il arrive quelquefois que des bulles d'air entrent dans la partie supérieure du réservoir de pénétration, et s'opposent au passage de la dissolution dans les parties du bois qu'elles recouvrent. On doit alors faire décrire au poteau une demi-révolution autour de son axe, avant de le retirer du chantier.

38. **Rafraîchissement des surfaces.** — Il arrive encore que la base inférieure du réservoir de pénétration se trouve recouverte, soit par des amas de matières résineuses, soit par des crasses ferrugineuses provenant du sulfate de cuivre qui contient toujours, quoi qu'on fasse, un peu de sulfate de fer. Dans ce cas, nous le savons, l'injection serait arrêtée. Il faut alors rafraîchir à la scie la surface de pénétration.

39. Caractères d'un poteau injecté. — On considère qu'un poteau est suffisamment injecté, lorsque, en entamant légèrement le bois à l'herminette et frottant la blessure avec un pinceau trempé dans une dissolution de ferrocyanure de potassium au titre de $0^{kg},9$ par litre d'eau, on obtient une coloration d'un rouge brun très caractéristique. La dissolution qui marquait 1° Baumé ne donne plus alors que 0,66, comme nous l'avons déjà dit. On arrête à ce moment l'opération, en serrant la ficelle qui étrangle le tube de caoutchouc placé entre le tube de distribution et la robignole, puis on enlève le poteau et on le remplace par un autre.

40. Retrait d'un poteau : écorçage et planage. — Le poteau enlevé est porté sur des chevalets, ensuite il est écorcé, puis uni à la plane et enfin appointillé en cône au sommet.

L'écorçage ne doit avoir lieu que trente jours après l'injection et les poteaux fraîchement pelés ne doivent pas être exposés au soleil. Ce sont là deux clauses formelles de nos cahiers des charges. L'action du soleil produirait une dessiccation trop rapide et des fentes longitudinales dangereuses au point de vue de la conservation ultérieure.

QUATRIÈME LEÇON.

SOMMAIRE.

Détails sur l'opération de l'injection (*suite*). — Injection des branches. — Hauteur de l'estrade. — Procédé par simple filtration employé par l'Administration à l'origine. — Injections en Algérie. — Conditions pour qu'un bois s'injecte bien. — Effet du gemmage. — Durée de l'injection. — Saisons où on doit la faire.

41. **Injection des branches.** — Lorsqu'un bois à injecter possède des branches, on coupe ces branches à quelques centimètres du tronc. La sève se coagule à l'extrémité amputée. Pendant l'injection du tronc, la dissolution ne peut ainsi s'écouler par les branches. Lorsqu'on juge le tronc injecté, on donne un coup à la naissance des branches et la dissolution y pénètre.

A l'origine des branches, les canaux séveux ne se confondent pas avec ceux du tronc; ceux-ci vont d'une extrémité à l'autre sans se détourner. En outre, les canaux des branches sont nécessairement dirigés de bas en haut. Si donc on faisait pénétrer la dissolution par le petit bout, elle n'arriverait jamais dans les branches et on pourrait laisser certains canaux séveux sans injection; aussi cette manière de procéder est-elle rigoureusement interdite par les cahiers des charges.

42. **Injection par les deux bouts.** — Il arrive cependant quelquefois que, pour des arbres d'une grande longueur, on peut difficilement les injecter jusqu'au petit bout. Dans ce cas, on est forcé de les retourner et d'appliquer le réservoir de pénétration au petit bout; mais il ne faut faire cette opération que quand la liqueur a commencé à se montrer à ce petit bout. Lors donc qu'on a à recevoir des poteaux et qu'on s'aperçoit qu'il y a eu double calfatage, il faut vérifier avec soin le milieu de l'arbre.

43. Hauteur de l'estrade. — La hauteur de l'estrade a une importance assez grande. Si elle est trop basse, la pression est trop faible, l'injection lente, et le petit bout peut se dessécher avant que la dissolution y arrive. Si elle est trop haute, la pression est trop forte, le liquide traverse trop rapidement les canaux séveux, il n'a pas le temps de former les combinaisons imputrescibles nécessaires et l'injection est imparfaite. Exemple : des platanes injectés sous une pression de 10 atmosphères se sont pourris rapidement; des arbres de même essence, de même origine et de même abatage, injectés sous une pression beaucoup moindre, se sont bien conservés.

On admet, pour les poteaux télégraphiques, les hauteurs de cuve suivantes :

Pour les poteaux	de 6^m^ à 8^m^.......	De 6^m^ à 8^m^ de hauteur.
Id.	de 8^m^ à 10^m^.......	De 8^m^ Id.
Id.	de 10^m^ à 12^m^.......	De 10^m^ Id.
Id.	de 15^m^	De 12^m^ Id.

Ce sont les limites imposées dans les cahiers des charges.

44. Qualités du sulfate de cuivre. — Il est essentiel que le sulfate de cuivre employé soit aussi pur que possible et surtout contienne le moins possible de sulfate de fer, car ce dernier sel est très nuisible à l'injection. D'après les cahiers des charges, le sulfate ne doit pas contenir plus de $1\frac{1}{2}$ pour 100 de sulfate de fer et doit renfermer au moins 24 pour 100 de cuivre pur.

45. Chantiers d'injection par simple filtration établis dès l'origine par l'Administration. — L'Administration ayant acquis de M. Boucherie le droit d'injecter elle-même ses poteaux, a fait, dès l'origine, de nombreuses préparations. On n'employait alors que des poteaux de 6^m, $7^m,50$ et $9^m,50$ et l'on se contentait de la filtration sans pression; aussi les chantiers étaient-ils plus simples que celui que nous avons décrit dans la dernière leçon.

Ils étaient composés de la manière suivante (*fig.* 17) :

Deux échafaudages E, E, le premier de 4^m de hauteur pour les poteaux de $7^m,50$ et $9^m,50$; le second de $5^m,50$ de hauteur pour les poteaux de 6^m.

G, G, rigoles en talus terre recouvertes d'une planche sur la face où doit poser le poteau.

R, R, tonneaux destinés à recevoir les liquides de retour.

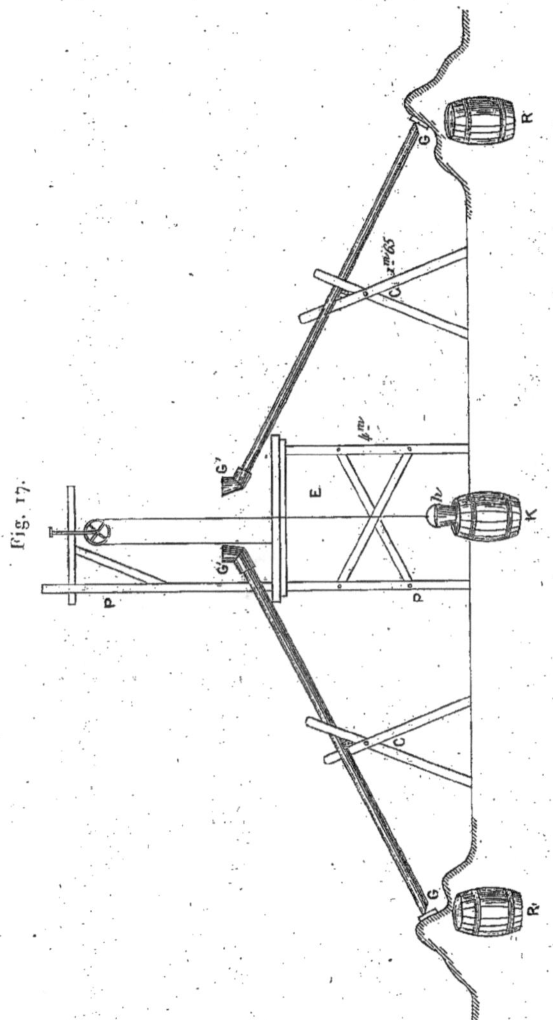

Fig. 17.

C, C, chevalets de 1^{m},65 de hauteur pour supporter les poteaux de 7^{m},50 et de 9^{m},50. Ceux de 6^{m} étaient dressés presque verticalement contre leur estrade.

P, P, potence à poulie pour monter la dissolution à injecter du réservoir K, au moyen d'un seau *h*.

G', G', calottes en plomb adaptées au gros bout des poteaux pour constituer le réservoir de pénétration. Ces calottes sont des troncs de cône en plomb; on appointe le poteau en cône et on lute les calottes avec de l'argile plastique. Il y en a de deux espèces : 1° simple tronc de cône; 2° deux troncs de cône assemblés obliquement, de manière que l'angle des deux axes soit supplémentaire de l'angle des poteaux avec la verticale. C'est ce dernier genre qui est représenté dans la *fig.* 17.

Fig. 18.

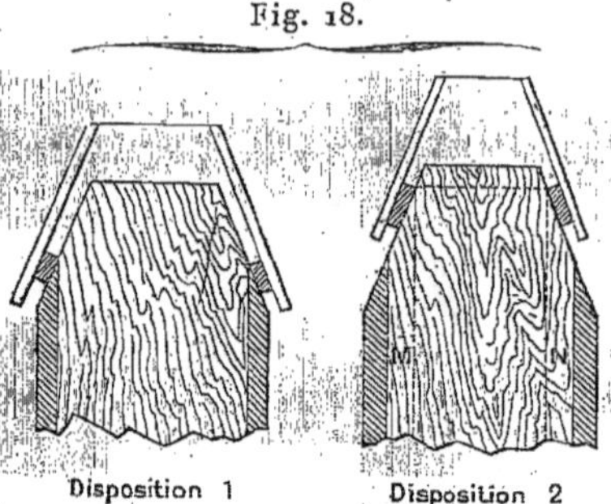

Il faut, lorsqu'on lute les calottes, prendre la précaution de ne pas recouvrir avec l'argile une portion de la surface destinée à être injectée. Ainsi la disposition 1 (*fig.* 18) serait bonne, la disposition 2 serait mauvaise; l'anneau MN ne s'injecterait pas.

Les calottes sont remplies de dissolution par les ouvriers qui, de la plateforme, puisent dans la cuve K. Le seul soin qu'il y ait ici est de maintenir les calottes toujours pleines de dissolution.

Toutes les observations faites précédemment, et notamment au sujet de la nécessité de rafraîchir quelquefois les surfaces, s'appliquent dans le système actuel qui n'est, en définitive, qu'une réduction du système général.

Les opérations subséquentes d'écorçage et de planage sont aussi les mêmes.

46. Injections en Algérie. — Le procédé dont il vient d'être question a été appliqué, sous une forme encore plus simple, accidentellement en France, mais d'une manière normale en Algérie.

Les premières lignes électriques établies dans notre colonie ont été celles de Mostaganem à Oran (1853), d'Alger à Blidah (1854), de Philippeville à Constantine (1855). Après ces trois essais relativement restreints, le réseau de la colonie fut décidé, et, en 1856, on établit la longue ligne de Constantine à Alger. A partir de ce moment, les lignes se multiplièrent au point que, trois ou quatre ans après, toutes les localités importantes étaient reliées. Or, jusqu'en 1869, l'Algérie s'était suffi à elle-même, et tous les poteaux employés avaient été préparés sur place.

Au lieu d'une estrade, qu'il eût été presque toujours difficile de construire, on se contentait d'un terre-plein soit naturel, soit obtenu par des mouvements de terre, sur le flanc d'un ravin. Au besoin, on construisait une muraille en pans de bois de 4^m à 5^m

Fig. 19.

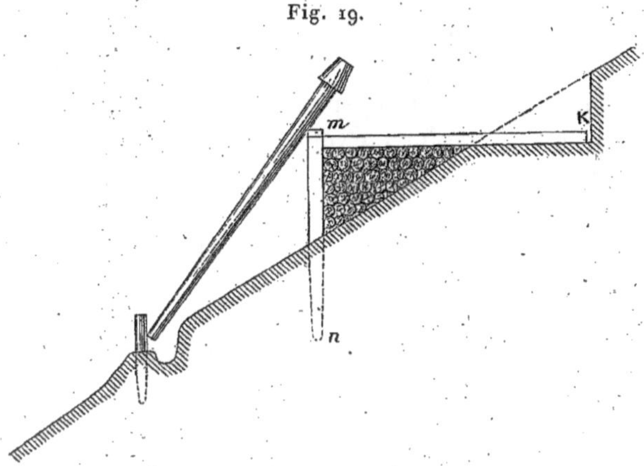

et l'on comblait le vide avec des fascines. Le pan de bois était consolidé en rattachant les pieux tels que *mn* (*fig.* 19) à des souches ou piquets plantés dans la partie non remuée K.

On faisait usage de calottes en plomb semblables à celles décrites dans la dernière Leçon.

Les ouvriers remplissaient les calottes avec de la dissolution puisée dans une ou plusieurs cuves convenablement placées.

Les arbres étaient amenés au chantier au moyen de glissières.

Les opérations de planage et d'écorçage étaient les mêmes que par les autres procédés.

Enfin les poteaux, une fois préparés, étaient emportés à dos de mulet jusqu'au lieu d'emploi.

47. Comparaison entre le procédé avec pression et celui sans pression. — Le procédé de simple filtration, appliqué comme nous venons de le dire, a donné d'excellents résultats.

Nous en citerons trois exemples, choisis dans divers climats.

Ligne de Hazebrouck à Lille, construite, en 1844, avec des poteaux injectés à Liancourt et démolie en 1858; après 14 ans, sur 800 poteaux, 16 seulement ont été trouvés pourris, soit en totalité, soit en partie et seulement au sommet.

Ligne d'Agen à Auch, construite, en 1853, avec des poteaux injectés dans les Landes, démolie en 1866; après 13 ans, sur 900 poteaux, 30 seulement hors de service. La plupart ont été replantés et durent encore.

Ligne de Constantine à Sétif (Algérie), construite en 1856 avec des poteaux de cèdre injectés au Bellesma près de Batna; étaient presque tous intacts en 1871, époque à laquelle ils ont été détruits lors de l'insurrection. On en voit encore (1891) quelques-uns en service sur les lignes de la province de Constantine.

Il faut dire que ces lignes étaient construites en poteaux relativement courts ($6^m,50$ à 9^m) et que, lorsqu'on a démoli des lignes comportant des appuis plus élevés, on a constaté la pourriture *principalement au sommet*, sur les poteaux de 10^m et plus. Pour de tels poteaux et *a fortiori* pour ceux de 12^m à 15^m, le recours à la pression est nécessaire, la simple filtration devient insuffisante.

48. Différence des essences d'arbres au point de vue de l'injection. — Les diverses essences d'arbres offrent des différences sensibles au point de vue de la facilité de l'injection. Comme on devait s'y attendre, les arbres d'essences tendres, tels que pin, hêtre, sapin, cèdre, platane, peuplier, etc., s'injectent facilement.

Le chêne ne s'injecte pas et peut utilement servir sans injection; mais il est lourd à porter et très difficile à percer en raison de son excessive dureté.

Le mélèze et le châtaignier sauvage ne s'injectent pas, mais ils se conservent très longtemps sans préparation.

49. Dimensions relatives du cœur et de l'aubier. — Le cœur d'un arbre ayant ses canaux séveux incrustés ne peut recevoir le liquide d'injection; aussi, l'injection ne se fait-elle que dans l'aubier. Or, le cœur est d'autant moindre par rapport à l'aubier que les arbres sont plus jeunes et ont crû plus vite. Pour être dans de bonnes conditions, il faut que le diamètre du cœur ne dépasse pas les $\frac{2}{3}$ du diamètre total de l'arbre. C'est la clause que nous introduisons dans nos cahiers des charges.

50. **Conditions pour qu'un arbre s'injecte bien.** — Pour qu'un arbre s'injecte bien, il faut qu'il n'y ait ni partie pourrie, ni fentes, ni gerçures. En effet, la partie pourrie ne s'injecte pas. Les fentes et les gerçures occasionnent des pertes de dissolution. On ne doit donc choisir que des arbres vigoureux et bien portants que l'on reconnaît à leur port, au développement de leur tête et surtout à la finesse du bout des branches.

Tout arbre frotté ou blessé doit être rejeté.

Les bois de lisières et les arbres isolés, ne se trouvant pas protégés contre l'action du vent, poussent péniblement; ils sont très durs et ne s'injectent pas.

Les arbres provenant de futaies pleines poussent très droits, mais ils n'ont généralement que du cœur et ne peuvent s'injecter. Au contraire, dans les futaies claires ou sur taillis, on trouve des arbres droits et bien développés qui sont dans les conditions voulues pour recevoir une bonne injection.

51. **Du gemmage des pins.** — L'exploitation du bois n'est pas toujours le principal revenu qu'on tire des forêts de pins. On recherche surtout la récolte de la résine. Pour l'extraire, on pratique sur les arbres des *quarres de gemmage*. On donne ce nom à des entailles de forme carrée qui sont taillées, jusqu'au vif, sur l'écorce de l'arbre et au-dessous desquelles on place une petite auge destinée à recueillir la sève résineuse qui coulera par la blessure.

Il y a deux espèces de gemmage : 1° Le *gemmage à vie* qui consiste à pratiquer, de distance en distance, des quarres que l'on abandonne tous les cinq ans pour en faire de nouvelles à côté. Un pin, avec ce système, peut produire cent cinquante ans et rend, en moyenne, de 5^{kg} à 6^{kg} de résine par an. 2° Le *gem-*

mage à mort, dans lequel on couvre de quarres toute la surface de l'arbre; ce dernier en meurt, mais la récolte est plus abondante.

L'effet d'une quarre de gemmage, quelle que soit son espèce, est le suivant :

Soit AB (*fig.* 20) un fragment d'arbre ayant une quarre en *a*. Il s'établit un courant de résine venant de l'intérieur et tombant dans l'auget *b*. La résine se coagule, se dépose sur les fibres aux environs de la quarre et constitue comme une sorte de bouchon *c* qui obstrue les fibres. Par suite, l'injection, en supposant qu'elle vienne de la partie supérieure A, se trouvera arrêtée par le bouchon *c*, en sorte que toute la partie de l'arbre située au-dessous de ce bouchon ne pourra s'injecter. Si la quarre est encore blanche, c'est-à-dire nouvelle, il pourra exister entre elle et le cœur *hk* une portion d'aubier qui se pénétrera; mais, si la quarre est vieille, il n'y aura plus d'aubier et, par suite, plus d'injection.

Fig. 20.

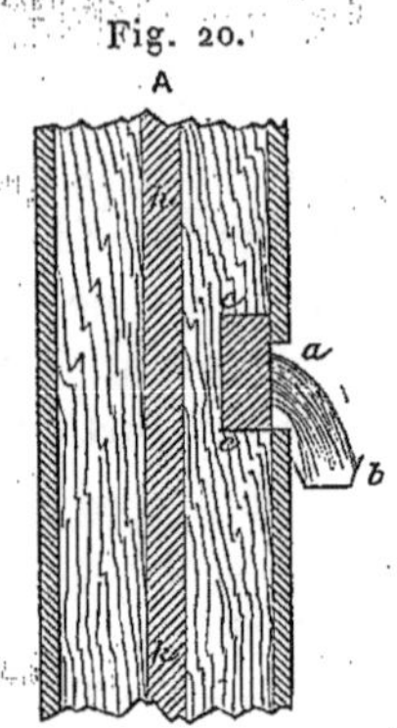

Il est donc important de n'accepter comme poteau aucun pin portant des traces de *gemmage*.

Une clause conforme et formelle est insérée dans nos cahiers des charges. Dans cette même clause, on exclut encore, d'une manière absolue, les pins des espèces dites : laricio et lord Weymouth.

52. Durée et saisons de l'injection. — La durée de l'injection, toutes choses égales d'ailleurs, est d'autant plus petite que la sève est plus fluide et plus mobile. Cette durée dépend donc de la saison.

Du mois de décembre au mois de mars, avant la naissance des feuilles, la sève est très abondante et très fluide; bonne injection jusqu'au mois de mai.

D'avril à septembre, sève épaisse et visqueuse; préparation difficile (n° 8).

Enfin, de septembre à décembre, après la chute des feuilles, la sève redevient fluide; l'injection est facile.

Toutefois, il faut prendre garde aux *gelées;* l'injection, par ces temps, est interdite par le cahier des charges. En résumé, les périodes les plus favorables à la rapidité de l'injection sont celles de février à mai et de septembre à novembre.

CINQUIÈME LEÇON.

SOMMAIRE.

Altération des bois injectés et plantés. — Action de l'eau et du sol. — Action des parasites et spécialement des champignons. — Préservation spéciale du pied des poteaux dans les mauvais terrains. — Pourriture des poteaux au sommet. — Préservation spéciale de ce sommet. — Fourniture des poteaux à l'adjudication. — Condition des cahiers des charges. — Contrôle et réception des fournitures.

ALTÉRATION DES BOIS INJECTÉS ET PLANTÉS.

53. Les procédés de pénétration ayant été décrits, nous avons à examiner les résultats qu'ils produisent dans la pratique.

Il est d'expérience constante que les *bois injectés* ne résistent que *pendant un certain temps.*

Théoriquement, un bois injecté devrait durer indéfiniment; mais il ne faut pas oublier que la conservation d'une matière organique dans l'atmosphère est un état de lutte constante.

L'oxygène et l'humidité de l'air, l'action de l'eau et des substances contenues dans le sol, enfin les parasites (*vers* ou *champignons*) sont toujours présents et cherchent à exercer leur action destructive. Ils y parviennent *toujours* après un temps *plus ou moins long,* selon les circonstances.

Ainsi, par exemple, un poteau injecté au sulfate de cuivre est planté dans le sol. A l'instant, il est soumis à diverses causes destructives.

54. **Action de l'eau.** — D'abord la pluie ou même l'humidité, qui ont pour effet de dissoudre et d'entraîner, quoi qu'on fasse, le sel qui peut être resté en excès, et même, à la longue, celui qui s'est combiné avec la sève. Cet effet se produit d'autant plus facilement que l'eau peut pénétrer par la partie supérieure et filtrer dans les canaux séveux. C'est pour éviter autant que possible cet

effet que l'on taille l'extrémité des poteaux en forme de cône.

55. **Action des diverses natures de sol.** — En second lieu, il y a l'action du sol avec lequel le poteau est en contact. Non seulement ce sol peut être humide et agir comme nous venons de le dire, mais il peut, en outre, contenir des substances susceptibles d'enlever le sel antiseptique. Le grès et le sable lavé des rivières sont dans le premier cas : ils n'ajoutent à l'eau aucun élément sensible de perturbation, mais ils entretiennent au pied du poteau un état permanent d'humidité favorable aux actions destructives. La décomposition s'accélère si le bois est entouré de terre arable riche en débris organiques. C'est pour ce motif que, dans les villes et les villages, il est important de ne pas placer les poteaux à portée des tas de fumier ou autres amas de matières en décomposition.

Le second effet se produit dans les terrains calcaires. L'acide carbonique dissout la chaux à l'état de bicarbonate qui pénètre dans le bois et opère la soustraction de l'agent préservateur.

Je citerai un exemple de cette action. Les poteaux placés sur les lignes près des ponceaux en maçonnerie se pourrissent plus vite que les autres. Cela tient à ce que la chaux et le sable employés se mêlent au sol en quantité suffisante pour qu'il fasse le même effet qu'un *sol calcaire*. Aussi doit-on éviter de planter les poteaux à une trop petite distance des ponceaux, et, en général, de toute maçonnerie.

56. **Action des parasites. Du mérule.** — Dès qu'un poteau est atteint de pourriture, il se développe sur lui un champignon d'une espèce déterminée. Pour le pin et le sapin, ce champignon est du genre *mérule* et se nomme *Merulus lacrymans* ou *Merulus destruens*. Ce végétal sort de terre le long du poteau sous forme de filaments blancs qui s'introduisent dans les moindres fentes, écartent ces fentes, rompent les fibres et se répandent peu à peu dans toute la masse ligneuse ; puis, les filets prennent de la consistance et se transforment en une masse molle qui adhère fortement au bois et sécrète des gouttelettes d'un liquide incolore. Sous tout l'espace occupé par le végétal, le bois est imbibé *à une grande profondeur*.

Maintenant, est-ce bien le champignon qui amène la destruction du bois ou bien le végétal ne se développe-t-il que si la pourriture préexiste? Il est probable que cette dernière hypothèse est la vraie; mais le champignon, de son côté, augmente la pourriture, en sorte que les deux causes s'accélèrent l'une par l'autre.

57. **Effets du mérule.** — Comme le mérule végète sur les pins même vivants, on comprend que ce doit être un ennemi très redoutable; car, en plantant le poteau, on peut enfoncer avec lui des germes de destruction.

Le champignon se développe aussi lorsque deux poteaux sont placés simplement l'un contre l'autre.

Cet effet se remarque dans les dépôts où les poteaux sont horizontalement placés les uns sur les autres. S'ils restent longtemps dans la même position, surtout à la pluie et même couverts, mais à l'ombre ou dans un lieu humide et mal aéré, le champignon se développe à tous les points de contact. Si l'on plante les poteaux dans cet état, ils ne tardent pas à périr. De là résulte la nécessité de remanier les poteaux pour changer les points de contact, lorsqu'ils doivent rester longtemps en dépôt.

58. **Remèdes à apporter contre les effets du mérule.** — Dès que l'on constate la présence du champignon, on doit cautériser l'endroit où il se trouve par le feu ou par l'acide sulfurique. Si c'est au pied d'un poteau planté, il faut dégarnir le poteau, rejeter la terre infectée, enlever la partie du bois attaquée, brûler au pied du poteau des copeaux ou des broussailles, puis remettre de la terre nouvelle et saine et bien damer cette terre.

On doit s'abstenir absolument de planter un poteau dans le trou déjà occupé par un poteau pourri que l'on enlève. Dans ce trou existent, en effet, les germes du champignon.

59. **Préservation de la partie du poteau placée en terre.** — Tout ce que nous venons de dire fait voir combien il est important de préserver la partie du poteau placée en terre, surtout dans le cas d'un sol mauvais.

Un moyen efficace consisterait à établir au pied du poteau un bloc de béton ou de ciment dont les joints avec le bois seraient garnis avec un soin particulier, de manière à éviter l'introduction de l'eau entre le bois et le bloc.

On peut encore enduire la partie destinée à être enterrée de goudron de houille ou de peinture, et la recouvrir ensuite d'une feuille de zinc clouée et mastiquée en haut et en bas.

Enfin la carbonisation superficielle est aussi un moyen. On l'a employée en 1867 sans résultat favorable. Mais il est probable que cela a tenu à ce que le procédé fut mal appliqué. En effet, quand la couche carbonisée est trop épaisse, elle se fend d'elle-même et se brise pendant les transports. On s'est bien trouvé d'une couche de charbon obtenue en mouillant le bois avec de l'eau acidulée (5 d'eau et 1 d'acide sulfurique) et le chauffant légèrement sans l'exposer à la flamme.

60. **Pourriture des poteaux au sommet. Préservation de l'extrémité supérieure.** — Lorsqu'un poteau se pourrit au sommet, la pourriture se propage de haut en bas et du centre à la circonférence en affectant la forme d'un cône renversé. D'où résulte qu'il y a un intérêt réel à garantir de la pluie le sommet des poteaux.

Dans certains pays on recouvre, à cet effet, le sommet du poteau d'un isolateur de tête.

En France, on a essayé l'emploi d'une calotte en zinc. Pour le moment, on se contente d'appointiller le poteau en cône, ainsi que nous l'avons déjà dit, et de le recouvrir d'une couche de peinture sur une hauteur de $0^m,25$ à partir de la base du cône.

FOURNITURE DES POTEAUX A L'ADJUDICATION.

61. **Clauses et conditions des cahiers des charges.** — Le gros des fournitures de poteaux est maintenant donné à l'adjudication.

Ces fournitures se font d'après des conditions imposées par un cahier des charges. J'ai déjà eu l'occasion d'indiquer un certain nombre des clauses contenues dans les cahiers des charges. Ce sont celles relatives : 1° à la nature des bois injectés; 2° au diamètre du cœur par rapport au diamètre total; 3° à la hauteur des cuves; 4° au titre de la dissolution; 5° à la suspension de l'injection en cas de gelée; 6° au temps à laisser écouler avant l'enlèvement de l'écorce et au maintien à l'ombre des poteaux fraîchement pelés. Je vais maintenant énumérer les autres clauses ou conditions.

Aucune opération ne peut commencer dans un chantier avant que l'installation du chantier, ainsi que la disposition des cuves et des appareils aient été soumises à l'Administration et acceptées par elle.

Toutes les opérations peuvent être contrôlées et surveillées par les agents de l'Administration. Ces agents peuvent visiter les chantiers toutes les fois qu'ils le jugent convenable. Ils doivent le faire le plus souvent possible.

62. **Essais pour constater la bonne injection.** — Les essais pour constater la bonne injection des poteaux se font au moyen du ferrocyanure de potassium (nº 39). On expérimente le poteau dans toutes ses parties. Habituellement, c'est le sommet qu'il est le plus important de vérifier. Dans le cas de calfatage aux deux bouts (nº 42), c'est sur le milieu que doivent se porter principalement les investigations.

L'agent vérificateur peut choisir 5 poteaux par 1000 et les faire scier en un ou plusieurs points de leur longueur pour s'assurer s'ils sont injectés sur toute l'étendue de la section. Il y a lieu d'observer que la scie, en traversant les couches extérieures, peut entraîner du sulfate de cuivre, le déposer sur les couches intérieures et indiquer la présence du sel là où il n'existe pas réellement. On fera donc bien de faire une contre-épreuve en fendant le morceau de poteau d'un coup de hache.

L'agent vérificateur a la faculté de soumettre au même essai tous les arbres dont il suspecte la préparation. Si elle est reconnue défectueuse, le prix est laissé à la charge de l'entrepreneur. Dans le cas contraire, il reste au compte de l'Administration. Toute la fourniture peut être rejetée si l'on trouve plus de 1 poteau sur 5 non injecté.

On comprend, sans qu'il soit nécessaire d'insister, l'aléa de ces moyens d'essais qui ne s'appliquent, en définitive, qu'à 5 poteaux sur 1000. C'est pour cela qu'il y a un intérêt majeur à ce que les chantiers soient visités le plus souvent possible pendant la durée des opérations.

63. Dimensions minima des arbres. — Les arbres doivent avoir les dimensions minima suivantes :

LONGUEUR DES POTEAUX.		DIAMÈTRE à 1 mètre de la base.	DIAMÈTRE au sommet.
m 6,50	cat. A	m 0,17	m 0,12
	» B	0,14	0,09
8,00	» A	0,20	0,12
	» B	0,18	0,10
10,00	» A	0,24	0,10
	» B	0,22	0,10
12,00		0,26	0,10
15,00		0,30	0,10

Ces diamètres seront mesurés après l'enlèvement de l'écorce; ils peuvent être dépassés sans inconvénient.

64. Réception des poteaux. — Au moment où les poteaux sont reçus après vérification, ils sont frappés d'une marque à chaud, LT, suivie des deux derniers chiffres du millésime de l'année. Exemple : LT 78.

Les entrepreneurs inscrivent également à chaud sur les poteaux leurs initiales. Ceci est nécessaire pour le délai de garantie de durée, attendu que les adjudicataires sont responsables de la parfaite conservation des bois pendant cinq années.

65. Délais de garantie de durée imposée aux entrepreneurs. — On admet que la proportion des poteaux de bonne préparation qui peuvent être mis hors de service, sous l'influence des actions diverses auxquelles ils sont soumis, est la suivante :

Pendant la 1re année		néant
» 2e »		$\frac{1}{1000}$
» 3e »		$\frac{4}{1000}$
» 4e »		$\frac{9}{1000}$
» 5e »		$\frac{16}{1000}$

Dans le cas où le nombre des poteaux réformés annuellement, et que l'on établit sur des états fournis par les ingénieurs, dépasse la proportion ci-dessus indiquée, les adjudicataires doivent verser au Trésor :

7,50 fr	par poteau de	6,50 m
10,00	»	8,00
14,00	»	10,00
20,00	»	12,00

SIXIÈME LEÇON.

SOMMAIRE.

Nature des résistances que l'on trouve en considérant les actions mécaniques auxquelles sont soumis les fils et les poteaux : 1° résistance à la traction ; 2° résistance à la compression ; 3° résistance à la flexion plane. — Limite de l'élasticité. — Charge de rupture. — Examen du phénomène de la flexion plane. — Action de la force sur les sections du solide. — Section de rupture. — Solide de forme prismatique ou cylindrique.

---

66. **Nature des résistances que l'on trouve en considérant les actions mécaniques auxquelles sont soumis les fils et les poteaux.** — Une des conditions les plus essentielles de la solidité d'une ligne électrique consiste en ce que ses trois éléments : poteau, isolateur et fil, puissent résister aux actions mécaniques qui doivent agir sur eux.

Fig. 21.

a

M

b

Il est donc utile d'examiner ces actions.

67. **Résistance des fils.** — En ce qui concerne le fil de ligne, l'action principale à laquelle il sera exposé sera une *traction dans le sens de sa longueur* que l'on nomme *tension*.

Si, en effet, un fil pesant est suspendu à un point fixe *a* (*fig.* 21), il supporte en un point quelconque, M par exemple, un effort longitudinal ou une *tension* représentée par le poids de la portion qui reste M*b*.

Si, au lieu d'être attaché en un seul point, le fil est suspendu entre deux points fixes *a* et *b* (*fig.* 22) comme un fil de ligne, il y a encore au point M un effort longitudinal ou une *tension*. Cette tension serait la force avec laquelle il faudrait retenir les deux sections M*a* et M*b* pour les empêcher de se disjoindre si l'on venait à couper le fil au point M.

Fig. 22.

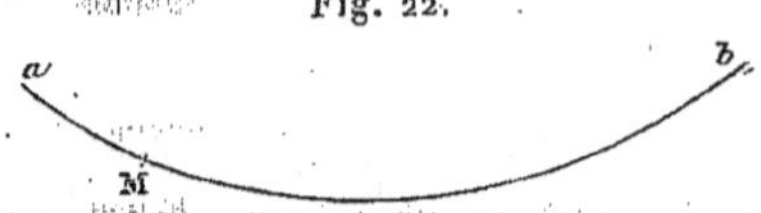

Nous trouvons donc ici une première espèce de résistance à envisager : c'est la *résistance à la traction*.

68. Résistance d'un poteau tête de ligne. — Passons au poteau et tout d'abord à un *poteau tête de ligne*.

Soit *ab* (*fig.* 23) un poteau planté, et supposons d'abord un seul

Fig. 23.

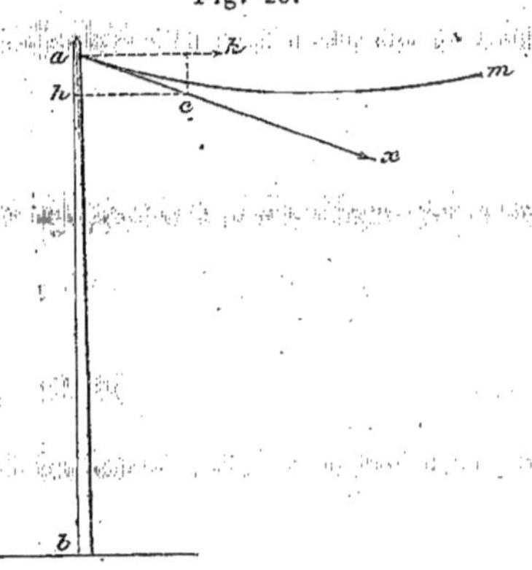

fil *am* attaché à son sommet; ce fil tirera dans le sens *ax* de la tangente au point *a* à la courbe *am*, et l'action du tirage pourra être représentée par une certaine longueur *ac* prise sur la droite *ax*. Or, la force *ac* se décompose en deux : l'une verticale *ah* qui produit *une action de compression* dans le sens de la longueur du poteau, l'autre horizontale *ak* qui tend à produire une action de *flexion plane,* c'est-à-dire de *flexion sans torsion.*

La composante verticale ne tend qu'à consolider le poteau, la composante horizontale seule tend au *renversement* de cet appui ou, à défaut, à sa *flexion plane.*

Si l'on a plusieurs fils parallèles attachés en des points *a*, *b*, *c*, *d* (*fig.* 24), chacun donnera deux composantes, l'une verticale et l'autre horizontale. Toutes les composantes verticales s'ajouteront pour comprimer le poteau et les composantes horizontales *am*, *bn*, *cp*, *dq* se composeront elles-mêmes en une résultante unique horizontale AB égale à leur somme et appliquée en un point A qui sera le milieu de *ad* si, par exemple, les quatre fils étant éga-

Fig. 24.

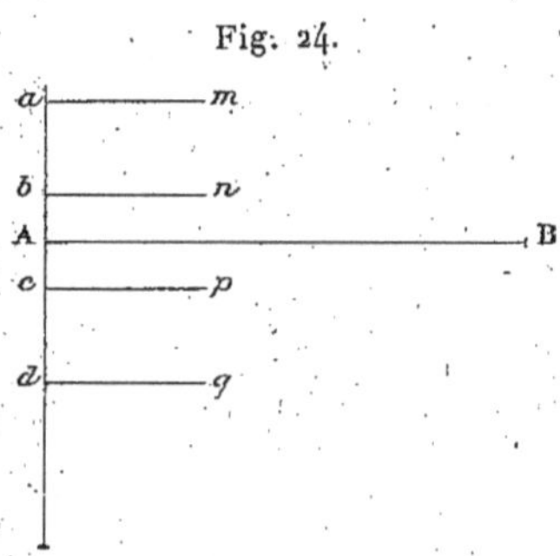

lement tendus, les quatre forces *am*, *bn*, *cp* et *dq* sont égales entre elles.

Donc, quel que soit le nombre de fils parallèles attachés à un poteau, les actions de *renversement* ou de *flexion* se réduiront toujours *à une seule force horizontale* appliquée en *un point* de l'*axe du poteau*, qu'il sera toujours facile de déterminer.

69. **Résistance d'un poteau en ligne.** — Considérons maintenant un poteau sur lequel passe un fil de ligne. Il y a deux cas à distinguer : 1° le fil passe en ligne droite; 2° le fil fait un angle sur le poteau.

Fil en ligne droite. — Soit un poteau *ab* (*fig.* 25), auquel est attaché un fil *yax* également tendu des deux côtés; les deux tensions égales *am*, *an* donnent chacune une composante horizontale et une composante verticale. Ces deux dernières s'ajoutent pour exercer une compression le long du poteau. Les deux composantes horizontales *ak* et *ah* sont opposées l'une à l'autre et, comme elles sont égales, elles se détruisent, en sorte que le poteau ne subit aucun effort de *renversement* ou de *flexion,* mais seulement un *effort longitudinal de compression.*

Si les composantes *ak* et *ah* n'étaient pas égales, ce qui arriverait dans le cas où le fil ne serait pas également tendu des deux côtés, il resterait du côté de la plus grande une force de flexion

Fig. 25.

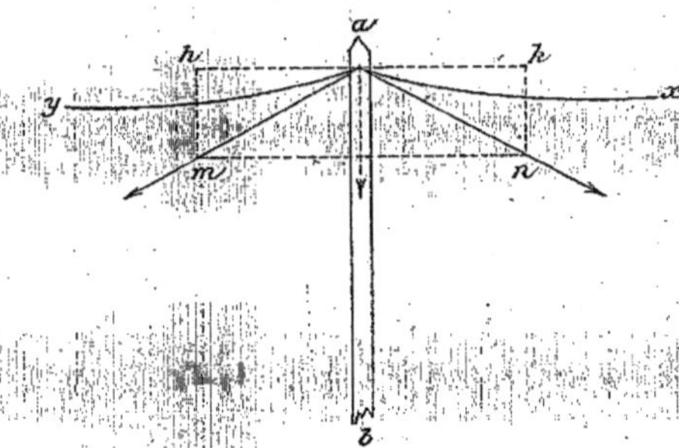

égale à la différence. Nous verrons plus tard que, *dans la pratique, on se place dans le cas d'une égale tension des deux côtés du poteau.*

Si, au lieu d'un seul fil, on a plusieurs fils parallèles, les composantes verticales s'ajoutent et les composantes horizontales se détruisent.

70. Fil faisant angle sur le poteau. — Soient *ab* (*fig.* 26) le

Fig. 26.

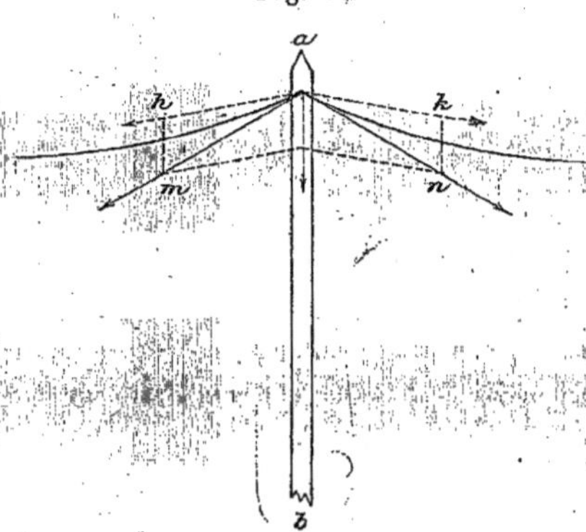

poteau, *xay* le fil; les composantes verticales s'ajoutent encore pour constituer un effort de *compression* le long du poteau. Quant aux composantes horizontales *ak* et *ah*, elles ne sont plus en prolongement l'une de l'autre, elles forment un angle *hak* dans le plan horizontal passant par le point *a*. Alors elles se composent en une seule *ac* (*fig.* 27), représentée par la diagonale du losange *ahck* construit sur les deux longueurs *ah* et *ak*. Cette force *ac* est elle-même horizontale.

Donc, ici, nous avons encore *une force unique horizontale de flexion*.

Dans le cas de plusieurs fils parallèles, chacun d'eux donne une composante verticale et une force de flexion telle que *ac* (*fig.* 27).

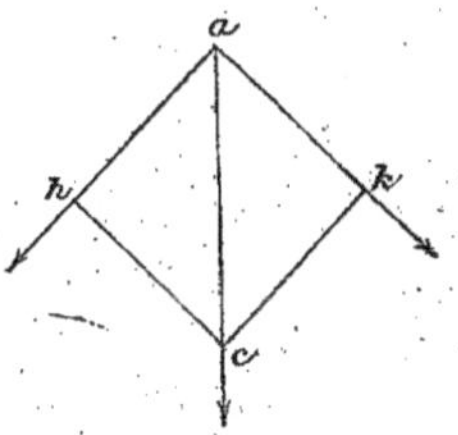

Toutes les composantes verticales s'ajoutent pour comprimer le poteau. Quant aux forces de *renversement* ou de *flexion*, elles sont toutes horizontales et parallèles entre elles. Par suite, elles se composent en une seule force également horizontale et parallèle, en sorte qu'on n'a jamais qu'*une seule force horizontale de renversement ou de flexion*.

Fig. 27.

Nous trouvons donc ici, pour les poteaux, deux nouvelles espèces de résistance à considérer : 1° la *résistance à la compression* et 2° la *résistance à la flexion plane*. Nous voyons en outre que, pour cette dernière, *il suffira d'examiner le cas d'un poteau vertical planté en terre et sollicité par une seule force horizontale appliquée en un point de son axe*.

71. Classification des résistances à étudier. — En résumé, nous allons avoir à étudier trois sortes de résistances : 1° à la traction ; 2° à la compression ; 3° à la flexion plane.

72. Résistance à la traction. — La *résistance à la traction est la résistance qu'offre un solide à l'action d'une force qui agit dans le sens de sa longueur et qui tend à l'allonger*.

Un fil métallique, un poteau et, en général, un corps de forme prismatique, cylindrique ou conique, peut être considéré comme un faisceau de fibres parallèles et dirigées selon la longueur. Si l'on applique à l'une des extrémités une force P qui tende à allonger le solide, l'effet de cette force se répartira également sur toutes les fibres, de manière que s'il y a 1000 fibres, par exemple, chacune d'elles supportera un effort égal à $\frac{P}{1000}$. Réciproquement, si chaque fibre supporte un effort P, les 1000 fibres réunies supporteront un effort de 1000 P.

Il résulte de là qu'un solide peut aussi être considéré comme un faisceau de solides parallèles et ayant chacun pour section l'unité de surface (le millimètre carré par exemple). Le raisonnement qui vient d'être fait pour les fibres pourra se répéter pour les solides partiels de section égale à l'unité, en sorte qu'un fil de fer ayant, par exemple, 12^{mmq} de section résistera à la traction comme douze fils parallèles de 1^{mmq} de section; qu'en conséquence, si l'on applique à un tel fil une force de 84^{kg} par exemple, chaque fil élémentaire portera une charge de $\frac{84}{12} = 7^{kg}$, et que, si chaque fil élémentaire supporte 7^{kg}, le fil total supportera $7 \times 12 = 84^{kg}$.

Ceci revient à dire que *la résistance d'un solide à la traction est proportionnelle à sa section.*

Dans tout ce qui va suivre, nous raisonnerons sur des solides ayant l'unité de section (le millimètre carré) et les résultats obtenus devront être multipliés par la section exprimée en millimètres carrés pour être appliqués à un solide quelconque.

73. **Allongement du solide.** — Ceci posé, soit OA (*fig.* 28) un fil ou un solide de 1^{mmq} de section, suspendu à un point fixe O. J'applique en A une force d'abord assez petite. Sous l'action de cette force, le fil s'allonge d'une certaine quantité, il devient OA'. Si je fais cesser l'action de la force, le fil, en vertu de *son élasticité,* revient, non pas tout à fait à sa longueur primitive OA, mais à une longueur OA″ plus grande que OA, mais qui en diffère très peu.

Fig. 28.

Nous voyons donc déjà qu'il y a deux sortes d'allongements à distinguer : 1° l'allongement AA″ qui persiste après la cessation de la force, on l'appelle *allongement permanent;* 2° l'allongement A″A′ qui cesse avec la force et que l'on nomme *allongement élastique.*

Le premier allongement est généralement très petit et peut être négligé.

Maintenant si j'augmente peu à peu la force appliquée au point A, le même effet se produit et j'ai toujours les deux allongements jusqu'au moment où *la limite de l'élasticité étant atteinte, l'allongement ne cesse plus avec la force*. A partir de ce moment le fil s'allonge toujours davantage (*l'allongement restant constamment permanent*) jusqu'à ce que *la rupture se produise*. On est alors arrivé à la *limite de rupture* et la force qui la produit s'appelle la *charge de rupture*.

De ces explications résulte qu'il existe deux états bien distincts selon que 1° l'on ne dépasse pas la limite de l'élasticité ou que 2° l'on dépasse cette même limite.

74. Limite de l'élasticité. — La plus grande force que chaque substance peut supporter sans *dépasser la limite d'élasticité* varie avec cette substance. Il en est de même de l'allongement élastique que l'on estime par son rapport à la longueur primitive. Ainsi (*fig*. 28) l'allongement élastique sera représenté par le rapport $\frac{AA'}{OA}$ (¹). C'est l'allongement de l'unité de longueur, on l'appelle *allongement proportionnel*.

Voici les valeurs de la plus grande force et de l'allongement proportionnel pour les substances les plus usuelles en télégraphie déterminées par l'expérience.

SUBSTANCES.	ALLONGEMENT proportionnel.	PLUS GRANDE FORCE pour 1^{mm} carré.	FORCE PRATIQUE.	
			Efforts permanents ($\frac{1}{2}$).	Efforts passagers ($\frac{3}{4}$).
1	2	3	4	5
		kg	kg	kg
Chêne	$\frac{1}{600}$ = 0,001 67	2	1	1,5
Pins ou sapins...	$\frac{1}{470}$ = 0,002 10	3,150	1,57	2,36
Fil de fer recuit.	$\frac{1}{1250}$ = 0,000 80	14,750	7,37	11,060
Acier	$\frac{1}{4500}$ = 0,000 222	66	33	49,500

(¹) On néglige ici, comme il a été déjà dit, le petit allongement permanent AA'.

Dans la pratique, lorsqu'il s'agit de solides destinés à résister à des *efforts* permanents, on ne doit pas dépasser *la moitié* des valeurs indiquées dans la colonne 3 du Tableau ci-dessus. Dans le cas où les efforts à supporter ne seraient pas permanents et n'auraient qu'une faible durée, on peut dépasser ces mêmes valeurs, mais on ne doit jamais aller jusqu'aux $\frac{3}{4}$. On admet donc *pour la pratique* les valeurs de la force inscrites aux colonnes 4 et 5.

75. Charge de rupture. — La force qui produit la rupture d'une substance ou sa *charge de rupture* varie avec cette substance. Voici sa valeur pour les substances usuelles en télégraphie déterminée par l'expérience.

SUBSTANCES.	CHARGE de rupture pour 1^{mm} carré.	CHARGE PRATIQUE.	
		Efforts permanents.	Efforts temporaires.
1	2	3	4
	kg	kg	kg
Chêne	6	0,6	1,00
Pin ou sapin	8	0,8	1,33
Fil de fer recuit	40	6,66	10,00
Id. non recuit.	60	10,00	15,00
Acier	120	20,00	30,00
Cuivre	25	4,170	6,250

Dans la pratique et pour des efforts permanents, on ne doit pas dépasser : pour les bois, $\frac{1}{10}$ de la charge réelle de rupture; pour les métaux, $\frac{1}{6}$ de la charge réelle de rupture.

Pour des *efforts passagers*, on peut admettre $\frac{1}{6}$ pour les bois et $\frac{1}{4}$ pour les métaux. On admet donc *en pratique*, pour les valeurs de *la charge de rupture*, les chiffres portés aux colonnes 3 et 4 du Tableau ci-dessus.

En comparant les deux Tableaux l'un avec l'autre, on voit que les *charges pratiques de rupture* sont inférieures aux *forces pratiques limites de l'élasticité;* en sorte que, en se tenant dans les limites des charges de rupture indiquées, on sera sûr de ne pas dépasser les limites de l'élasticité. Pour ce motif, nous ne parlerons plus désormais que *des charges pratiques de rupture*.

La fraction qui indique le rapport entre la charge pratique et la charge réelle de rupture porte le nom de *coefficient de sécurité*.

76. Résistance à la compression. — On appelle *résistance à la compression la résistance qu'offre un solide à l'action d'une force qui agit dans le sens de sa longueur et tend à la comprimer*.

L'expérience démontre que, si la pièce est maintenue latéralement de manière à éviter toute flexion et tant qu'on ne dépasse pas la limite d'élasticité, les résistances à la compression sont sensiblement les mêmes que les résistances à la traction. Comme nous n'aurons que ce cas à examiner, nous admettrons que la *résistance à la compression* d'une substance est la même que sa *résistance à la traction*.

Quand on dépasse la limite d'élasticité, il y a des changements; les charges d'écrasement ne sont pas les mêmes que les charges de rupture; mais, je le répète, nous n'aurons pas à envisager ce cas.

77. Résistance à la flexion plane. — On appelle *résistance à la flexion plane* la résistance qu'offre un solide à une force qui tend à le fléchir sans le tordre.

C'est là, ainsi que nous l'avons déjà vu, le cas d'un poteau soumis à une force de renversement. Aussi nous suffira-t-il d'étudier le phénomène pour un solide vertical encastré à sa base dans le sol et sollicité par une force horizontale appliquée en un point de son axe.

Soit, en premier lieu, un solide de forme prismatique ou cylindrique.

Lorsque l'on veut scier un madrier de forme prismatique (rectangulaire par exemple), on trace sur ses bases AB, A'B' (*fig*. 29) une série de lignes parallèles ab, cd,... et $a'b'$, $c'd'$,... également distantes, on marque les lignes de jonction telles que bb', dd',..., puis, en faisant entrer la scie par une des premières lignes (ab, par exemple) et, la dirigeant selon la ligne correspondante (bb'), on décompose le prisme en planches telles que $AabDD'A'a'b'$ de forme rectangulaire et ayant toutes même largeur et même épaisseur.

Si l'on fait une opération analogue sur un madrier cylindrique $CKC'K'$ (*fig.* 30), on le divise en planches qui sont encore rectan-

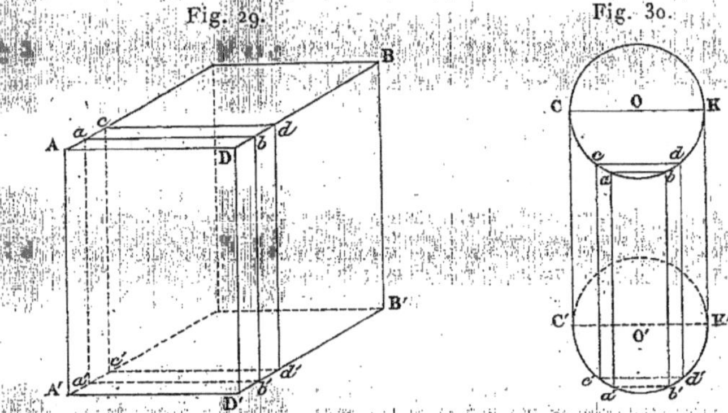

Fig. 29. Fig. 30.

gulaires, mais dont la largeur va en diminuant depuis le centre de la base O jusqu'à la circonférence où il n'y a plus qu'une croûte qui est plane d'un côté et courbe de l'autre.

L'épaisseur de la planche ne dépend dans chaque cas que de la volonté de l'opérateur. En pratique, cette épaisseur est limitée par l'obligation de laisser à la planche la résistance nécessaire aux fonctions qu'elle doit accomplir. Mais, si l'on se borne à une conception théorique, rien ne limite la petitesse de l'épaisseur. C'est en raisonnant ainsi que l'on est amené à considérer *un solide prismatique ou cylindrique comme un assemblage de solides de forme rectangulaire et d'épaisseur infiniment petite.* D'autre part, la force de flexion appliquée à l'axe de la pièce peut être considérée comme la somme des forces élémentaires parallèles appliquées à l'axe de chacun des solides élémentaires. Les choses se passent de la même manière dans chacun d'eux.

Il nous suffira donc d'examiner le phénomène pour un quelconque de ces solides élémentaires. Soit AB (*fig.* 31) ce solide, planté dans le sol en B et sollicité par la force horizontale P appliquée à son axe CD.

Sous l'action de la force P, le solide fléchit en se courbant vers la droite; la portion située à gauche de l'axe CD devient convexe et ses fibres telles que *ab* s'allongent; la portion placée à droite du même axe devient concave et ses fibres telles que *cd* se raccourcissent. Dans le milieu existe forcément une fibre qui est ici l'axe CD, laquelle ne subit ni allongement ni raccourcissement, et que l'on nomme pour ce motif la *fibre neutre*.

Fig. 31.

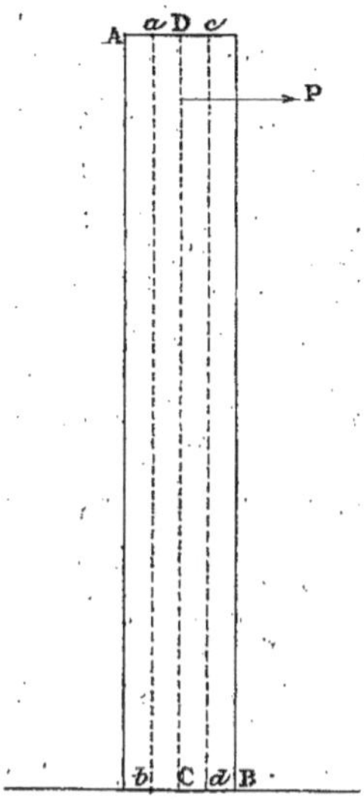

Les fibres, en s'allongeant ou en se raccourcissant, subissent des actions longitudinales de *traction* pour les premières et de *compression* pour les secondes. Mais ces actions ne sont pas les mêmes pour toutes les fibres du solide, parce que ces fibres s'allongent ou se raccourcissent inégalement.

Pour nous en rendre compte, examinons ce qui se passe dans une tranche très mince ou, pour mieux dire, dans une *section* faite dans le solide par un plan perpendiculaire à l'axe. Soit ABCD (*fig*. 32) cette section. La fibre AB s'allonge en se courbant très légèrement et devient AB′, s'allongeant ainsi de la longueur BB′. La fibre CD se raccourcit en se courbant très légèrement et devient CD′, s'étant ainsi raccourcie d'une longueur DD′ qui est égale à BB′, puisque, toutes choses égales d'ailleurs, les résistances à la compression sont les mêmes que les résistances à la traction. Soit I le point où l'axe coupe la ligne BD. Si l'on joint B′D′, cette ligne passe au point I; la fibre neutre MI reste invariable de longueur, ainsi que cela doit être.

Fig. 32.

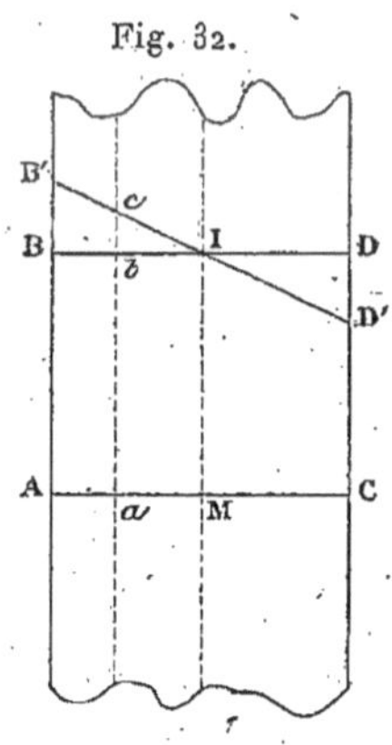

Soit maintenant une autre fibre *abc*; cette fibre, qui était *ab*, s'est allongée de la longueur *bc*, laquelle est plus petite que BB′. On voit par là qu'à partir de la fibre neutre qui reste invariable, et au fur et à mesure qu'on s'en éloigne, les fibres du côté gauche s'allongent et, par suite, fatiguent de plus en plus.

On verrait de même que les fibres du côté droit se raccourciront et, par suite, fatigueront d'autant plus qu'elles s'éloigneront davantage de la fibre neutre.

Il suit de là que, *dans toute section*, les fibres les plus éloignées de la fibre neutre et que l'on nomme les *fibres extrêmes* seront celles qui supporteront *le plus grand effort* de traction ou de compression. Ce sera donc pour ces *fibres extrêmes* qu'on ne devra jamais dépasser la *charge pratique de rupture* de la substance considérée.

78. Action de la force sur les diverses sections du solide. — Maintenant, si nous considérons diverses sections telles que *ab*, *cd*, ... (*fig.* 33) faites dans le solide perpendiculairement à son axe, l'action de la force P sur les portions des fibres comprises dans ces sections ne sera pas la même. Cette action sera plus grande dans la section *cd* que dans la section *ab*, puisque, dans la première, la force agira au bout d'un bras de levier plus grand que dans la seconde.

Fig. 33.

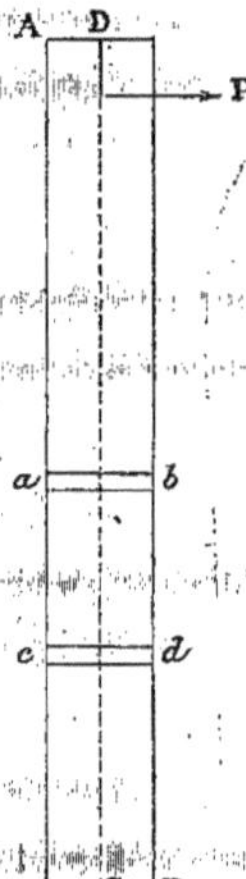

D'une manière générale, *l'action de la force* P *et, par suite, la fatigue supportée par les fibres d'une section seront d'autant plus grandes que cette section sera plus éloignée de celle où la force est appliquée.*

79. Section de rupture. — On appelle *section de rupture* la section où, en supposant le solide homogène, la rupture se produirait nécessairement si l'on allait jusqu'à la charge réelle. C'est *évidemment la section dont les fibres fatiguent le plus.*

80. Section de rupture d'un solide prismatique ou cylindrique. — Lorsqu'il s'agit d'un solide prismatique ou cylindrique, la section est invariable dans toute l'étendue du solide. Sa résistance est donc la même. Or, comme les sections fatiguent d'autant plus qu'elles s'éloignent davantage du point d'application de la force, celle dont les fibres supporteront la plus grande fatigue sera celle qui se trouvera la plus éloignée de la force, c'est-à-dire la section même d'encastrement.

Donc, *pour un solide prismatique ou cylindrique, la section de rupture est la section même d'encastrement dans le sol.*

SEPTIÈME LEÇON.

SOMMAIRE.

Section de rupture d'un solide de forme tronconique. — Forme tronconique la plus favorable. — Poteau type. — Recherche de la plus grande force de flexion que peut supporter un poteau donné. — Exemple d'application. — Moyens de consolidation usités pour les poteaux. — Hauban, accouplement. — Plan de consolidation. — Accouplements de trois poteaux.

81. Section de rupture d'un solide de forme tronconique. — Nous avons vu que, pour un solide de forme prismatique ou cylindrique, la section de rupture n'était autre chose que la section même d'encastrement dans le sol. Il n'en est pas ainsi pour la forme tronconique, qui est celle des poteaux en bois. Dans ce cas, le solide élémentaire (n° 77), au lieu d'être un rectangle, est un trapèze AB (*fig.* 34) dont le petit côté est en haut. Il en résulte que, si la force P augmente au fur et à mesure que la section considérée s'éloigne du point d'application de la force *a*, cette section, par contre, devient toujours plus grande et, par suite, plus résistante; en sorte que rien ne dit que, de deux sections CD, C'D' prises au hasard, ce soit la plus basse C'D' qui supporte la plus grande fatigue.

Fig. 34.

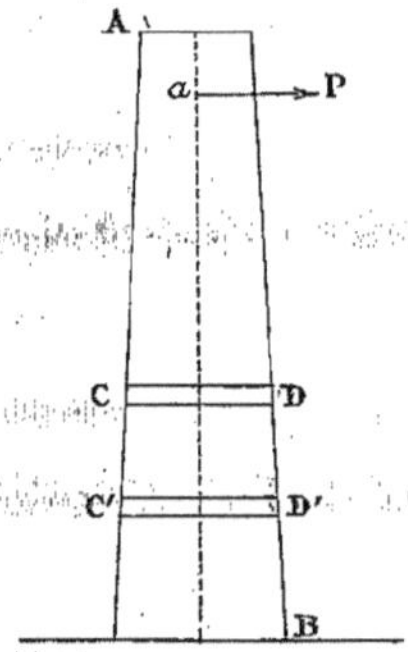

On trouve, par des considérations mathématiques, que *la section dont les fibres fatiguent le plus, et qui sera, par suite, la section de rupture, est celle dont le rayon est les $\frac{3}{2}$ du rayon de la section où la force est appliquée.*

82. Forme tronconique la plus favorable. Poteau type. — Il suit de ce qui vient d'être dit que, pour un poteau de bois, la section d'encastrement ne sera la section de rupture que si son

Fig. 35.

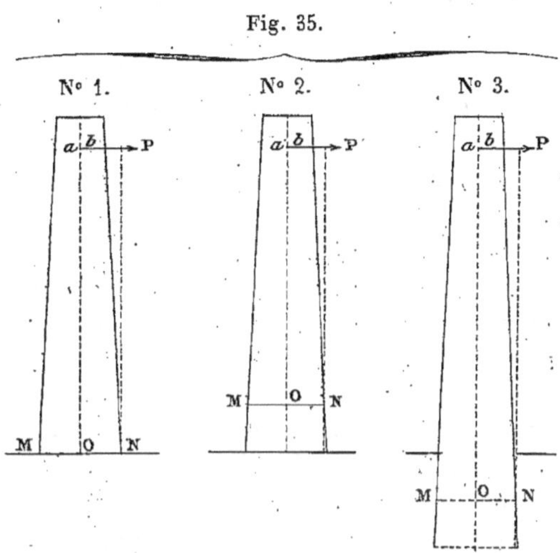

rayon est justement les $\frac{3}{2}$ de celui de la section où la force est appliquée. C'est ce qu'on voit dans le n° 1 de la *fig.* 35. La section de rupture est MN dont le rayon est $ON = \frac{3}{2}ab$.

Si le rayon d'encastrement est plus grand que les $\frac{3}{2}$ du rayon ab (*fig.* 35, n° 2), la section de rupture MN dont le rayon $ON = \frac{3}{2}ab$ est située au-dessus du sol. Le poteau, au point de vue de sa résistance, équivaut à la portion située au-dessus de MN. Il y a donc perte de bois pour l'effort à supporter.

Si le rayon d'encastrement est plus petit que les $\frac{3}{2}$ du rayon ab (*fig.* 35, n° 3), la section de rupture théorique MN dont le rayon $ON = \frac{3}{2}ab$ sera au-dessous du niveau du sol; mais alors la véritable section de rupture sera celle d'encastrement, puisque le poteau ne peut rompre dans l'encastrement, et il y aura, encore ici, perte de bois pour l'effort à supporter.

On voit par là (ce que le calcul confirme d'ailleurs) que *la forme tronconique la plus favorable, c'est-à-dire celle qui, pour un même volume de bois, permet d'appliquer, à une hauteur déterminée au-dessus du sol, la plus grande force de flexion, est celle dans laquelle les rayons au sol et au point d'application de la force sont entre eux dans le rapport de 3 à 2.*

Un poteau dans lequel cette condition est remplie est dit *poteau type*.

Mais je dois faire remarquer tout de suite que cette dénomination ne pourrait offrir, dans la pratique, un sens net et utile que si le point d'application de la force de flexion était toujours situé à une hauteur fixe au-dessus du sol. Malheureusement, il n'en est pas ainsi. Nous verrons plus tard, en effet, que sur un même poteau le point où cette force est appliquée varie selon le nombre et la nature des fils, en sorte qu'un poteau peut être type ou ne pas l'être selon les circonstances où il est appelé à servir. Nous aurons occasion de revenir sur ce sujet.

83. **Recherche de la plus grande force de flexion que peut supporter un poteau donné.** — J'arrive maintenant à une question qui présente, pour la construction, une importance capitale.

Cette question est la suivante : *Quelle est la plus grande force de flexion que l'on peut appliquer sans danger à un poteau donné?*

La réponse est facile : Cette force sera évidemment (n° 77) celle pour laquelle la *fatigue* supportée par les *fibres extrêmes* de la section de rupture sera précisément égale à *la charge pratique de rupture* de la substance dont est formé le poteau.

Nous nous bornerons à examiner le cas d'un poteau à section circulaire (cylindre ou tronc de cône).

Pour un tel solide, on démontre, par des considérations mathématiques, que si l'on nomme

q le rayon de la section de rupture;
P la force appliquée;
m la distance de cette force à la section de rupture;
F la fatigue supportée par les fibres extrêmes de cette section,

on a, entre ces quantités, la relation suivante

$$P = \frac{\pi q^3 F}{4m}.$$

Si l'on veut avoir la force pour laquelle la fatigue des fibres extrêmes est précisément égale à la charge pratique de rupture de la substance que j'appellerai T, il n'y aura qu'à remplacer F par T dans la formule ci-dessus; on aura ainsi

$$P = \frac{\pi q^3 T}{4m}.$$

Nous allons appliquer successivement cette formule aux deux formes de solide considérées.

1° *Cylindre*. — Soient

AB (*fig.* 36) le cylindre;
P la force;
R le rayon du cylindre;
L la hauteur CD de la force au-dessus du sol.

Nous savons que la section de rupture est à l'encastrement.

Fig. 36. Fig. 37.

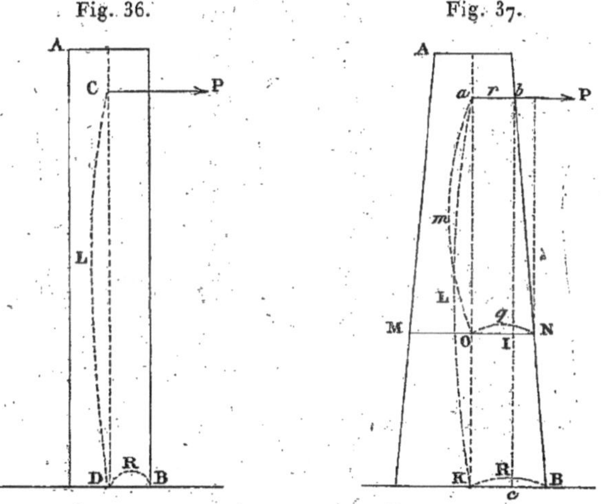

Donc, ici, $q = R$ et $m = L$; en sorte que la formule devient

$$P = \frac{\pi R^3 T}{4L}. \tag{1}$$

2° *Tronc de cône*. — Soient

AB (*fig.* 37) le tronc de cône;
R et *r* les rayons;

KB et ab l'encastrement et la force ;

L la hauteur aK de la force au-dessus du sol.

La section de rupture MN s'obtiendra en prenant

$$ON = \frac{3}{2} ab = \frac{3}{2} r;$$

ON est $q = \frac{3}{2} r$. Quant à m, c'est aO. Or, si je mène bc parallèle à l'axe aK, j'ai deux triangles rectangles semblables, Bcb et NIb, qui me donnent

$$\frac{IN}{cB} = \frac{bI}{bc} = \frac{aO}{aK},$$

ou bien

$$\frac{\frac{3r}{2} - r}{R - r} = \frac{m}{L};$$

d'où

$$m = \frac{Lr}{2(R - r)}.$$

En remplaçant q et m par leurs valeurs dans la formule générale $P = \frac{\pi q^3 T}{4m}$, il vient, après réductions faites,

$$(2) \qquad P = \frac{27 \pi r^2 (R - r) T}{16 L}.$$

Telle est la formule qui nous servira pour les poteaux en bois.

Au cas particulier d'un poteau type pour lequel $\frac{R}{r} = \frac{3}{2}$, la formule ci-dessus, en y faisant $r = \frac{2}{3} R$, se réduira à

$$(3) \qquad P = \frac{\pi R^3 T}{4 L},$$

formule semblable à celle trouvée pour un cylindre de rayon R.

Dans les formules qui précèdent, les quantités R, r et L sont exprimées en mètres; T est la charge pratique de rupture par mètre carré. Il faudra donc multiplier par 1 000 000 les nombres indiqués pour le millimètre carré dans les Tableaux de la dernière Leçon. Enfin P est exprimé en kilogrammes.

Ces mêmes formules peuvent être mises sous une forme plus commode en vue des calculs numériques.

On introduit d'abord les diamètres, au lieu des rayons, en posant $R = \frac{D}{2}$, $r = \frac{d}{2}$; elles deviennent

$$P = \frac{27\pi\, d^2(D - d)T}{8 \times 16L}$$

et

$$P = \frac{\pi D^3 T}{32L}.$$

S'il s'agit d'un poteau en bois (pin ou sapin), on peut prendre $T = 700000$. Si, ensuite, on effectue les coefficients numériques en prenant, pour π, la valeur simple de $\frac{22}{7}$, on obtient

$$P = 464062\,\frac{d^2(D - d)}{L}$$

et

$$P = 68750\,\frac{D^3}{L}.$$

Si, enfin, on exprime D, d et L en centimètres, les formules deviennent

(4) $$P = 46,41\,\frac{d^2(D - d)}{L}$$

et

(5) $$P = 6,875\,\frac{D^3}{L}.$$

C'est sous ces dernières formes que nous nous en servirons (1).

---

(1) Dans les applications, on a besoin de connaître le rayon ou le diamètre du poteau en des points divers.

On peut, à cet effet, mesurer la circonférence au point considéré, puis diviser

Fig. 38.

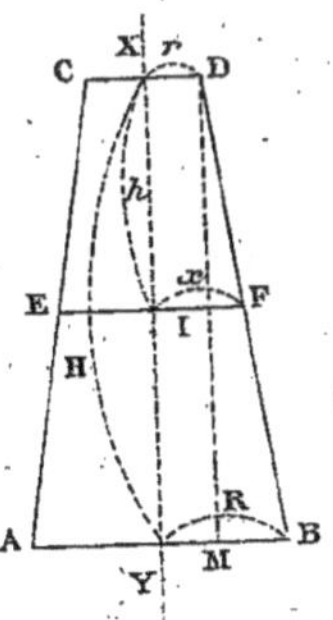

le résultat par $2\pi = 6,280$ pour le rayon, par $\pi = 3,1415$ pour le diamètre.

La question peut être résolue par le calcul de la manière suivante :

Soit un tronc de cône d'axe XY (*fig.* 38). On connaît les rayons R et r de

84. *Exemple d'application.* — Quelle est la plus grande force que peut supporter, sans danger, un poteau de 8^m (catégorie B), ayant :

Diamètre à 1^m de la base................	18^{cm}
» au sommet....................	10^{cm}

Soit AB (*fig.* 39) le poteau. Il est enterré de $1^m,50$, et a, par suite, $6^m,50$ au-dessus du sol.

Fig. 39.

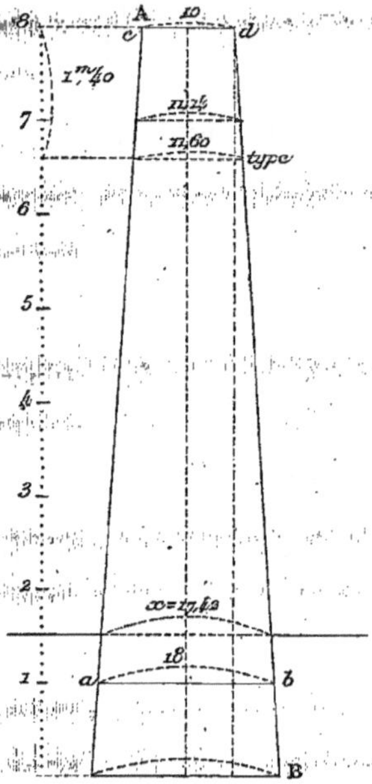

Le diamètre $ab = 18$, le diamètre $cd = 10$. Cherchons d'abord le *diamètre x à l'encastrement.*

On a

$$\frac{18-10}{x-10} = \frac{700}{650},$$

d'où

$$x = 17,42.$$

---

deux sections AB et CD, ainsi que la distance H qui sépare ces deux sections; on se propose de calculer le rayon x d'une autre section EF, dont la distance à la

Cela posé, quelles sont :

1° *La plus grande force au sommet.*

Dans la formule (4), il faut faire

$$d = 10, \qquad d^2 = 100,$$
$$D = 17,42, \qquad D - d = 17,42 - 10 = 7,42,$$
$$L = 650;$$

donc

$$P = 46,41 \frac{100 \times 7,42}{650} = 52^{kg},783.$$

2° *La plus grande force à 1^m du sommet.*

Cherchons d'abord le diamètre à 1^m du sommet.

On a

$$\frac{18-10}{x-10} = \frac{700}{100},$$

d'où

$$x = 11,14.$$

Dans la formule (4), nous ferons donc

$$d = 11,14, \qquad d^2 = 124,0996,$$
$$D = 17,42, \qquad D - d = 17,42 - 11,14 = 6,28,$$
$$L = 550.$$

Il vient

$$P = 46,41 \frac{124,0996 \times 6,28}{550} = 65^{kg},902,$$

et ainsi de suite; on peut calculer la force à une distance quelconque du sommet.

---

section CD est h. On mène DM parallèle à l'axe XY. Les deux triangles semblables, BMD et FID, donnent

$$\frac{MB}{IF} = \frac{H}{h}$$

ou

$$\frac{R-r}{x-r} = \frac{H}{h},$$

d'où

$$x = r + \frac{(R-r)h}{H}.$$

Si l'on se sert des diamètres, la formule sera la même; on aura, dans ce cas,

$$x = d + \frac{(D-d)h}{H}.$$

3° *Pour quelle hauteur de la force au-dessus du sol le poteau serait-il un poteau type?*

Le diamètre au point cherché devra être les $\frac{2}{3}$ de celui d'encastrement, soit $\frac{2}{3} \times 17,42 = 11,60$.

En appelant x la distance de cette section au sommet, on a

$$\frac{18-10}{11,60-10} = \frac{700}{x},$$

d'où

$$x = 140.$$

Le poteau de 8^m (catégorie B) sera donc type dans le cas où la force sera appliquée à $1^m,40$ du sommet. Ce cas-là se rencontre encore assez fréquemment dans la pratique.

Voici, au surplus, deux Tableaux qui donnent la force maxima pour le poteau de 8^m dont il vient d'être question, et pour le poteau de 10^m (catégorie B) à des distances du sommet variant de 25^{cm} en 25^{cm} jusqu'à 2^m.

1° Poteaux de 8^m (B).	Diamètre à 1^m de la base		18^{cm}
	Id.	au sommet	10
	Id.	à l'encastrement	17,42

DISTANCE du sommet.	FORCE MAXIMA.
	kg
0	52,917
25	56,156
50	59,404
75	62,653
100	65,902
125	69,150
150	72,399
175	75,648
200	78,897

		cm
2° Poteaux de 10^m (B).	Diamètre à 1^m de la base..........	22
	Id. au sommet...............	10
	Id. à l'encastrement.........	20,66

DISTANCE du sommet.	FORCE MAXIMA.
	kg
0	60,797
25	65,438
50	70,079
75	74,720
100	79,361
125	84,002
150	88,643
175	93,284
200	97,725

85. Moyens de consolidation usités pour les poteaux. — Toutes les fois qu'un poteau devra supporter une force de flexion supérieure à celles que l'on trouve par les moyens que nous venons d'indiquer, il faudra nécessairement venir en aide à sa faiblesse en le consolidant.

On emploie pour cela deux moyens : 1° *le hauban*; 2° *l'accouplement*.

Le premier moyen consiste à soutenir le poteau *ab* (*fig.* 40)

Fig. 40.

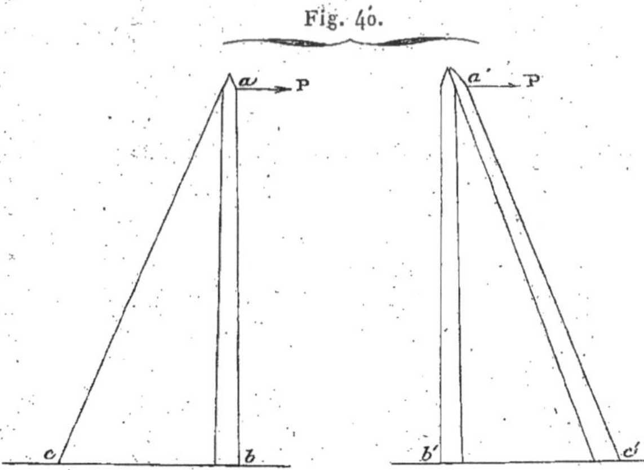

au moyen d'un hauban en fil de fer *ac*, placé dans le sens opposé à la force et dans le plan qu'elle forme avec l'axe du poteau. Ce hauban est attaché au sol en un point fixe et solide *c*.

Le second moyen consiste à accoupler par le sommet avec le poteau *a'b'* (*fig.* 40) un autre poteau *a'c'*, dans le sens de la force et dans le plan qu'elle fait avec l'axe du poteau *a'b'*.

Les effets de consolidation produits sont les mêmes dans les deux cas. Dans le premier, la force P (*fig.* 41) est décomposée en

Fig. 41.

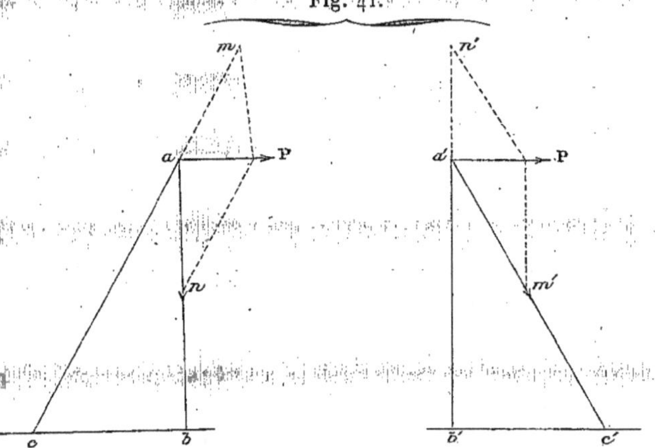

deux, l'une *am* qui exerce un *effort de traction* le long du hauban *ac* et l'autre *an* qui produit un *effort de compression* sur le poteau *ab*.

Dans le second, la force P (*fig.* 41) se décompose en deux, l'une *a'm'* qui exerce un *effort de compression* sur le poteau d'accouplement *a'c'* et l'autre *a'n'* qui produit un *effort de traction* le long du poteau proprement dit *a'b'*.

Dans les deux cas, *l'effort de flexion est détruit et remplacé par des efforts longitudinaux de traction et de compression.*

Ce résultat est des plus efficaces, car *les résistances à la traction et à la compression sont infiniment supérieures aux résistances à la flexion.*

Dans le cas particulier où le point d'application de la force serait en un point tel que *c* (*fig.* 42) sensiblement éloigné du sommet du poteau, on pourrait avoir des effets de flexion; car le poteau *ab* serait comme encastré à ses deux extrémités *a* et *b* et sollicité par une force P en un point intermédiaire *c*; mais alors, ou bien on transporte le point d'attache du hauban *ck* au point *c*, ou bien on place une entretoise *mn*, entre le poteau et son appui *ah* en un point voisin du point *c*.

De ces deux moyens de consolidation, l'accouplement est bien

Fig. 42.

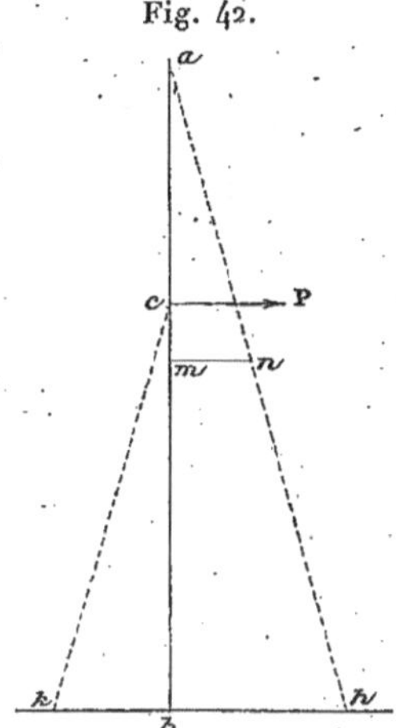

supérieur au hauban au point de vue de l'isolement de la ligne. Aussi est-il le seul employé aujourd'hui.

86. **Du plan de consolidation. — Détermination de la direction de ce plan.** — Il va sans dire que le hauban ou l'accouplement devront toujours être orientés de manière à se trouver (ainsi que cela a d'ailleurs été déjà dit) dans le plan constitué par la force et l'axe du poteau, plan que l'on nomme pour cela *plan de consolidation*.

Il importe, en conséquence, de déterminer exactement la direction de ce plan.

Dans le cas général de fils également tendus des deux côtés du poteau, cette direction sera la bissectrice de l'angle que fait la ligne sur ce poteau. Rien ne sera plus facile que de marquer cette direction. Soient XOY (*fig.* 43) l'angle de la ligne; on mesure sur OX et OY deux longueurs égales OA, OB; on place un jalon en A et un autre en B; on mesure la longueur AB; on en prend la moitié et l'on marque le point milieu par un jalon C; on a ainsi la direction de la bissectrice OC, qui est celle du plan de consolidation.

S'il arrivait que les tensions des deux côtés du sommet de l'angle

Fig. 43.

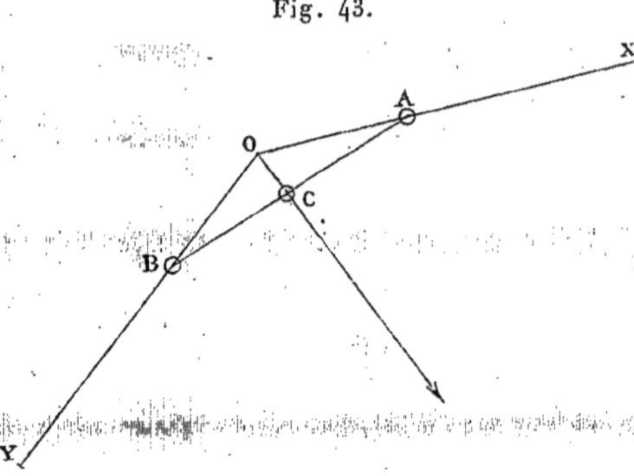

ne fussent pas égales, ce qui aurait lieu : 1° si les fils étaient inégalement tendus ou 2° s'il y en avait un nombre différent, quoique également tendus, on procédera ainsi qu'il suit :

Soient XOY (*fig.* 44) l'angle de la ligne; on marque sur OX

Fig. 44.

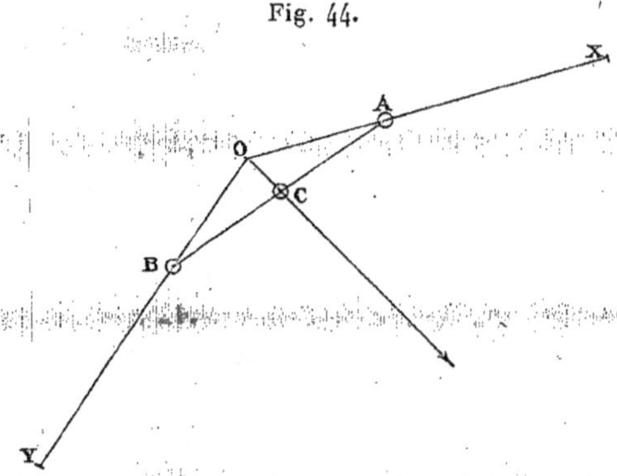

et OY deux longueurs OA et OB qui soient entre elles dans le rapport des tensions qui s'exercent selon OX et OY et l'on place deux jalons, l'un en A, l'autre en B, puis on marque, comme précédemment, le milieu C de AB et l'on obtient la direction OC du plan de consolidation [1].

Dans les points de bifurcation, on peut avoir des fils arrivant dans plusieurs directions; on procède alors par compositions successives.

Soit un poteau O (*fig.* 45) sur lequel arrivent des fils selon

Fig. 45.

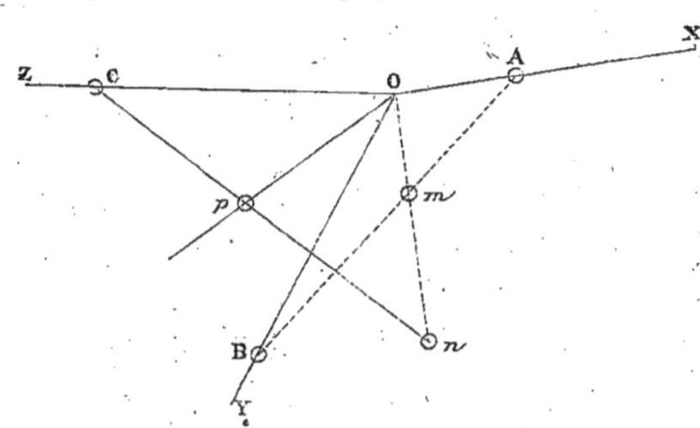

trois directions OX, OY et OZ; on connaît les tensions qui s'exercent selon chacune de ces directions. On marque sur OX, OY et OZ trois longueurs OA, OB, OC qui soient entre elles dans le rapport des tensions s'exerçant suivant ces directions; on place des jalons en A, B et C. On marque le milieu m de AB; on met un jalon en m; puis on prolonge Om d'une longueur égale mn et l'on place un jalon en n. Cela fait, on marque le milieu p de nC; on place un jalon en p et Op est la direction du plan de consolidation.

87. Accouplement de trois poteaux. — Lorsqu'une direction de consolidation a été ainsi déterminée pour les fils existants, l'addition d'un nouveau fil peut tout changer. Aussi, dans les points de bifurcation importants où l'on est exposé à des modifications ou à des additions ultérieures de fils, on emploie trois poteaux accouplés et formant les trois arêtes d'une pyramide triangulaire. Un tel système résiste dans tous les sens et à tous les tirages.

---

[1] On s'appuie ici sur ce théorème de Géométrie : que les diagonales d'un parallélogramme se coupent en leur milieu.

Si l'on a, en effet, trois poteaux dont les pieds sont a, b, c (*fig.* 46), il est facile de voir qu'une action horizontale quelconque

Fig. 46.

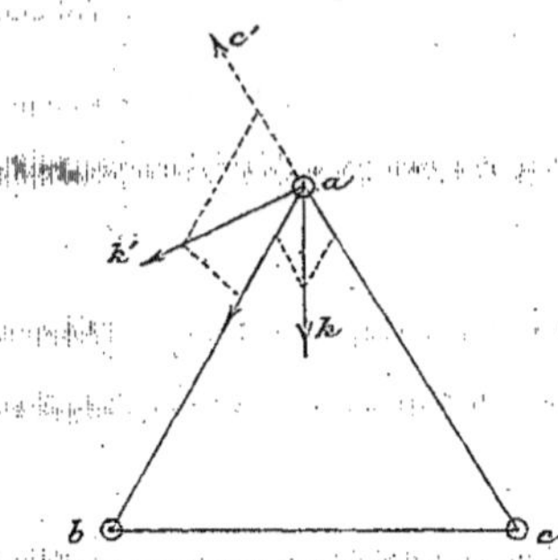

exercée sur l'un d'eux se décompose toujours en deux autres qui s'exercent selon deux directions de plans de consolidation. Ainsi ak, par exemple, se décompose selon ab et ac, et ak' selon ab et ac'.

HUITIÈME LEÇON.

SOMMAIRE.

De l'isolateur. — Sa définition. — Nécessité d'employer des isolateurs. — Théorie de l'isolateur : 1° matière; 2° forme; 3° mode d'installation. — Description des divers modèles d'isolateurs essayés en France et revue sommaire de ceux en usage à l'étranger.

ÉTUDE SPÉCIALE DE L'ISOLATEUR.

88. **De l'isolateur; sa définition.** — Nous passons maintenant à l'étude spéciale du second élément de la ligne électrique, qui est l'isolateur. Comme son nom l'indique, la première condition que doit remplir un isolateur, c'est d'être un bon isolant.

89. **Nécessité d'employer des isolateurs.** — Le bois sec est un isolant suffisant pour l'électricité dynamique; et, sur nos tables de manipulation, nous plaçons, en effet, des fils de cuivre nus qui ne sont isolés les uns des autres que par le bois. Un fil serait donc directement attaché à un poteau en bois que, si ce poteau restait constamment sec, le courant parviendrait très bien à l'extrémité de la ligne. Mais il n'en est pas ainsi, car les poteaux, étant plantés à l'air libre, subissent les effets de la pluie, de l'humidité et des brouillards. Il est donc indispensable de séparer les fils des poteaux au moyen d'un isolateur, et cette nécessité s'impose encore bien plus avec les poteaux métalliques qu'avec les poteaux en bois.

THÉORIE DE L'ISOLATEUR.

Au point de vue de l'isolement, il y a trois éléments à considérer : 1° la nature de l'isolateur; 2° sa forme; 3° son mode d'installation.

90. De la nature de l'isolateur. — La matière dont on formera l'isolateur doit être aussi isolante que possible, de longue durée et bon marché. Ces trois conditions sont réunies à des degrés divers dans quatre substances : le verre, la porcelaine, la gutta-percha et le caoutchouc.

Le verre est connu pour un excellent isolateur quand il est sec; mais il est cassant et il condense facilement l'humidité sur sa surface. Le verre n'a jamais été employé en France.

La porcelaine émaillée, à pâte bien compacte et à base de kaolin pur, constitue un excellent isolateur qui est employé actuellement dans presque tous les pays où l'on peut la fabriquer à bon marché.

La gutta-percha est, de tous les corps connus, celui qui a le plus grand pouvoir isolant; mais elle n'offre pas la solidité nécessaire. De plus, elle se transforme au contact de l'air en une substance très cassante qui n'a plus les qualités de la matière première. Aussi ne s'en sert-on pas pour fabriquer des isolateurs de ligne aérienne.

Le caoutchouc est un très bon isolant. A l'état ordinaire, il ne pourrait être employé pour des isolateurs à cause de son peu de ténacité; mais, à l'état d'ébonite, il constitue une matière dure, solide, résistant aux influences de l'atmosphère, et il peut servir à faire de très bons isolateurs.

91. De la forme de l'isolateur. — Si l'on admet que les substances que nous venons d'énumérer resteront isolantes dans toutes les circonstances où elles pourront se trouver placées, la question de *forme* est indifférente; l'isolement sera toujours assuré. On peut, dès lors, prendre un bloc de substance isolante, de forme quelconque, à la seule condition de le disposer de manière qu'il puisse en même temps adhérer au poteau et retenir le fil. C'est, en effet, ce qu'on a fait à l'origine : on a créé ainsi un premier type général d'isolateur que j'appellerai *isolateurs du début.*

Mais le principe sur lequel on s'est appuyé dans cette conception est absolument faux. Il est évident, en effet, qu'une subtance isolante cesse de l'être si elle devient humide. D'où suit que tous les isolateurs de ce premier type sont imparfaits et ne méritent pas, en réalité, le nom d'isolateurs.

Si l'on veut que l'isolement de la ligne soit permanent, il faut soumettre la forme des isolateurs à une étude spéciale et rechercher les conditions auxquelles cette forme doit être assujettie.

La première condition est que l'isolateur reste toujours aussi sec que possible. Pour cela, il n'est pas indispensable d'abriter toute la surface de cet isolateur. Il suffit qu'il existe une partie toujours sèche entre le fil et le poteau; cette partie sèche pouvant d'ailleurs être placée soit entre le fil et l'isolateur, soit entre l'isolateur et le poteau.

Cette condition peut être réalisée assez simplement en donnant à l'isolateur la forme d'un cône creux, d'un cylindre creux, ou d'une cloche dont la cavité est dirigée vers le bas et au fond de laquelle on fixe un appendice en fer.

Si l'on veut que l'espace sec existe entre le fil et l'isolateur, ce dernier est fixé sur le poteau et l'appendice en fer est terminé par un crochet qui supporte le fil. C'est ce qu'on voit dans le n° 1 de la *fig.* 47.

On obtient ainsi un *deuxième type général* d'isolateurs qu'on peut nommer *isolateurs à crochet*.

Si l'on préfère que l'espace sec soit placé entre l'isolateur et le

Fig. 47.

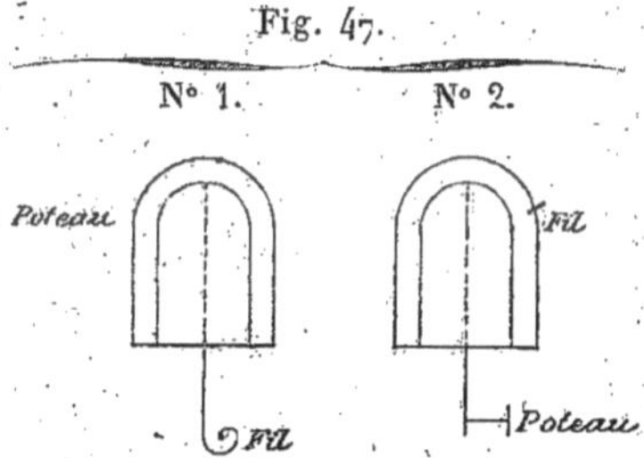

poteau, le fil est attaché à l'isolateur et c'est l'appendice en fer qui reçoit la forme d'une *tige* ou *console* et qui est fixé sur le poteau. Cette deuxième disposition est indiquée dans le n° 2 de la *fig.* 47.

On a ainsi un *troisième type général* d'isolateurs auquel on peut donner le nom d'*isolateurs à console*.

Cette forme d'isolateur sera suffisante pour préserver la ligne des effets de la pluie; car cette dernière ne pourra remonter jusqu'au fond de la cavité qui, par suite, restera toujours à l'état de siccité.

Mais il y a encore à se défendre contre les effets du brouillard et de la rosée. En faisant la cavité de la cloche suffisamment profonde on pourra obtenir dans le fond de cette cavité une couche d'air stagnante assez importante pour empêcher le brouillard d'y pénétrer. Toutefois, le moyen ne suffirait pas pour empêcher le dépôt de rosée qui, par suite d'un abaissement de température, aura lieu sur les parois de la cloche, tant à l'intérieur qu'à l'extérieur. On essaye alors d'empêcher ou tout au moins de diminuer de beaucoup ce dépôt de rosée en évitant le refroidissement de la cloche. Pour cela, on la recouvre d'une seconde cloche qui atténue le rayonnement de la première et lui restitue une partie de la chaleur perdue.

Fig. 48.

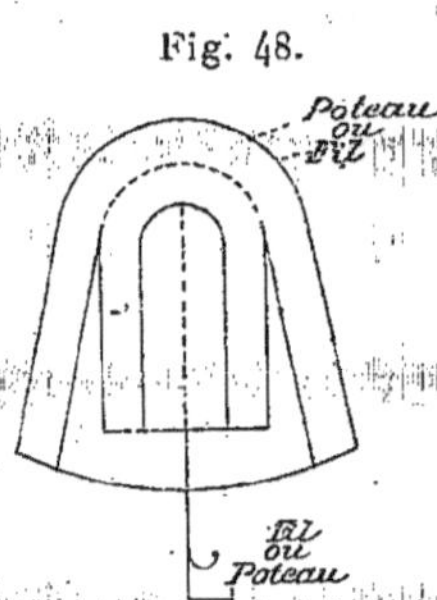

Cette disposition est indiquée dans la *fig.* 48. On a ainsi un *isolateur double cloche*. Par opposition, l'isolateur décrit en premier lieu se nomme *isolateur à simple cloche*.

L'isolateur *double cloche* peut, comme celui à *simple cloche*, être du *type à crochet* ou du *type à console*.

92. Une seconde condition que l'on doit chercher à réaliser dans l'étude de la forme de l'isolateur consiste en ce que *la résistance électrique de cet isolateur soit la plus grande possible*. A cet effet, on tâchera que la longueur de la cloche soit *maxima* et la section *minima*.

Sous ce rapport, l'isolateur à double cloche possède, toutes choses égales d'ailleurs, une supériorité marquée sur celui à simple cloche, puisqu'il présenterait à l'électricité un chemin sensiblement double de longueur dans le cas où, les parois internes devenant humides, une perte pourrait s'établir entre le fil et le poteau.

93. **Du mode d'installation des isolateurs.** — Toutes les fois qu'un fil aura à exercer sur le poteau un effort de flexion, cet effort se transmettra par l'intermédiaire de l'isolateur. Il faut donc

que cet isolateur soit construit assez solidement pour y résister. Le type à console répond beaucoup mieux à ce desideratum que le type à crochet, puisque l'appendice est constitué au moyen d'une console à laquelle il est facile de donner toute la force nécessaire, ce qui ne peut se faire avec un crochet. Il importe, en outre, que l'installation des isolateurs sur les poteaux, ainsi que la pose du fil puissent s'opérer avec facilité.

Enfin, l'isolateur doit, autant que possible, être fabriqué de telle manière que la rupture de la substance isolante n'entraîne pas la chute du fil et que le conducteur puisse à volonté, soit glisser, soit être arrêté sur l'isolateur.

On verra bientôt que le type à console permet de réaliser facilement ces dernières conditions.

DESCRIPTION DES ISOLATEURS SUCCESSIVEMENT ESSAYÉS EN FRANCE.

94. Nous allons maintenant décrire les divers modèles d'isolateurs qui ont été successivement essayés en France en suivant, pour chaque type, l'ordre chronologique des essais et en donnant exactement aux divers modèles les noms sous lesquels ils ont figuré ou *figurent encore* à la nomenclature du matériel.

Premier type. — Isolateurs du début.

95. **Isolateur à fente.** — Dès le début de la télégraphie électrique on a employé, en France, un isolateur dit *isolateur à fente*.

Fig. 49. Fig. 50.

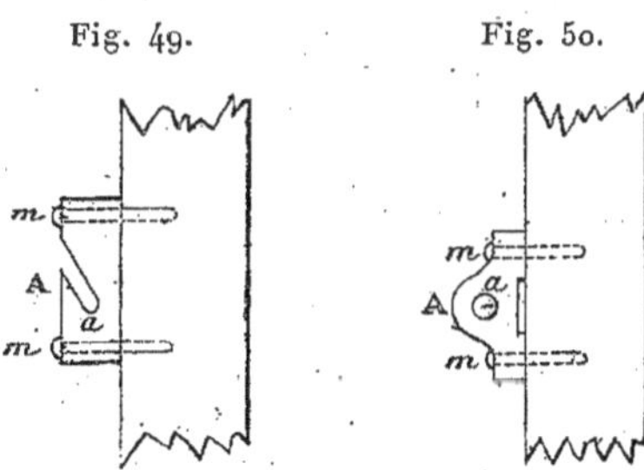

C'était une simple pièce rectangulaire en porcelaine A (*fig.* 49), munie d'une fente a, dans laquelle passait le fil, et fixée au poteau au moyen de deux vis à tête ronde m et n en fer galvanisé. Cet isolateur fut promptement abandonné; il n'offrait, en effet, aucune partie abritée de la pluie.

Il a disparu de la nomenclature.

96. Isolateur-anneau. — Cet isolateur est un simple anneau en porcelaine A (*fig.* 50), muni d'un trou *a* dans lequel passe le fil, et fixé au poteau au moyen de deux vis à tête ronde en fer galvanisé.

Cet isolateur est encore en service, mais il est d'un emploi très rare. Il offre une très grande résistance aux actions horizontales; mais il a deux inconvénients graves : 1° pas de partie abritée de la pluie; 2° obligation de passer au préalable le fil dans l'anneau.

Fig. 51.

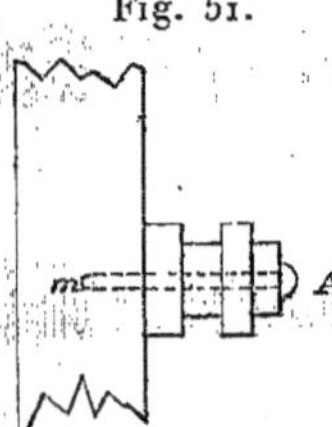

97. La **poulie-arrêt** est une poulie en porcelaine A (*fig.* 51) fixée au poteau au moyen d'une vis à tête ronde *m* en fer galvanisé. On y arrête le fil en l'enroulant plusieurs fois sur la gorge de la poulie et le tordant ensuite sur lui-même.

Comme les deux précédents, cet isolateur ne présente aucune partie abritée de la pluie. Il ne figure plus à la nomenclature.

DEUXIÈME TYPE. — ISOLATEURS A CROCHET.

98. L'isolateur (petit) à crochet galvanisé a été substitué dès 1850 à l'isolateur à fente. Il se compose d'une cloche A

Fig. 52.

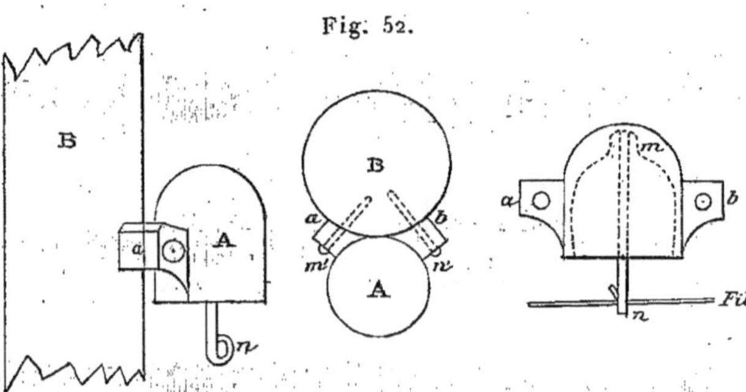

(*fig.* 52) en porcelaine émaillée à pâte compacte et à base de kaolin pur. La cloche porte deux oreilles a et b destinées à embrasser le poteau auquel elles sont fixées au moyen de deux vis m' et n' à tête ronde et en fer galvanisé, modèle 24/70. Ces vis traversent les oreilles, se plantent normalement au poteau et, par suite, font un angle l'une avec l'autre.

Au fond m de la cavité de la cloche est scellé un appendice en fer mn, terminé en n par un crochet destiné à supporter le fil.

C'est la réalisation littérale du *type à crochet* (n° 91).

99. **Scellement des crochets d'isolateurs.** — On a commencé par sceller les crochets au soufre. On prenait pour cela du soufre liquide mêlé d'un peu de limaille de fer; on plaçait le crochet dans la cavité destinée à le recevoir, puis on versait le soufre jusqu'au plein. Ensuite on laissait solidifier le soufre et l'on enlevait l'excédent.

Ce mode de scellement présentait des inconvénients graves. Par suite de retraits, qui se produisaient dans la masse du soufre, l'ébranlement du crochet était facile. La forte chaleur faisait dilater le soufre plus que la porcelaine; celle-ci se fendait.

Ces inconvénients ont été évités par le *scellement au plâtre*. Ce procédé consiste à sceller les crochets au moyen d'un mastic formé de plâtre à mouler gâché avec une faible quantité de colle liquide étendue de beaucoup d'eau. Pour sceller, on remplit la cavité de mastic; on introduit ensuite le crochet et, en le maintenant dans la position qu'il doit occuper, on presse avec soin le mastic tout autour de ce crochet; on laisse sécher; on enlève l'excédent de mastic; puis on lave l'isolateur à l'eau.

Ce scellement est plus solide que celui au soufre; il résiste bien mieux aux tractions horizontales. Les vis et les crochets se courbent avant que le scellement ne cède, ce qui n'avait pas lieu avec le soufre. En outre, ce scellement ne coûte que les $\frac{2}{3}$ de celui au soufre.

100. **L'isolateur à crochet** que l'on qualifie de *non scellé* ou de *scellé,* selon qu'il ne porte pas ou qu'il porte son crochet avec lui, est le même que le précédent; seulement il a des dimensions plus fortes et comme porcelaine et comme crochet. En outre, la section

du massif de porcelaine A (*fig.* 53) a été rendue plus petite, de

Fig. 53.

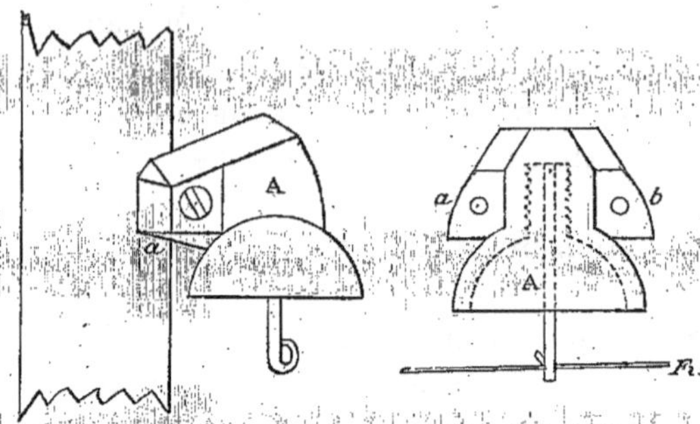

façon à augmenter la *résistance électrique* de ce massif (*voir* théorie, n° 91).

Les vis employées sont à tête ronde, mais du modèle 28/80, qui est plus fort que le modèle 24/70.

101. **Isolateur à crochet émaillé.** — Dans le but d'accroître le pouvoir isolant de l'isolateur, on a pensé, à une époque, à augmenter la résistance électrique du crochet : 1° en l'émaillant et 2° en lui donnant une plus grande longueur. A cet effet, on le terminait par 2 ou 3 spires. On a créé ainsi l'*isolateur à crochet émaillé* dont la cloche était d'ailleurs pareille à celle décrite au n° 100.

Cet essai n'a pas réussi. Les vibrations du fil altéraient l'émail et finissaient par le réduire en poussière, au point de contact. Dès lors, cet émail devenait sans objet. La fabrication de cet isolateur a donc été abandonnée.

Fig. 54.

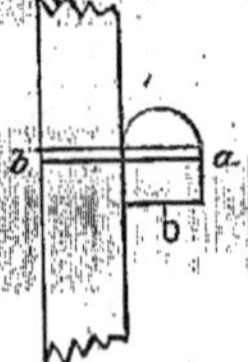

102. **Suppression des oreilles dans les isolateurs à crochet.** — Un inconvénient propre aux modèles d'isolateurs qui viennent d'être décrits consiste en ce que les oreilles rendent la fabrication plus difficile et diminuent la solidité ; on peut les supprimer. Dans ce cas, la porcelaine porte sur le pourtour une rainure circulaire *a* (*fig.* 54) dans laquelle passe une bride

en fer *ab* qui est fixée au poteau au moyen de vis et qui retient l'isolateur.

103. **Observations générales sur les isolateurs à crochet.** — Les isolateurs à crochet sont bons à condition de ne pas laisser la poussière s'accumuler dans l'intérieur de la cloche; c'est d'ailleurs, ainsi que nous le verrons plus tard, un soin indispensable. Mais ils présentent plusieurs inconvénients : 1° peu de résistance aux tractions horizontales ; 2° ébranlement des crochets par suite des vibrations constantes du fil; 3° en cas de descellement du crochet ou de bris de la porcelaine, possibilité de la chute du fil : d'où chance de mélanges et d'accidents.

En général, comme nous le verrons plus tard, le fil glisse librement dans les crochets des isolateurs. Si on veut l'arrêter, il faut nécessairement l'attacher au crochet lui-même; cette liaison tend à augmenter l'action des vibrations du fil et, par suite, à diminuer la solidité de l'isolateur. On conçoit, en outre, qu'on ne puisse ainsi arrêter le fil sur un crochet que s'il n'y a qu'une très faible traction horizontale; sans cela, le crochet serait inévitablement ployé. Pour ces motifs on a dû recourir au troisième type d'isolateur : celui de l'isolateur à console.

Troisième type. — Isolateur a console.

104. **Isolateur-arrêt.** — L'isolateur auquel nous avons donné le nom particulier d'*isolateur-arrêt* est la réalisation de la forme type générale de l'isolateur à console (91). Nous employons deux modèles de ce type, l'un à *simple cloche* et l'autre à *double cloche*. Chacun de ces modèles peut être scellé sur des consoles en fer galvanisé de deux longueurs différentes et qui, pour ce motif, sont distinguées en *consoles courtes* et *consoles longues*. L'isolateur figure à la nomenclature avec la désignation *non scellé* quand il est considéré seul et avec l'indication *scellé* lorsque, ayant été préalablement scellé sur sa console, il forme avec elle un seul objet de matériel.

Les scellements se font au plâtre, selon la méthode déjà indiquée au n° 99. Toutefois, on tend actuellement à substituer, à ce procédé, *un genre de scellement* qui consiste à consolider la console dans la cavité taraudée de la cloche, en bourrant, autant qu'il est nécessaire, avec de l'étoupe de chanvre goudronné.

Fig. 55.

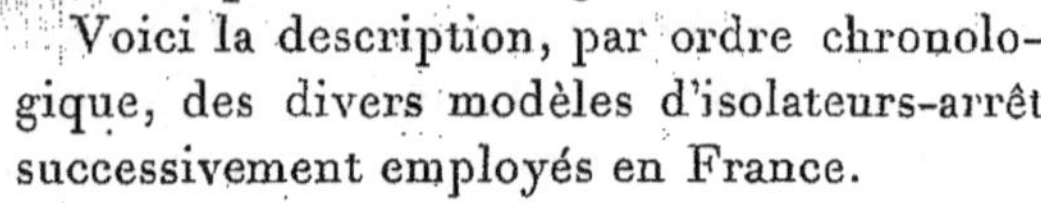

Voici la description, par ordre chronologique, des divers modèles d'isolateurs-arrêt successivement employés en France.

105. L'isolateur-arrêt primitivement employé était une simple cloche en porcelaine A (*fig.* 55), scellée sur une tige en fer galvanisée B, recourbée à angle droit et fixée au poteau au moyen de deux vis m et n. Dans le modèle en usage aujourd'hui, la forme de la cloche est différente, comme nous allons l'indiquer.

106. Isolateur-arrêt à simple cloche. — Cet isolateur est formé

Fig. 56.

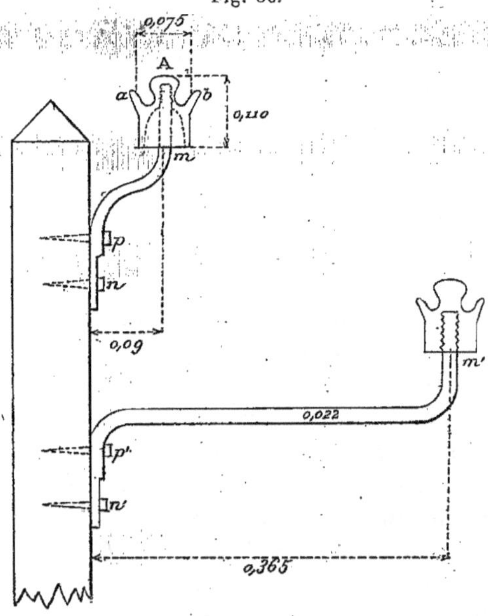

avec de la porcelaine émaillée à pâte compacte et à base de kaolin pur. La cloche A (*fig.* 56) a $0^m,110$ de hauteur sur $0^m,075$ de largeur. Elle porte deux oreilles *a* et *b*, destinées à supporter le fil, et une cavité taraudée A. Dans cette cavité, on scelle : soit une console courte *mn* en forme d'S, soit une console longue *m'n'*. A cet effet, le bout de la console qui doit entrer dans la cavité A est taraudé, comme il est indiqué en A sur la *fig.* 59, ou bien terminé par un mamelon en forme d'olive ou, enfin, porte simplement des stries sur sa surface extérieure.

La console courte a $0^m,020$ et la console longue $0^m,022$ de diamètre.

Chacune des consoles se fixe sur le poteau au moyen de deux vis à tête carrée *n* et *p* en fer galvanisé. La vis *n* est du modèle 33/70; la vis *p* est du modèle 33/90 et un peu plus longue que la précédente, parce que, à l'endroit où elle traverse la console, cette console est plus épaisse qu'à sa partie inférieure.

La console courte porte l'axe de l'isolateur à $0^m,09$ du poteau; la console longue à $0^m,365$.

Le fil se pose sur l'une des deux encoches formées par les oreilles. Il peut librement glisser; nous verrons plus tard comment on l'arrête. Si l'angle que fait le fil sur l'isolateur a son ouverture vers le poteau, on pose le fil dans l'encoche *b*; si, au contraire, l'angle a son sommet vers le poteau, le fil est placé dans l'encoche *a*; de cette manière, c'est toujours la masse entière du mamelon A qui résiste à l'effort. De plus, le fil est retenu par la console au cas de bris de la porcelaine et ne peut ainsi tomber sur ses voisins.

Fig. 57.

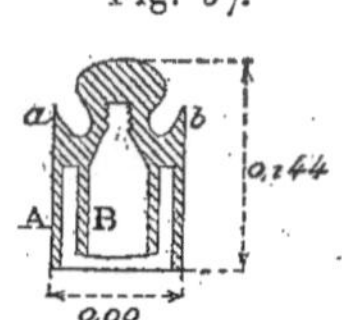

107. Isolateur-arrêt à double cloche. — Cet isolateur est formé avec la même porcelaine que le précédent. Il y a deux cloches superposées A et B (*fig.* 57). La cloche extérieure porte deux oreilles *a* et *b* comme celle de l'isolateur-arrêt à simple cloche. Comme ce dernier, l'isolateur à double cloche se scelle sur des consoles courtes et longues en fer galvanisé, qui affectent les formes et les dimensions *mn* et *m'n'* indiquées à la *fig.* 55, mais qui ont toutes les deux $0^m,022$ de diamètre.

Ces consoles se fixent au poteau au moyen des vis 33/90 et 33/70 déjà décrites.

108. Isolateur-arrêt double (1). — En réunissant deux isolateurs-arrêt P et Q (*fig.* 58) à simple ou à double cloche sur une console double AB, on a un *isolateur-arrêt double*.

La console AB a $0^m,022$ de diamètre et porte une patte *m* que l'on fixe au poteau au moyen de deux vis à tête carrée 33/90.

Ce modèle sert dans les points de coupure et se prête facile-

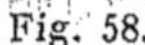

Fig. 58.

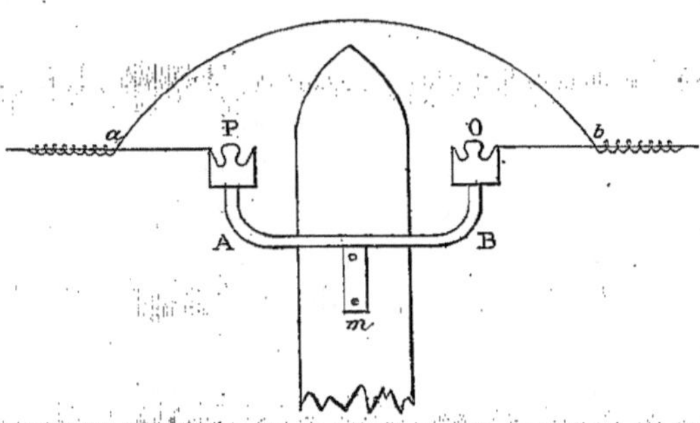

ment à cette opération. Le fil de ligne arrive en P et Q; il est fixé sur l'isolateur-arrêt. La communication d'une section à l'autre est établie au moyen d'un petit fil à ligature *ab* qu'il est facile d'enlever et de remettre.

109. Tiges en fer galvanisées. — Les tiges en fer galvanisées dont il s'agit ici sont destinées à être scellées dans un mur ou une

Fig. 59.

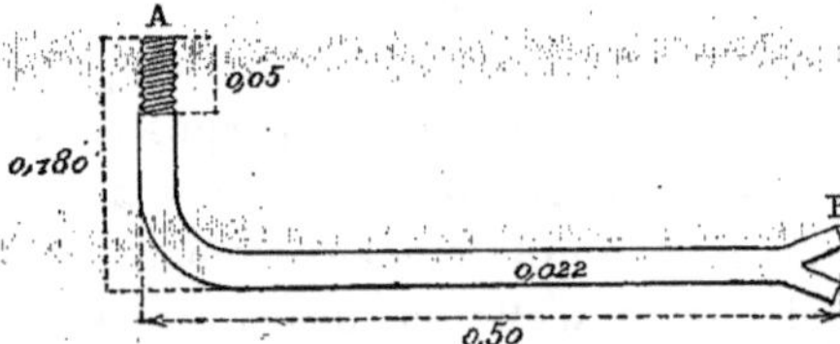

paroi solide quelconque par l'une de leurs extrémités et à recevoir à l'autre bout un isolateur à la manière ordinaire. A cet effet, la tige AB (*fig.* 59) est terminée d'un côté par une petite fourche B destinée au scellement dans la paroi solide (on verra plus tard comment s'effectue ce scellement) et, à l'autre extrémité, par une partie taraudée A destinée à permettre le scellement de l'isolateur.

Il y a deux modèles de tiges : l'une de $0^m,50$ de longueur, et l'autre de $0^m,80$; elles ont toutes les deux $0^m,022$ de diamètre.

110. Isolateur-arrêt à simple cloche pour fil de petit diamètre. — Les modèles d'isolateurs et de consoles, précédemment décrits, étant plus forts qu'il n'est nécessaire pour les fils de petit diamètre, on a récemment créé des modèles de même forme mais plus petits.

L'isolateur en porcelaine A (*fig.* 60) porte, comme les précédents modèles, deux oreilles *a* et *b* et une cavité taraudée dans le mamelon A, mais il est moins grand. Il n'a que $0^m,055$ de largeur sur $0^m,095$ de hauteur. Il peut être scellé sur deux nou-

Fig. 60.

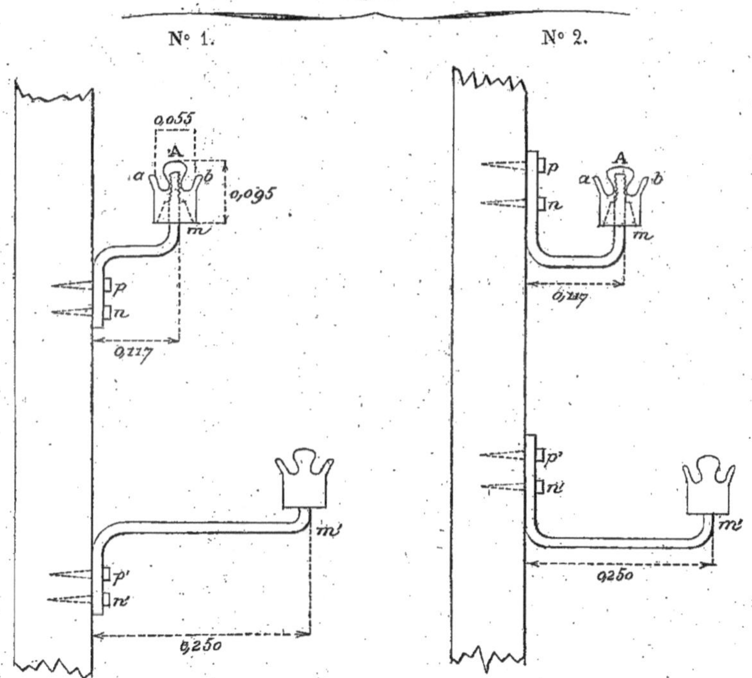

veaux types de consoles en fer galvanisé dites *consoles en* S et *consoles en* U *pour fil de petit diamètre*. Chacun de ces types comprend un modèle court et un modèle long.

Le type en S est représenté dans le n° 1 de la *fig*. 60 et le type en U dans le n° 2 de cette même figure.

Toutes les consoles ont $0^m,016$ de diamètre.

Les consoles courtes *mn* portent le fil à $0^m,117$ du poteau; les consoles longues *m'n'* à $0^m,250$.

Enfin toutes les consoles en S et en U se fixent au poteau au moyen de deux vis pareilles du modèle 33/90.

111. Isolateur-arrêt à double cloche pour fil de petit diamètre. — Comme pour les fils à gros diamètre, il y a aussi, pour les fils à petit diamètre, un isolateur-arrêt à double cloche. Cet isolateur est formé de deux cloches en porcelaine superposées A et B (*fig*. 61). La cloche extérieure porte deux oreilles *a* et *b*. L'isolateur a $0^m,095$ de hauteur sur $0^m,068$ de largeur.

Fig. 61.

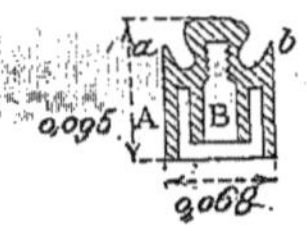

Cet isolateur s'emploie comme l'isolateur à simple cloche, avec les consoles en S et en U déjà décrites.

112. Isolateur en porcelaine pour cloche en fonte. — Lorsque, par suite de circonstances locales, les isolateurs en porcelaine sont exposés à être fréquemment ébréchés et même entièrement brisés par des chocs extérieurs, on a recours au moyen de protection suivant :

On recouvre la porcelaine de l'isolateur d'une enveloppe en

Fig. 62.

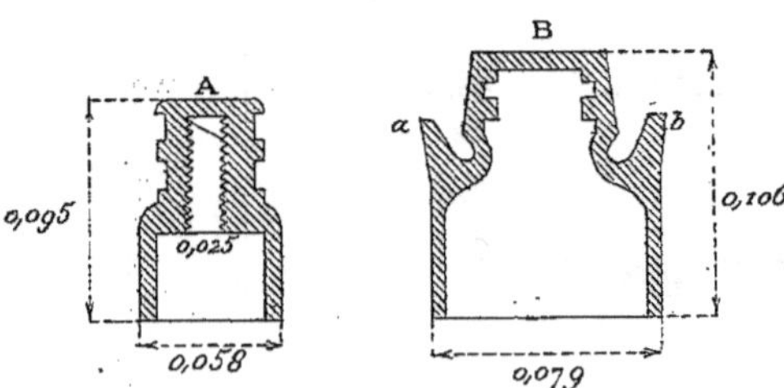

fonte. L'isolateur employé, dans ce cas, a la forme A et les dimensions indiquées sur la *fig*. 62. La cloche en fonte B porte les deux oreilles habituelles *a* et *b*. L'isolateur A est introduit dans la cloche de fonte. On obtient ainsi un *isolateur blindé* qui est, en même temps, un isolateur double-cloche, dont la cloche intérieure est en porcelaine et la cloche extérieure en fonte. On emploie ce nouvel isolateur avec les consoles courtes et longues déjà décrites aux nos 106 et 107.

113. **Petits isolateurs-arrêts à double cloche, pour entrée de porte.** — Pour arrêter les fils à l'entrée des postes on emploie (de la manière qui sera indiquée plus tard) un isolateur-arrêt double cloche A (*fig.* 63) qui a $0^m,080$ de hauteur sur $0^m,058$ de largeur et ne porte pas d'oreilles.

Cet isolateur est scellé sur une console B*c* (*fig.* 64) de $0^m,085$

Fig. 63. Fig. 64.

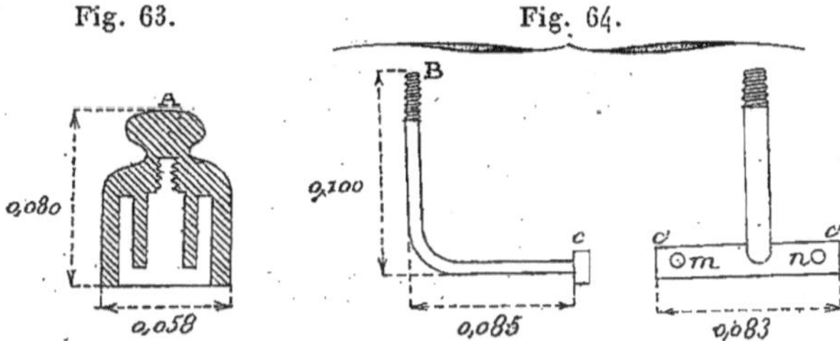

sur $0^m,100$. L'extrémité B est taraudée en vue du scellement avec l'isolateur; l'extrémité *c* porte une patte perpendiculaire au plan de la console et que l'on voit rabattue sur le plan de la figure en $c'c''$. La patte, qui a $0^m,083$ de longueur, est traversée par deux vis à tête ronde *m* et *n* qui servent à fixer le tout à l'endroit convenable.

NEUVIÈME LEÇON.

SOMMAIRE.

Fabrication des isolateurs. — Conductibilité des isolateurs. — Essais et réception des isolateurs et de leurs tiges, consoles et vis. — Étude spéciale du fil conducteur. — Choix d'un fil de ligne. — Diamètre de ce fil. — Fils de fer. — Leur fabrication. — Laminoir. — Filière.

FABRICATION DES ISOLATEURS.

114. Fabrication des isolateurs. — Dans les usines françaises, qui fournissent nos isolateurs, la fabrication s'opère de la manière suivante :

La pâte est ainsi composée :

	Pour 100.
Kaolin	60
Silice	25
Argile................	15

Ces trois matières sont mélangées avec une grande quantité d'eau dans une cuve au moyen de deux meules, l'une fixe et l'autre tournant sur la première. Le mélange, à peu près liquide, se rend dans un réservoir placé en contre-bas de la cuve, d'où une pompe le refoule dans un pressoir qui fait disparaître l'excès d'eau et fournit ainsi une pâte malléable et propre au moulage.

Pour mouler l'isolateur, on introduit la pâte dans un moule en plâtre poreux A (*fig.* 65) qui reproduit en *abc* la forme extérieure de l'isolateur et est formé de deux parties qui peuvent se séparer pour retirer l'isolateur. On remplit de pâte la cavité *abc*; puis la forme intérieure est donnée par l'ouvrier au moyen d'une lame qu'il maintient et guide pendant que le moule tourne d'un mouvement continu. La cavité intérieure de la cloche étant ainsi faite, l'ouvrier forme un taraudage en *d* au fond de cette cloche au moyen d'un taraud enduit d'essence de térébenthine.

Pour les isolateurs à double cloche, on procède de la même manière, puis on introduit dans la cavité de la cloche un petit cylindre de pâte moulée *mn* (*fig.* 65). L'adhérence s'obtient en trempant l'extrémité inférieure du cylindre dans de la barbotine (pâte liquide) et l'appliquant contre le fond de l'isolateur. Après la cuisson les deux pièces sont très bien soudées l'une à l'autre.

Fig. 65.

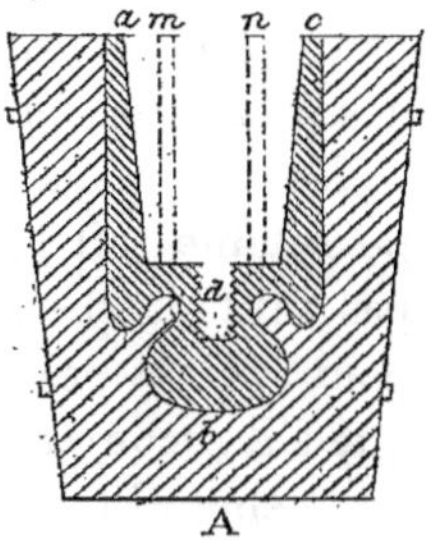

Les isolateurs extraits des moules sont exposés pendant plusieurs jours au soleil, où ils se dessèchent régulièrement; ensuite on les polit avec un couteau et on les lave avec des éponges trempées dans l'eau.

Ils sont alors *dégourdis* par un séjour de cinquante-deux heures dans la partie supérieure du four. Ils perdent ainsi leur porosité.

Enfin, une fois refroidis, les isolateurs sont trempés dans le bain d'émaillage et, cela fait, ils sont cuits pendant cinquante-deux heures.

CONDUCTIBILITÉ DES ISOLATEURS.

115. Conductibilité superficielle et conductibilité de masse. — La propriété isolante des isolateurs s'estime par la considération de la propriété inverse, c'est-à-dire de la *conductibilité*.

Lorsqu'un isolateur est formé d'une substance parfaitement isolante, l'électricité ne peut se transmettre du fil au support qu'en parcourant la surface, à condition, évidemment, que cette surface soit recouverte d'une couche conductrice d'humidité ou de poussière.

Quand, au contraire, la substance de l'isolateur n'est pas parfaitement isolante, l'électricité peut se transmettre directement du fil au support, en traversant l'épaisseur de l'isolateur.

Il y a donc lieu de distinguer la *conductibilité superficielle* de celle qui s'exerce à travers l'épaisseur de la cloche et que l'on peut appeler la *conductibilité de masse*.

Un isolateur doit être dépourvu de conductibilité de masse.

Il n'est pas toujours possible d'éliminer complètement la conductibilité superficielle, mais *pour qu'un isolateur soit acceptable, il faut qu'il soit complètement dépourvu de conductibilité de masse.*

C'est dans la constatation de ce fait que consiste, comme nous le verrons bientôt, l'épreuve électrique exigée pour la réception des fournitures d'isolateurs.

C'est pour supprimer cette conductibilité qu'on exige que la porcelaine soit le plus compacte possible, mais cela ne suffirait pas : il faut que l'émail intervienne pour corriger les défauts que peut avoir la porcelaine, et il ne produit un effet vraiment efficace que s'il recouvre la surface entière de l'isolateur et ne présente lui-même ni lacunes ni fissures.

116. **Effets de la conductibilité superficielle.** — La *conductibilité superficielle* est due uniquement à l'eau déposée sur la surface des isolateurs. On étudie son effet de deux manières, soit en renfermant les isolateurs en vase clos, soit en les mettant à la pluie. L'exposé des expériences faites à ce sujet sortirait du programme de ce Cours; je me bornerai à en rappeler les résultats qui confirment la théorie que nous avons faite.

1° Les isolateurs à double cloche sont de tous les isolateurs ceux qui ont la plus petite conductibilité superficielle et cette conductibilité est d'autant plus petite que la cloche est plus profonde.

2° L'isolateur à double cloche isole deux fois mieux que l'isolateur à simple cloche.

3° La valeur d'un isolateur dépend de la forme et de la nature de la surface. La meilleure forme est celle de l'isolateur à double cloche. La nature de la surface influe surtout au point de vue hygrométrique et cette influence est assez grande pour qu'on ait dû préférer, avec un pouvoir isolant inférieur, les corps dont la surface attire le moins l'humidité, sèche le plus vite et se lave le mieux par la pluie.

C'est pour ce motif que la porcelaine vaut mieux que le verre, bien qu'elle soit douée d'une vertu isolante moindre.

L'ébonite isole mieux encore que le verre et attire moins l'humidité que la porcelaine, mais elle se mouille facilement et met beaucoup de temps à sécher; aussi emploie-t-on de préférence cette substance pour les cloches intérieures des isolateurs à double cloche.

En définitive, la meilleure substance est une bonne porcelaine complètement vitrifiée et qui isole même sans être vernie. Ce qui fait la valeur de la porcelaine, c'est surtout la qualité de *la surface lisse et polie qui empêche la formation d'une couche continue d'humidité, ne retient pas la poussière, et se lave par la pluie.*

ESSAIS ET RÉCEPTION DES ISOLATEURS ET DE LEURS TIGES, CONSOLES ET VIS.

117. **Conditions imposées aux adjudicataires pour les fournitures d'isolateurs.** — La fourniture des isolateurs et de leurs supports se fait, en France, par voie d'adjudication. Voici les principales conditions imposées par les cahiers des charges et qui résument les qualités d'un bon isolateur.

Les isolateurs doivent être *entièrement émaillés* à l'exception du bord sur lequel ils reposent pendant la cuisson et qui doit être poli avec soin.

Les pâtes doivent être *aussi compactes que possible* et à base de kaolin pur. Des pièces non émaillées sont mises à la disposition de l'Administration pour vérifier les pâtes, jusqu'à concurrence de $\frac{1}{1000}$ des quantités adjugées.

Les fournitures sont vérifiées non seulement au point de vue de

Fig. 66.

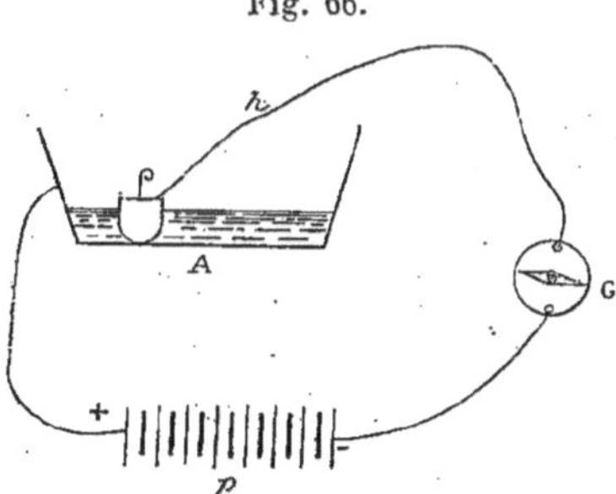

la fabrication, mais encore sous le rapport de la résistance électrique des isolateurs.

118. Épreuve électrique des isolateurs. — L'épreuve électrique consiste à placer chaque isolateur renversé dans l'eau (*fig.* 66) sur le fond d'une cuve en fer ou en fonte reliée métalliquement avec l'un des pôles d'une pile p; à verser, dans la cavité de l'isolateur, de l'eau, dans laquelle on fait plonger un fil métallique relié par un galvanomètre très sensible à l'autre pôle de la pile. Dans ces conditions, l'isolateur n'est reçu que si, avec 100 éléments de pile, l'aiguille du galvanomètre n'éprouve aucune déviation. Dans le cas où l'aiguille se déplacerait, l'isolateur serait refusé et ne pourrait plus être représenté.

119. Conditions imposées aux adjudicataires pour la fourniture des consoles, tiges et vis pour isolateurs. — Nous avons déjà vu que tous les appendices des isolateurs étaient en fer galvanisé. Or il est évident que les efforts de flexion que les fils pourront produire se transmettront toujours au poteau par l'intermédiaire de l'isolateur. Il est donc nécessaire de s'assurer tout d'abord que les consoles et les tiges sont susceptibles de résister elles-mêmes à ces efforts. En second lieu, comme leur durée dépend du bon état de la galvanisation, il sera non moins utile de constater cet état.

De là, deux ordres d'épreuves à faire :

Les premières relatives à l'état mécanique, les secondes à la galvanisation.

1° *Épreuves mécaniques.* — On commence par placer les consoles ou tiges dans la situation où elles seront appelées à servir, c'est-à-dire que les consoles sont fixées avec leur vis sur une poutre de bois et que les tiges sont scellées à un obstacle fixe. Cela fait, on applique, à l'extrémité libre de la console ou de la tige, des forces horizontales dirigées en sens contraire des vis ou des pattes à scellement, c'est-à-dire agissant comme le fera plus tard la force de flexion.

Dans ces conditions, on exige que les objets de matériel dont il s'agit supportent *sans fléchir* les efforts suivants, savoir :

375^{kg}	pour les consoles	pour isolateurs à double cloche,
250	»	pour isolateurs à simple cloche,
300	pour les tiges.	

On exige, en outre, que les consoles et tiges puissent être pliées à froid, sans se rompre, de telle sorte que la partie supérieure des consoles forme un angle de 60° avec la partie appliquée contre la pièce de bois et que la partie verticale des tiges puisse être amenée dans le prolongement de la partie horizontale.

Pour les vis, on doit pouvoir replier à angle droit, au marteau, la partie taraudée sur la partie cylindrique sans rupture de fibres.

Il doit être livré, en plus des fournitures, 5 objets par 1000 pour être soumis aux essais, sans que cette disposition puisse avoir pour effet de limiter le nombre des pièces à essayer.

120. Essais de la galvanisation. — La plus importante des expériences relatives à la galvanisation repose sur le principe suivant :

Si l'on plonge une barre de fer dans une dissolution de sulfate de cuivre, elle se recouvre instantanément d'une couche de cuivre qui a une couleur rouge très marquée; le zinc, au contraire, se recouvre d'une poussière noire qu'on peut détacher facilement et qui laisse reparaître la teinte du zinc. Si donc on plonge à diverses reprises une pièce de fer galvanisé dans une dissolution de sulfate de cuivre, en ayant soin d'essuyer chaque fois le dépôt noir qui se forme, on reconnaît l'instant où le zinc est entièrement dissous à ce que le dépôt noir n'apparaît plus et que, au contraire, on voit la teinte rouge du cuivre.

Pour les objets galvanisés dont il est question ici, on exige que la couche de zinc soit *assez épaisse* pour que l'objet supporte, sans que le fer soit mis à nu, *quatre immersions d'une minute chacune dans une dissolution de sulfate de cuivre faite dans cinq fois son poids d'eau.*

Cette couche doit, en outre, être *assez adhérente* pour ne pas s'écailler sous le choc et pour que le fer *ne soit pas mis à nu par le pliage.*

ÉTUDE SPÉCIALE DU FIL CONDUCTEUR.

121. Choix d'un fil de ligne. — Nous arrivons maintenant à l'étude du troisième élément de la ligne électrique aérienne : *le fil conducteur*.

Comme nous l'avons déjà dit, il suffit de prendre un fil métallique; mais tous les métaux ne sont pas également bons conducteurs. Leur conductibilité varie, en outre, selon les dimensions; elle est, comme on le sait, *proportionnelle à la section* (¹) *et en raison inverse de la longueur*.

De tous les métaux, l'argent est le meilleur conducteur. En exprimant les conductibilités, par rapport à celle de l'argent prise pour unité, on a les chiffres suivants :

Argent	100
Cuivre	93
Or	55
Zinc	27,4
Fer	14,4
Platine	13
Plomb	9
Mercure	1,6

Ces chiffres s'appliquent à des métaux purs. La présence des substances étrangères fait varier la conductibilité. Ainsi, par exemple, celle du cuivre descend de 93 à 7,24 quand il contient du phosphore.

L'argent et l'or étant tout d'abord éliminés à cause de leur prix élevé, l'examen des nombres cités plus haut porterait à choisir le cuivre. C'est, en effet, ce métal qui fut adopté tout d'abord pour fil de ligne. En France, on se servait de fil de 2^{mm} de diamètre; mais on renonça bientôt à employer ce fil parce qu'il était d'un prix trop élevé et qu'il ne possédait pas une ténacité suffisante pour fournir les garanties de résistance et de durée nécessaires. On choisit alors le *fer*.

Les charges de rupture du fer et du cuivre étant, à même section, dans le rapport $\frac{40}{25} = 1,6$, la substitution du fer au cuivre donnerait déjà une ténacité 1,6 fois plus grande. Mais, afin de compenser la différence de conductibilité, il faut prendre le fer sous une section qui soit à celle du cuivre dans le rapport des

(¹) On peut dire aussi que la conductibilité est proportionnelle au rayon ou au diamètre; car, le fil étant un cylindre, sa section est un cercle dont l'aire est proportionnelle au carré du rayon ou à celui du diamètre.

conductibilités, c'est-à-dire dans le rapport $\frac{14,4}{93} = \frac{1}{6,4}$. Donc, en remplaçant le cuivre par le fer, on obtient, *pour la même conductibilité,* une ténacité $1,6 \times 6,4 = 10,24$ fois plus grande.

Quant au prix de revient du fer, il est très inférieur à celui du cuivre. Aussi le fil de fer fut-il et est-il resté longtemps adopté d'une manière exclusive pour fil de ligne aérienne. Cet usage tend cependant à se modifier, en ce moment, comme nous le verrons bientôt, par suite de la découverte des fils de bronze.

122. Diamètre des fils de fer employés pour fils de ligne. — En ce qui concerne le choix du diamètre du fil de fer à employer, il est *évident que la transmission sera d'autant plus sûre que le diamètre sera plus fort.* Toutefois, il y a une limite à observer pour ne pas trop augmenter les frais et les difficultés de l'installation.

Un bon diamètre courant est celui de 4^{mm}. Ce fil est très maniable et a une conductibilité très suffisante, pour les distances ordinaires de 100^{km} à 200^{km}. C'est celui qu'on emploie le plus généralement en France. Voici d'ailleurs les modèles de fils de fer dont nous faisons usage actuellement.

Fil de 5^{mm} et même de 6^{mm} pour les très longues distances et les grands fils directs.

Fil de 4^{mm} pour les distances ordinaires.

Fil de 3^{mm} pour les lignes secondaires et les petites distances.

Fil de 1^{mm} pour les ligatures.

On a employé, à une certaine époque, des fils de 2^{mm} et de $2^{mm},5$; on y a renoncé aujourd'hui.

FABRICATION DES FILS DE FER.

123. Fabrication des fils de fer; laminoir et filière. — Pour fabriquer les fils de fer, le métal est d'abord mis en blocs prismatiques d'un poids déterminé, puis chauffé au rouge clair et au blanc et ensuite porté *au laminoir.*

Cette machine est connue; elle se compose en principe de trois cylindres A, A, A (*fig.* 67), montés sur un même châssis et munis de roues dentées R, R, R, engrenant les unes dans les autres. Le cylindre du milieu est mis en mouvement par une machine à vapeur. Chaque cylindre porte à sa surface des cannelures de sec-

Fig. 67.

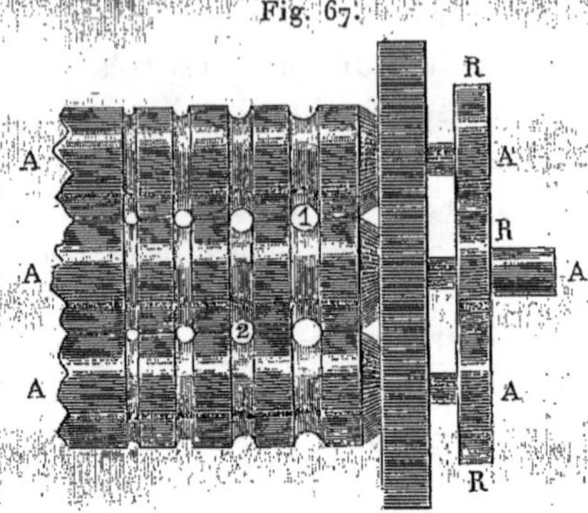

tion demi-circulaire, qui se correspondent d'un cylindre à l'autre, et dont le diamètre va en diminuant d'une manière continue.

Un ouvrier introduit le barreau incandescent dans la plus grande cannelure (1). Lorsqu'il l'a traversée, un second ouvrier, placé de l'autre côté, le saisit avec une pince et l'introduit dans la seconde cannelure (2) des deux autres cylindres. De cette manière, la tige de fer passe successivement par les diverses cannelures jusqu'à ce qu'elle soit réduite en un fil de même diamètre que la plus petite de ces cannelures.

L'appareil tourne assez vite pour que le fer n'ait pas le temps de se refroidir au delà du *rouge sombre*. On enroule ensuite le fil sur un tambour et on le jette dans une cuve pleine d'eau, où il se refroidit lentement.

Lorsque l'on veut obtenir un fil d'un diamètre inférieur à la plus petite cannelure du laminoir, il est nécessaire de réduire le diamètre à la grosseur voulue. On y parvient en passant le fil à la filière.

Le fil de fer, avoir avoir été battu contre du grès qui le débarrasse de la crasse et des battitures d'oxyde, et après avoir été décapé avec un acide, est plongé dans un lait de chaux, puis séché et enroulé sur un dévidoir de bois mobile A (*fig.* 68). L'une des extrémités du fil est introduite dans l'un des trous d'une plaque en acier trempé B qui porte des ouvertures de plus en plus petites.

Le fil est ensuite saisi par une pince, fixée à une petite chaîne attachée au tambour C. Ce tambour reçoit un mouvement de ro-

Fig. 68.

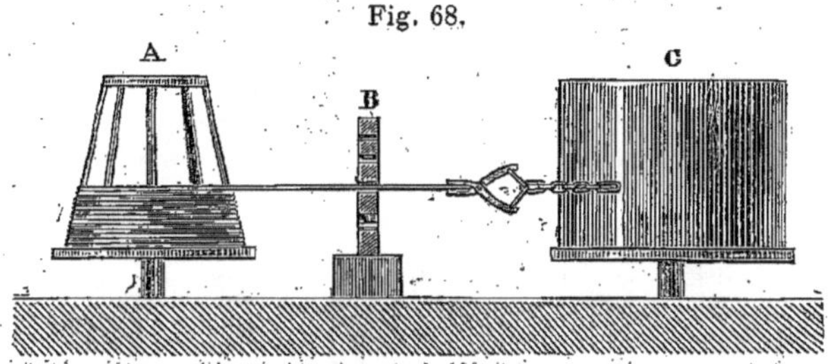

tation et le fil, tiré à travers l'ouverture de la filière, est réduit au diamètre correspondant au trou par lequel il est forcé de passer.

On tire ainsi le fil par des trous de plus en plus petits jusqu'à ce qu'on l'ait amené au diamètre voulu.

124. Effets du passage du fil à la filière. — Le passage du fil à la filière lui donne ce qu'on appelle le *nerf* (¹), circonstance très favorable pour le cas actuel. Mais, d'un autre côté, le fer *s'écrouit;* il devient cassant et difficile à manier. Pour le rendre de nouveau malléable, on le fait *recuire* à plusieurs reprises dans des cylindres à joints étanches; c'est ainsi qu'on obtient le *fil de fer recuit.*

125. Fil recuit et fil non recuit. — On se servait autrefois concurremment de *fil recuit* et de *fil non recuit.* Le premier est plus souple et, par suite, d'un usage plus commode. Le second résiste mieux aux effets de traction et convient pour les cas exceptionnels de *fortes tensions.* Actuellement, on ne se sert plus en construction courante que *de fil recuit.*

On emploie aussi exceptionnellement des fils d'acier dont la ténacité est triple de celle du fil recuit; mais la conductibilité de ce fil est moindre que celle du fil de fer, à cause du charbon qui y entre.

(¹) Des détails sur la texture, les qualités et les défauts du fer seront donnés plus tard, lorsqu'il s'agira d'étudier les poteaux métalliques.

DIXIÈME LEÇON.

SOMMAIRE.

Galvanisation du fil de fer. — Conditions que doit remplir la couche de zinc. — Enduits extérieurs. — Essais et réception des fils de fer. — Fils de cuivre. — Fils bi-métalliques. — Fils de bronze.

GALVANISATION DU FIL DE FER.

126. Galvanisation du fil de fer; sa nécessité. — Le fil de fer étant exposé aux intempéries de l'atmosphère se recouvre promptement de rouille qui se forme simultanément sur toute la périphérie du fil et constitue ainsi une gaine dont l'épaisseur augmente avec le temps. Or, comme la rouille n'a ni conductibilité ni ténacité, le fil de ligne se trouve ainsi altéré dans ses deux qualités essentielles.

Il est donc indispensable de soustraire le fil de fer aux causes qui tendent à provoquer la formation de la rouille (1).

Le moyen le plus généralement employé pour cela consiste *dans la galvanisation,* dont on connaît les effets préservateurs au point de vue de la rouille.

Il existe plusieurs procédés de galvanisation du fil de fer.

127. Galvanisation par simple immersion. — Le plus simple consiste à *plonger* le fil dans un bain de zinc fondu, après l'avoir décapé par une immersion dans l'acide chlorhydrique. On retire le fil recouvert de zinc et, en le battant contre un coussinet, on fait tomber l'excès de zinc.

(1) D'après des expériences faites en Belgique, un fil de fer de 3^{mm} non galvanisé et exposé aux intempéries de l'atmosphère n'a plus, au bout de vingt ans, que 2^{mm} de fer, avec 1^{mm} de rouille.

128. Galvanisation par le passage du fil dans la cuve de zinc. — On obtient un meilleur résultat en faisant *passer le fil d'un mouvement régulier dans la cuve de zinc.*

Le fil est placé sur un dévidoir A (*fig.* 69). Il traverse un vase

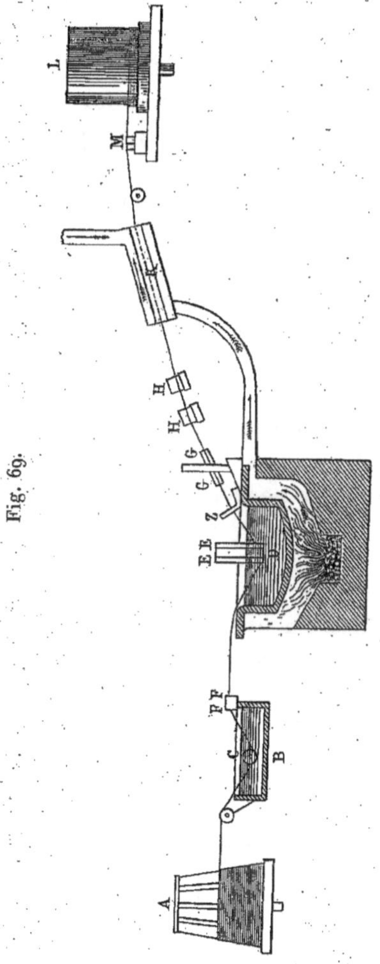

Fig. 69.

de bois B garni de plomb et rempli d'acide chlorhydrique étendu.

Le cylindre C force le fil à plonger dans le liquide. Le fil s'essuie ensuite sur deux coussinets en laine F, F, avant de pénétrer dans la chaudière de fer D, pleine de zinc fondu. Des fourchettes E, E le forcent à plonger dans le bain de zinc. Une fois recouvert de zinc, le fil traverse une filière en bois Z qui polit la surface et rend la couche de zinc uniforme et plus adhérente; puis il passe dans un tube G, où il se refroidit sous l'action d'un courant d'eau froide venant d'un réservoir. Enfin, il s'essuie sur des coussins en caoutchouc vulcanisé H, H et pénètre dans un tube de tôle K, où il se dessèche complètement. Le tambour L enroule le fil, après qu'il a passé préalablement à travers les peignes M, qui le rectifient au besoin.

La vitesse de déroulement du tambour est généralement réglée de manière que, dans *chaque seconde*, $0^m,30$ de fil traversent le bain de zinc.

Six fils sont, en général, galvanisés en même temps. Ils sont tirés parallèlement les uns aux autres et traversent le même vase B et la même cuve D.

129. Conditions que doit remplir la couche de zinc. Poids de cette couche. — La couche de zinc doit être *régulière et continue;* elle ne doit présenter aucun renflement ni *s'écailler* par la torsion. Il faut qu'on puisse *enrouler deux fils galvanisés* l'un sur l'autre sans que le zinc *s'écaille.*

La couche de zinc doit, en outre, avoir une certaine épaisseur pour protéger efficacement le fil. Cette couche doit être telle que *le poids du zinc soit au moins de* 170^{gr} *par mètre carré de surface;* ce qui donne, pour les divers fils, les résultats consignés au Tableau ci-dessous :

DIAMÈTRE du fil.	POIDS		POIDS TOTAL par mètre.
	du fer par mètre.	du zinc par mètre.	
1	2	3	4
	kg	kg	kg
5	0,156	0,0026	0,1586
4	0,100	0,002	0,102
3	0,056	0,0016	0,0576
1	0,006	0,00048	0,00648

130. Effets de la galvanisation. — La galvanisation augmente le poids du fer, mais elle ne paraît pas avoir d'influence sur sa conductibilité. Elle se conserve, en général, très longtemps et l'on peut même dire *indéfiniment*, sauf les cas particuliers de lignes exposées aux fumées de la houille ou situées dans le voisinage immédiat des usines ou de la mer; car, en ces points, les fils se détruisent promptement, par suite de l'action des vapeurs sulfureuses ou salines.

131. Enduits extérieurs. — On a essayé de recouvrir les fils d'un enduit destiné à empêcher tout contact avec l'air extérieur, mais on n'a pas réussi à obtenir une peinture assez solide pour résister longtemps à la pluie et à l'humidité, aux changements de température et surtout aux frottements pendant la pose. La galvanisation reste donc encore, pour ainsi dire, le seul moyen employé pour la conservation des fils de ligne.

ESSAIS ET RÉCEPTION DES FILS DE FER.

Les fournitures des fils de fer se font, en France, par voie d'adjudication. Voici les principales conditions imposées par le cahier des charges.

132. Qualité du fer. — Le fer employé pour la fabrication du fil sera du fer *nerveux* de première qualité, entièrement fondu, affiné au bois, exempt de pailles et de tout autre défaut (¹).

133. Essais de la galvanisation. — Le fil sera galvanisé avec du zinc pur. La galvanisation est vérifiée par trois sortes d'épreuves : 1° par le poids; 2° par l'immersion dans un bain de sulfate de cuivre; 3° par le pliage.

1° *Épreuve par le poids.* — Le poids du fil tout galvanisé devra varier seulement entre les limites indiquées au Tableau ci-après :

(¹) Des explications plus complètes sur les qualités et les défauts du fer seront données plus tard lorsque nous étudierons les poteaux métalliques.

DIAMÈTRE du fil.	POIDS par mètre du fil galvanisé.
mm 5	kg de 0,150 à kg 0,160
4	0,096 0,104
3	0,053 0,058
1	0,0055 0,0065

Dans ces conditions, on sera sûr que le poids de zinc nécessaire pour une bonne galvanisation existe réellement. Il est à remarquer, en effet, que les chiffres indiqués dans un précédent Tableau pour le poids total du fil galvanisé sont précisément les moyennes de ceux indiqués au Tableau ci-dessus.

2° *Épreuve par immersion.* — Le fil devra supporter, sans que le fer soit mis à nu, même partiellement, *quatre* immersions successives, *d'une minute chacune,* dans une dissolution de sulfate de cuivre, faite dans cinq fois son poids d'eau.

Les pièces tachées de rouille et mal galvanisées seront rejetées.

3° *Épreuve par le pliage.* — Les fils de 5^{mm}, 4^{mm} et 3^{mm} devront pouvoir s'enrouler sur un cylindre de 1^{cm} de diamètre, et le fil de 1^{mm} sur un cylindre de 3^{mm} de diamètre, sans que la couche de zinc se fendille ou se détache. Toutefois, le résultat de cet essai n'entraînera pas le refus de la fourniture.

134. Essais de la résistance à la traction. — Les forces qui entraînent la rupture des divers fils sont les suivantes :

DIAMÈTRE du fil.	CHARGE de rupture par millimètre carré de section.	VALEUR de la section en millimètres carrés.	CHARGE de rupture du fil.
mm 5	kg 40	19,62	kg 784,800
4	40	12,5	500
3	40	7,07	282,800
1	40	0,785	31,400

Cela posé, la résistance du fil se vérifie par trois genres d'épreuves : 1° par tirage direct; 2° par tirage après enroulement préalable ; 3° par pliage.

1° *Tirage direct.* — Le fil devra pouvoir supporter ou soulever les charges suivantes sans se rompre :

750 kg	pour le fil de..............	5 mm
480	»	4
270	»	3
30	»	1

En comparant ces charges aux chiffres indiqués au Tableau ci-dessus, on voit qu'elles sont inférieures aux charges réelles de rupture, et c'est pour cela que le fil doit pouvoir les supporter sans se rompre. Mais on exige en outre que l'allongement permanent qui résulte de l'épreuve ne soit pas supérieur à 10 pour 100 de la longueur expérimentée et, si cette condition n'est pas remplie, le fil doit être rejeté.

2° *Tirage après enroulement.* — Cet essai consiste à enrouler le fil sur un cylindre et à le soumettre aux tensions correspondantes aux poids suivants :

500 kg	pour le fil de..............	5 mm
350	»	4
200	»	3
22	»	1

Ces charges sont nécessairement moins fortes que les précédentes. Si, dans cette épreuve, il y a rupture ou allongement permanent supérieur à 6 pour 100 de la longueur, le fil est rejeté.

3° *Pliage.* — Le fil devra pouvoir être plié dans un étau à angle droit, sans se rompre, alternativement dans un sens et dans le sens opposé :

3	fois de suite pour	le fil de......	5 mm
4	»	»	4
5	»	»	3
8	»	»	1

On doit soumettre aux épreuves relatives à la galvanisation ainsi qu'à celles de la traction et du pliage *au moins* 5 couronnes sur 100 et si le *dixième du fil* essayé ne satisfait pas, dans chacune des épreuves, aux conditions exigées, toute la fourniture peut être rejetée.

135. Épreuve électrique. — Indépendamment des essais qui viennent d'être exposés, les fils de fer sont soumis à des expériences ayant pour but d'en constater les *qualités électriques* au point de vue de la *conductibilité*. On exige que *la résistance électrique, ramenée à la température de 0° et calculée pour un fil de fer de 1^{mm} de diamètre ne soit pas supérieure à* 161 *ohms par kilomètre* (¹).

136. Conditions imposées pour les longueurs des pièces de fil et le diamètre des couronnes. — Les fils de fer ne peuvent évidemment être fournis qu'en parties de longueur limitée; c'est la longueur que prend le lingot après avoir passé au laminoir et à la filière.

Dans les cahiers des charges, on impose l'obligation de diviser la fourniture en *pièces continues* ayant au moins les poids et, par suite, les longueurs indiquées au Tableau ci-dessous :

DIAMÈTRE du fil.	POIDS minimum de chaque pièce.	LONGUEUR correspondante de la pièce.
mm 5	kg 25	m 185
4	25	250
3	15	267
1	5	80

Chaque pièce roulée dans le même sens doit former une couronne séparée qui a 0^{m},60 de diamètre intérieur pour les fils de 5^{mm}, 4^{mm} et 3^{mm} et de 0^{m},30 pour celui de 1^{mm}.

137. Fils de cuivre. — On obtient les fils de cuivre par des procédés de fabrication (laminoir et filière) semblables à ceux

(¹) On admet que le coefficient de variation de la résistance est égal à 0,00434 pour une augmentation de température de 1°.

employés pour les fils de fer. Toutefois le métal est bien plus fafacile à étirer à cause de sa grande ductilité et il est rarement nécessaire de le recuire.

138. **Fils compound ou fils bi-métalliques.** — La raison qui a fait choisir le fil de fer à l'exclusion du fil de cuivre a été, ainsi que nous l'avons déjà dit, une question de ténacité, la question de conductibilité ayant été résolue par une augmentation de diamètre. Mais, si l'on considère que les fils de fer de gros diamètre sont d'un poids considérable, que déjà, pour équivaloir à un fil de cuivre de 2^{mm} de diamètre qui pèse environ 43^{gr} le mètre, il faut un fil de fer de $5^{mm},5$ de diamètre qui pèse environ 181^{gr} le mètre, on comprend qu'on ait cherché à obtenir des fils ayant à peu de chose près la conductibilité du cuivre, tout en conservant la ténacité du fer sous un moindre poids.

La première proposition produite dans ce sens date de 1867.

C'était un fil dit *compound* ou *composé,* qui était formé au moyen d'un noyau en acier revêtu d'un ruban de cuivre enroulé en spirale et soudé. Ce fil ne pesait environ que $\frac{1}{3}$ d'un fil de fer galvanisé de même conductibilité et était presque deux fois plus fort proportionnellement à son poids.

Plus tard, au lieu d'enrouler un ruban de cuivre sur l'âme d'acier, on en vint à recouvrir cette âme de cuivre par dépôt galvanique.

De nos jours, une solution de cette nature est poursuivie. On propose des fils bi-métalliques à âme d'acier galvanisée en bronze.

Quel que soit l'avenir réservé à ces essais, nous sommes, pour le moment, en possession d'un genre de conducteur dont l'emploi donne d'excellents résultats. Je veux parler du fil de bronze.

139. **Fils de bronze.** — Le bronze est, comme on le sait, un alliage de cuivre et d'étain. Si, au moment de la fusion du bronze, on ajoute un corps désoxydant qui empêche les oxydes de se former, on peut donner au bronze une grande homogénéité et, par suite, une résistance à la rupture bien supérieure à celle du fer.

Tel est le principe de la découverte du fil de bronze.

Si l'on prend pour désoxydant le phosphore, on obtient le *bronze phosphoreux.* Mais le phosphore présente un inconvénient, c'est qu'il est mauvais conducteur et qu'il augmente, par suite, la résistance électrique du fil.

Si l'on substitue au phosphore le silicium, on a le *bronze siliceux*. Le silicium est bon conducteur et l'on obtient ainsi, à très peu près, la *conductibilité* du cuivre, avec une résistance à la rupture égale et même supérieure à celle du fer.

140. **Spécification des fils de bronze essayés en France.** — Les fils de bronze siliceux dont nous avons fait l'essai jusqu'à présent sont les suivants :

Pour la téléphonie urbaine ou à petite distance, un fil $\frac{11}{10}$ de millimètre de diamètre ayant environ 35 pour 100 de la conductibilité du cuivre pur et une charge de rupture de 75^{kg} par millimètre carré très supérieure à celle du fer.

Pour la téléphonie à longue distance et pour la télégraphie, des fils de bronze de diamètres variant de 2^{mm} à 5^{mm} et ayant au moins 97 pour 100 de la conductibilité du cuivre pur et, autant que possible, comme charge de rupture 45^{kg} par millimètre carré. Ces fils sont appelés *fils à haute conductibilité*.

Voici la spécification de ces divers fils, d'après les derniers cahiers des charges :

1° Pour le fil téléphonique urbain de $\frac{11}{10}$ de millimètre :

Résistance électrique. — La résistance électrique ramenée à la température de 0° et calculée pour un fil de 1^{mm} de diamètre ne doit pas être supérieure à 59 ohms par kilomètre ([1]).

C'est à peu de chose près 35 pour 100 de la conductibilité du cuivre pur ([2]).

Résistance mécanique. — Le fil ne doit pas se rompre sous un effort inférieur à 70^{kg}. Au moment de la rupture, l'allongement ne doit pas dépasser 1 pour 100.

Poids par mètre. — De $0^{kg},0082$ à $0^{kg},0092$ = moyenne $0^{kg},0087$.

2° Pour les fils à haute conductibilité :

(1) On admet que le coefficient d'augmentation de résistance par degré centigrade est de 0,00152.

(2) On admet que la résistance à 0° d'un fil de cuivre pur de 1^{mm} de diamètre est de $20^{\omega},57$ et que le coefficient d'augmentation par degré centigrade est de 0,0039.

Résistance électrique. — La résistance électrique ramenée à la température de 0° et calculée pour un fil de 1^{mm} de diamètre ne doit pas être supérieure à $21^{\omega},40$ par kilomètre [1].

C'est à très peu de chose près 98 pour 100 de la conductibilité du cuivre pur.

Résistance mécanique. — On impose aux fils la condition de ne pas se rompre sous l'action d'une force un peu inférieure à leur charge de rupture réelle et de ne pas subir un allongement supérieur à 2 pour 100. Cette force est indiquée pour chacun d'eux. La charge de rupture doit être autant que possible de 45^{kg} par millimètre carré de section.

Poids par mètre. — On impose au poids par mètre l'obligation de se tenir entre deux limites extrêmes dont les moyennes sont de

kg		mm
0,0283	pour le fil de	2
0,0636	»	3
0,1125	»	4
0,1765	»	5

141. Comparaison entre les fils de fer et les fils de bronze destinés aux lignes télégraphiques ou téléphoniques à longue distance. — Il nous reste à comparer entre eux les fils de fer et les fils de bronze destinés aux lignes télégraphiques ou téléphoniques à longue distance, et cela au double point de vue électrique et mécanique.

Au point de vue électrique, un fil de fer et un fil de bronze de 1^{mm} de diamètre ont une résistance kilométrique qui est de 161^{ohms} pour le premier et de $21^{\omega},40$ pour le second.

Or, si l'on appelle x et y les diamètres de deux fils, l'un de fer et l'autre de bronze, qui s'équivaudront comme conductibilité, on devra poser

$$\frac{x^2}{y^2} = \frac{161}{21,4} = \frac{1610}{214}.$$

Si l'on fait, par exemple, $y = 3$, on a

$$\frac{x^2}{9} = \frac{1610}{214},$$

[1] On admet que le coefficient d'augmentation de résistance par degré centigrade est de 0,0039.

d'où

$$x = \sqrt{\frac{1610 \times 9}{214}} = 8,2.$$

Donc un fil à haute conductibilité de 3^{mm} équivaudra à un fil de fer de $8^{mm},2$.

Au point de vue mécanique, la charge de rupture du fil de bronze étant de 45^{kg} par millimètre carré, tandis que celle du fer recuit est de 40^{kg}, les résistances à la traction seront dans le rapport de $\frac{45}{40} = \frac{9}{8}$ pour les deux natures de fil à diamètre égal.

Au surplus le Tableau ci-après permettra, par un simple coup d'œil, de se livrer à une comparaison complète. La première partie de ce Tableau est relative aux conditions électriques, la seconde aux conditions mécaniques.

TABLEAU COMPARATIF

des fils de fer et des fils à haute conductibité destinés aux lignes télégraphiques ou téléphoniques à long parcours.

I. — Conditions électriques.

DIAMÈTRES en millimètres.	RÉSISTANCE A 0° EN OHMS.		OBSERVATIONS.
	Fils de fer.	Fils de bronze.	
1	161,00	21,4	Le coefficient d'augmentation de résistance par degré centigrade est de :
2	40,25	5,35	
3	17,88	2,37	
4	10,06	1,33	
5	6,44	0,85	
6	4,44	0,59	0,00434 pour le fer,
7	3,09	»	0,0039 pour le bronze.
8	2,51	»	
9	1,98	»	
10	1,61	»	
11	1,33	»	
12	1,11	»	
13	0,95	»	
14	0,82	»	
15	0,70	»	

TABLEAU COMPARATIF

des fils de fer et des fils à haute conductibilité destinés aux lignes télégraphiques ou téléphoniques à long parcours.

II. — Conditions mécaniques.

DIAMÈTRES en millimètres.	SECTION en millimètre carré.	FER.					BRONZE.					OBSERVATIONS.
		Poids moyen par mètre en kilogr.	Charge de rupture par millimètre carré.	Charge de rupture du fil en kilogr.	Charges pratiques. $\frac{1}{6}$	Charges pratiques. $\frac{1}{4}$	Poids moyen par mètre en kilogr.	Charge de rupture par millimètre carré.	Charge de rupture du fil en kilogr.	Charges pratiques. $\frac{1}{6}$	Charges pratiques. $\frac{1}{4}$	
1	0,785	0,00628	40	31,400	5,233	7,850	0,007	45	35,001	5,830	8,750	Les poids moyens par mètre indiqués au présent Tableau font ressortir les densités suivantes, en chiffres ronds : 8 pour le fer, 9 pour le bronze.
2	3,14	0,025	40	125,600	20,933	31,400	0,0283	45	141,000	23,500	35,250	
3	7,07	0,0565	40	282,801	47,200	70,700	0,0636	45	318,000	53,000	79,500	
4	12,5	0,100	40	500,000	83,333	125,000	0,1125	45	562,500	93,750	140,620	
5	19,62	0,1569	40	784,800	130,750	196,125	0,1765	45	882,900	147,150	882,900	

ONZIÈME LEÇON.

SOMMAIRE.

De la chaînette. — Portée; flèche; tension. — Relation entre la flèche, la portée et la tension au point le plus bas de la courbe. — Usage de cette relation. — Transformation de cette relation en remplaçant la tension par le coefficient de sécurité correspondant. — Formule transformée; son usage. — Tension au point d'attache. — Calcul de cette tension : 1° par la méthode de calcul ordinaire; 2° par la méthode des grandeurs proportionnelles. — Transformation de la formule en introduisant le coefficient de sécurité. — Formule transformée; son usage.

142. De la chaînette. — Portée; flèche; tension. — Lorsqu'un fil pesant comme un fil de ligne électrique est suspendu entre deux points A et B (*fig.* 70), que nous supposerons d'abord situés à la même hauteur au-dessus du sol, il affecte la forme d'une courbe AMB qu'on nomme *chaînette*. Le point le plus bas M de la courbe est situé sur la verticale CX passant au point milieu C de l'horizontale AB qui joint les deux points de suspension.

Fig. 70.

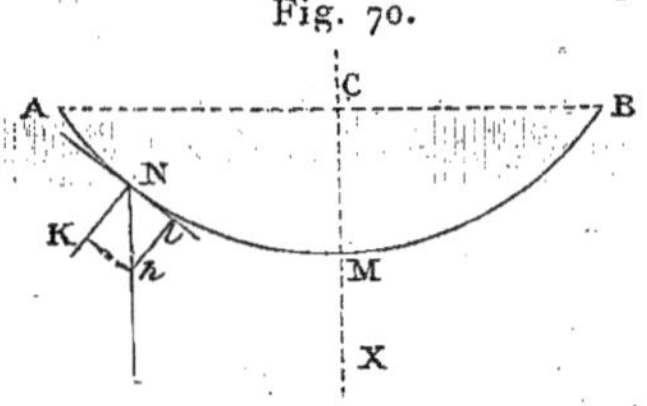

La distance AB s'appelle la *portée*. La portion de verticale MC se nomme la *flèche*.

Ainsi que nous avons déjà eu occasion de le dire, le fil supporte tout le long de la chaînette une tension longitudinale. Cette tension, en un point quelconque N, n'est autre chose que la force qu'il faudrait développer pour retenir au contact les deux portions de fil NA et NB si l'on venait à couper le fil audit point N.

Cette force provient de la somme des composantes du poids tout le long de la courbe. Si l'on considère, en effet, un point N (*fig.* 70), le poids Nh se décompose en deux forces, l'une NK normale à la courbe et qui est détruite par la résistance même de cette courbe, et l'autre tangentielle Nl qui est longitudinale et constitue la tension au point N.

143. Relation entre la flèche, la portée et la tension au point le plus bas. — Si l'on appelle f la flèche, a la portée, t la tension au point le plus bas M et p le poids d'un mètre de fil, on démontre que, dans les conditions ordinaires des lignes électriques, il existe entre ces quatre quantités la relation simple suivante

$$f = \frac{a^2 p}{8t}. \tag{1}$$

Les quantités f et a sont exprimées en mètres et les quantités p et t en kilogrammes.

144. Usage de cette relation. — Dans l'équation qui précède, p est toujours donné par la nature même du fil dont on s'occupe; mais il reste trois quantités f, a et t, en sorte que, connaissant deux quelconques de ces dernières, on pourra très facilement calculer la troisième.

S'il s'agit de calculer la flèche, connaissant la portée et la tension, on prendra l'équation elle-même

$$f = \frac{a^2 p}{8t}.$$

S'il s'agit de calculer la tension, connaissant la flèche et la portée, on résoudra l'équation par rapport à t et l'on aura

$$t = \frac{a^2 p}{8f}.$$

Enfin, s'il s'agit de calculer la portée, connaissant la flèche et la tension, on résoudra l'équation par rapport à a et l'on aura

$$a = \sqrt{\frac{8tf}{p}}.$$

Les calculs auxquels on est amené, dans ces divers cas, sont d'une extrême simplicité.

Exemples :

1° Quelle flèche aura un fil de fer de 4^{mm} tendu à 80^{kg} dans une portée de 100^{m}?

$$f = \frac{\overline{100}^2 \times 0,1}{8 \times 80} = 1^{m},56.$$

2° Quelle tension faudra-t-il adopter pour que, dans une portée de 100^{m}, un fil de fer de 4^{mm} ait une flèche de $1^{m},56$?

$$t = \frac{\overline{100}^2 \times 0,1}{8 \times 1,56} = 80^{kg}.$$

145. Transformation de la relation précédente en remplaçant la tension par le coefficient de sécurité. — Toutefois, en vue des applications pratiques et de nos études subséquentes, nous ne pouvons nous contenter de ce mode général d'application de la formule, quelque facile qu'il soit. Il est nécessaire de serrer la question de plus près et de faire ressortir le lien qui doit toujours exister, en pratique, entre les quantités t et p.

Occupons-nous d'abord de la tension.

Nous savons que tout fil a une charge réelle de rupture que l'on obtient en multipliant, par la section, la charge réelle de rupture par millimètre carré. Si donc j'appelle q la charge par millimètre carré (40 pour le fer, 45 pour le bronze), s la section et d le diamètre, j'aurai

$$A = sq \quad (^1).$$

Or il est bien évident qu'on ne pourra jamais donner à un fil une tension non seulement supérieure mais même égale à sa charge de rupture. Donc la tension devra toujours être une fraction de cette

---

(1) Dans la pratique, il est plus commode de considérer le diamètre que la section. Or, on a

$$sq = \frac{\pi d^2}{4} = 0,785\, d^2 q,$$

ce qui donne, en effectuant le produit $0,785\, q$,

$$sq = 31,400\, d^2 \text{ pour le fer,}$$

et

$$sq = 35,325\, d^2 \text{ pour le bronze.}$$

charge, telle que $\frac{1}{3}$, $\frac{1}{3,5}$, $\frac{1}{4}$, ... et, en général, $\frac{1}{n}$; n pouvant recevoir des valeurs diverses à partir de 1. Cette fraction est ce que nous avons déjà nommé le *coefficient de sécurité.*

Si donc j'appelle t la tension d'un fil, A sa charge de rupture et $\frac{1}{n}$ le coefficient de sécurité, je pourrai écrire

$$t = \frac{1}{n} \text{A} \qquad \text{ou} \qquad t = \frac{1}{n} \times sq.$$

Les quantités t et $\frac{1}{n}$ sont solidaires l'une de l'autre. Si l'on connaît $\frac{1}{n}$, on aura t, en multipliant $\frac{1}{n}$ par sq. Si inversement l'on connaît t, on aura $\frac{1}{n}$ en divisant t par sq. Nous pourrons donc les remplacer l'une par l'autre dans toutes nos formules et considérer le *coefficient de sécurité* au lieu et place de la *tension*.

Passons au *poids par mètre*. Le poids p exprimé en kilogrammes, alors que la section s est exprimée en millimètres, est, en nommant δ la densité du fil,

$$p = \frac{s\,\delta}{1000}.$$

Cela posé, la valeur du rapport $\frac{p}{t}$ est la suivante

$$\frac{p}{t} = \frac{s\,\delta}{1000} \times \frac{n}{sq} = \frac{n\,\delta}{1000 \times q}.$$

Posons

$$\frac{\delta}{1000 \times q} = \text{M},$$

nous aurons enfin

$$\frac{p}{t} = \text{M}n.$$

La section disparaît, ce qui prouve que le rapport $\frac{p}{t}$ est indépendant du diamètre du fil. Ce rapport ne contient plus que deux facteurs : M et n. Or M est un coefficient numérique dans lequel n'entrent que la densité et la charge de rupture par millimètre carré. Ce coefficient est facile à calculer, aussi bien pour le fer que pour le bronze. Il est le même pour tous les fils d'une même substance.

Enfin, n qui est le dénominateur du coefficient de sécurité $\frac{1}{n}$ doit lui-même rester invariable. En effet, sous peine de commettre une faute, il est nécessaire que les fibres des fils d'une même substance supportent la même traction.

Il ne faudrait pas, par exemple, faire travailler les fibres d'un fil de 4^{mm} autrement que celles d'un fil de 2^{mm}. Comme la résistance à la traction est proportionnelle à la section, il suit de là que la tension doit être également proportionnelle à cette section, ce qu'on réalisera très simplement en tendant *avec le même coefficient de sécurité*.

En résumé, le rapport $\frac{p}{t} = Mn$ est une constante pour tous les fils d'une même substance. Il nous reste à voir si cette constante est la même pour deux fils de substance différente comme le fer et le bronze.

Pour le savoir, il n'y a qu'à calculer M pour ces deux métaux :

Pour le fer...... $M = \frac{\delta}{1000 \times q} = \frac{8}{1000 \times 40} = \frac{1}{5000} = 0,0002 = \frac{2}{10^4}$

Pour le bronze.. $M = \frac{\delta}{1000 \times q} = \frac{9}{1000 \times 45} = \frac{1}{5000} = 0,0002 = \frac{2}{10^4}$

Nous trouvons ainsi que, avec les charges de 40 pour le fer et de 45 pour le bronze, le coefficient numérique M est le même.

D'où suit que le rapport $\frac{p}{t} = Mn$ sera le même pour les fils de fer et les fils de bronze si l'on prend aussi la même valeur pour n, c'est-à-dire si on les tend avec le même coefficient de sécurité (1).

---

(1) Ce n'est donc pas sans raison que, en admettant 40^{kg} pour la charge du fer, on a fixé à 45^{kg} la charge du bronze. Mais, dans le cas où ce desideratum ne pourrait être rempli qu'incomplètement, on pourrait toujours adopter une valeur unique pour Mn. Si, en effet, on appelle δ, q et $\frac{1}{n}$ la densité, la charge et le coefficient de sécurité du fer; δ', q' et $\frac{1}{n'}$ les mêmes quantités pour le bronze, on devra avoir

$$\frac{\delta}{q} \times n = \frac{\delta'}{q'} \times n',$$

ce qui pourra s'obtenir de deux manières : 1° en faisant $n = n'$, c'est-à-dire en conservant le même coefficient de sécurité, mais en remplissant la condition $\frac{\delta}{q} = \frac{\delta'}{q'}$ ou $\frac{\delta}{\delta'} = \frac{q}{q'}$. On consentirait alors une réduction sur la charge du fer et

Nous n'aurons donc à considérer qu'une valeur unique du rapport $\frac{p}{t}$ qui sera

$$\frac{p}{t} = \mathrm{M}n = 0,0002\,n = \frac{2n}{10^4}.$$

Si nous substituons cette valeur dans la formule générale, nous obtiendrons la formule d'application unique suivante

$$(2) \qquad f = \frac{a^2}{8} \times \mathrm{M}n \quad \text{ou} \quad f = \frac{a^2}{8} \times 0,0002\,n.$$

146. **Formule transformée; son usage.** — La formule qui précède permet très facilement de reconnaître :

1° Que tous les fils, qu'ils soient de fer ou de bronze, étant tendus avec un même coefficient de sécurité auront la même flèche dans la même portée;

2° Que cette *flèche* unique sera directement proportionnelle à n, c'est-à-dire inversement proportionnelle au coefficient de sécurité $\frac{1}{n}$. D'où suit que si le coefficient de sécurité devient 2, 3, ... fois plus petit, ce qui rendra la tension 2, 3, ... fois plus forte, la flèche deviendra 2, 3, ... fois plus petite;

3° Que si des fils sont tendus avec le même coefficient de sécurité dans deux portées différentes, la flèche unique sera proportionnelle au carré de la portée, c'est-à-dire que si la portée devient 2, 3, 4, ... fois plus grande, la flèche deviendra 4, 9, 16, ... fois plus grande.

Quant aux applications numériques de la formule (2), elles sont très simples.

Exemples :

1° Quelle flèche aura, dans une portée de 100^{m}, un fil quelconque tendu avec un coefficient de sécurité de $\frac{1}{6}$?

$$f = \frac{\overline{100}^2}{8} \times 0,0002 \times 6 = 1^{m},50.$$

---

l'on ferait cette charge égale à celle du bronze multipliée par le rapport des densités; 2° en prenant des charges de rupture quelconques sous réserve d'adopter des coefficients de sécurité différents, mais qui seraient entre eux dans le rapport de $\frac{q}{q'} \times \frac{\delta'}{\delta}$, c'est-à-dire dans le rapport obtenu en multipliant le rapport des charges de rupture par l'inverse de celui des densités.

2° Avec quel coefficient de sécurité faudra-t-il tendre un fil quelconque pour qu'il ait une flèche de $1^m,50$ dans une portée de 100^m?

$$n = \frac{8 \times 1,50}{\overline{100}^2 \times 0,0002} = 6,$$

d'où

$$\frac{1}{n} = \frac{1}{6}.$$

Si l'on veut les tensions en kilogrammes, on les aura par les relations

Pour le fer...... $t = 31,400 \times d^2$
Pour le bronze... $t = 35,325 \times d^2$

dans lesquelles il ne restera plus à introduire que le carré du diamètre.

147. Tension au point d'attache. — On comprend que, dans une chaînette, la tension du fil aille toujours en croissant du point le plus bas jusqu'au point d'attache. Si l'on considère, en effet, deux points de la courbe a et b (*fig.* 71) situés à des hauteurs différentes, le point b supportera de plus que le point a la tension résultant du poids de la longueur de fil ab.

Fig. 71.

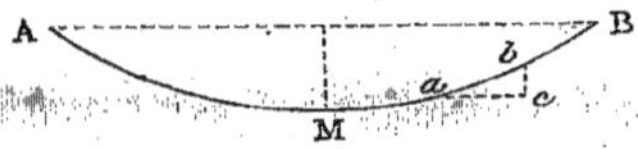

On démontre que *la différence de tension entre deux points tels que a et b est égale au poids d'une longueur de fil égale à la différence de niveau bc de ces deux points.* D'où suit que la différence de tension entre le point le plus bas M et le point d'attache B est égale au poids d'une longueur de fil égale à la flèche, c'est-à-dire à pf (p et f ayant les mêmes significations que précédemment).

Si donc on appelle T la tension au point d'attache et que l'on continue à appeler t la tension au point le plus bas M, on a

$$T = t + pf.$$

La tension T représentera l'effort maximum que supportera le fil et, par conséquent, *c'est la force que ne devra jamais dé-*

passer la charge pratique de rupture, dont le coefficient de sécurité, je le rappelle, doit varier entre $\frac{1}{6}$ et $\frac{1}{4}$.

Ce serait donc T qu'il faudrait prendre et non t comme nous l'avons déjà fait ; mais, dans la pratique courante, le terme pf est assez petit pour pouvoir être négligé sans erreur sensible.

Considérons, en effet, un fil qui pèserait $0^{kg},200$ le mètre, c'est-à-dire qui aurait un poids supérieur à celui de tous les fils que nous employons. Pour que le produit pf fût seulement égal à 1^{kg}, il faudrait que f fût égal à 5^m, ce qui n'a lieu, ainsi que nous le verrons plus tard, que dans le cas exceptionnel de grandes portées.

148. Détermination de la tension au point d'attache par le calcul ordinaire. — Si cependant on désirait opérer rigoureusement en considérant la tension T au lieu de la tension t, on pourrait se servir de la formule qui donne la valeur de cette tension, comme on s'est précédemment servi de celle renfermant t. Cette formule est

$$T = t + pf.$$

En y remplaçant t par sa valeur $t = \frac{a^2p}{8f}$; elle devient

$$T = \frac{a^2p}{8f} + pf.$$

Ainsi transformée, elle contient trois quantités a, f et T et l'on peut résoudre les mêmes questions qu'avec la formule

$$f = \frac{a^2p}{8t},$$

qui contient les trois quantités a, f et t.

Pour T, le calcul est facile ; il n'y a qu'à remplacer p, a et f par leurs valeurs dans la formule précédente.

Pour f, le calcul serait plus compliqué et amènerait à considérer l'équation du deuxième degré qu'on obtiendrait en résolvant la formule par rapport à f. Aussi préfère-t-on recourir au procédé de calcul approximatif suivant.

149. Détermination de la tension par la méthode des quantités proportionnelles. — Ce procédé consiste en ce que, au lieu de considérer f seul, on introduit le rapport $\left(\frac{f}{a}\right)$ de la flèche à la portée. Voici la méthode. On a

$$T = \frac{a^2p}{8f} + pf.$$

En mettant le produit ap en facteur commun, cette formule devient

$$T = ap\left(\frac{1}{8} \times \frac{a}{f} + \frac{f}{a}\right) = ap\left[\frac{1}{8} \times \frac{1}{\left(\frac{f}{a}\right)} + \frac{f}{a}\right].$$

Si l'on pose

$$\left[\frac{1}{8} \times \frac{1}{\left(\frac{f}{a}\right)} + \frac{f}{a}\right] = k,$$

il vient

$$T = apk.$$

Si, dans cette formule, on fait $a = 1$ et $p = 1$, on a $T = k$. La quantité k est donc la tension qu'aurait, dans une portée de 1^m, un fil qui pèserait 1^{kg} le mètre. On la nomme *tension proportionnelle*.

En se donnant diverses valeurs successives du rapport $\frac{f}{a}$, on peut calculer les valeurs correspondantes de k et former ainsi une Table qu'il suffira de consulter.

Voici cette Table pour des valeurs du rapport $\frac{f}{a}$ allant de $\frac{1}{10}$ à $\frac{1}{500}$. La colonne 1 contient les valeurs données à $\frac{f}{a}$ et la colonne 2 porte en regard les valeurs correspondantes trouvées pour k. L'emploi de la colonne 3 sera bientôt indiqué.

RAPPORT entre la flèche et la portée $\left(\frac{f}{a}\right)$.	TENSION proportionnelle en kilogrammes ou coefficient k (k).	LONGUEUR proportionnelle en mètres (l).	RAPPORT entre la flèche et la portée $\left(\frac{f}{a}\right)$.	TENSION proportionnelle en kilogrammes ou coefficient k (k).	LONGUEUR proportionnelle en mètres (l).
1	2	3	1	2	3
	kg			kg	
1 à 10	1,350	1,02667	1 à 115	14,383	1,00020
1 15	1,940	1,01185	1 120	15,008	1,00018
1 20	2,550	1,00667	1 125	15,633	1,00017
1 25	3,165	1,00427	1 130	16,254	1,00016
1 30	3,783	1,00297	1 135	16,882	1,00015
1 35	4,403	1,00218	1 140	17,508	1,00014
1 40	5,025	1,00167	1 145	18,131	1,00013
1 45	5,647	1,00132	1 150	18,756	1,00012
1 50	6,270	1,00107	1 160	20,006	1,00010
1 55	6,875	1,00088	1 170	21,255	1,00009
1 60	7,516	1,00074	1 180	22,505	1,00008
1 65	8,125	1,00064	1 190	23,755	1,00007
1 70	8,764	1,00054	1 200	25,005	1,00006
1 75	9,375	1,00047	1 225	28,129	1,00005
1 80	10,012	1,00042	1 250	31,254	1,00004
1 85	10,625	1,00036	1 275	34,378	1,00004
1 90	11,261	1,00033	1 300	37,503	1,00003
1 95	11,875	1,00029	1 350	43,753	1,00002
1 100	12,510	1,00027	1 400	50,002	1,00002
1 105	13,134	1,00024	1 450	56,252	1,00001
1 110	13,759	1,00022	1 500	62,502	1,00001

150. Usage de la Table des quantités proportionnelles. — Voici maintenant comment, avec cette Table, on résout les deux questions usuelles déjà résolues en ce qui concerne la tension t avec la formule $f=\frac{a^2p}{8t}$.

1° Quelle flèche aura un fil avec une tension donnée T dans une portée connue a.

On connaît p qui est le poids d'un mètre de fil ; on donne T ainsi que a ; le quotient $\frac{T}{ap}$ donne la valeur de la tension proportionnelle k. On cherche dans la colonne 2 de la Table le nombre qui se rapproche le plus de la valeur trouvée pour k et, en regard, dans la colonne 1, on trouve la valeur du rapport $\left(\frac{f}{a}\right)$; d'où l'on déduit f puisque a est donné.

Exemple. — Quelle flèche aura un fil de fer de 4^{mm} avec une tension de 80^{kg} dans une portée de 100^{m}. Ici

$$p = 0^{kg},1, \quad T = 80^{kg}, \quad a = 100^{m}.$$

Donc

$$\frac{T}{ap} = \frac{80}{100 \times 0,1} = \frac{80}{10} = 8.$$

Le nombre qui, dans la colonne 2, se rapproche le plus de 8 est 8,125 qui correspond au rapport $\frac{1}{65}$. On a donc

$$\frac{f}{100} = \frac{1}{65},$$

d'où

$$f = \frac{100}{65} = 1,54.$$

Ce résultat est un peu plus faible que celui trouvé déjà, qui est 1,56, parce qu'on a pris le rapport $\frac{1}{65}$, tandis que le vrai rapport est compris entre $\frac{1}{65}$ et $\frac{1}{60}$. Avec $\frac{1}{64}$, on trouverait justement 1,56.

2° Quelle tension faut-il adopter pour que, dans une portée déterminée, un fil ait une flèche donnée.

Ici, on connaît a et f, et, par suite, $\left(\frac{f}{a}\right)$; on cherche alors dans la colonne 1 le nombre qui se rapproche le plus de ce rapport ; en regard, dans la colonne 2, on trouve la valeur de la tension proportionnelle k. Puis, en multipliant cette valeur par le produit ap qui est connu, on a

$$T = apk.$$

Exemple. — Quelle tension faut-il adopter pour que, dans une portée de 100^{m}, un fil de fer de 3^{mm} ait une flèche de $1^{m},50$?

Ici

$$\frac{f}{a} = \frac{1,50}{100} = \frac{1}{\frac{100}{1,50}} = \frac{1}{66}.$$

Le chiffre qui, dans la colonne 1 de la Table, se rapproche le plus de $\frac{1}{66}$ est $\frac{1}{65}$, qui correspond à une tension proportionnelle de 8,125. On a donc

$$T = 100 \times 0{,}056 \times 8{,}125 = 45^{kg},500.$$

151. Transformation de la formule en introduisant le coefficient de sécurité. — On peut transformer la formule

$$T = \frac{a^2 p}{8f} + pf$$

comme on l'a fait pour la formule

$$t = \frac{a^2 p}{8f},$$

en substituant à la tension et au poids par mètre le coefficient de sécurité.

En divisant par p, cette formule devient

$$\frac{T}{p} = \frac{a^2}{8f} + f;$$

or, si j'appelle $\frac{1}{N}$ le coefficient de sécurité correspondant à la tension T, j'ai

$$\frac{T}{p} = \frac{1}{MN} = \frac{1}{0{,}0002\,N}$$

et j'obtiens

$$\frac{1}{MN} = \frac{a^2}{8f} + f,$$

d'où

(5) $$\frac{1}{N} = M\left(\frac{a^2}{8f} + f\right),$$

et, en pratique,

$$\frac{1}{N} = 0{,}0002\left(\frac{a^2}{8f} + f\right).$$

On se servira de cette dernière formule comme de l'équation primitive, en ayant recours à l'emploi de la Table des grandeurs proportionnelles.

La relation (5) peut, en effet, s'écrire

$$\frac{1}{N} = Ma\left(\frac{1}{8} \times \frac{a}{f} + \frac{f}{a}\right),$$

et, en posant

$$k = \left(\frac{1}{8} \times \frac{a}{f} + \frac{f}{a}\right),$$

on obtient

$$\frac{1}{N} = Mak \quad \text{ou} \quad \frac{1}{N} = 0,0002\,ak.$$

Le coefficient k est le même que celui qui figure à la colonne 2 de la Table des grandeurs proportionnelles sous le nom de *tension proportionnelle*. On opérera donc, comme il a été déjà indiqué pour les tensions elles-mêmes.

Exemples :

1° Avec quel coefficient de sécurité doit être tendu un fil quelconque pour qu'il ait $1^m,56$ de flèche dans une portée de 100?

Ici

$$f = 1,56, \quad a = 100, \quad \frac{f}{a} = \frac{1,56}{100} = \frac{1}{\frac{100}{1,56}} = \frac{1}{64}.$$

On cherche dans la Table le rapport $\frac{1}{64}$; celui qui approche le plus est $\frac{1}{65}$, qui correspond à $k = 8,125$.

Donc

$$\frac{1}{N} = 0,0002 \times 8,125 \times 100 = 0,163 = \frac{163}{1000} = \frac{1}{6,13}.$$

2° Un fil quelconque étant tendu à $\frac{1}{5}$, quelle flèche aura-t-il dans une portée de 80^m?

Ici

$$a = 80, \quad \frac{1}{N} = \frac{1}{5}.$$

Je fais le quotient $\frac{1}{MNa}$ qui est $\frac{1}{5 \times 0,0002 \times 80} = 12,5$; je trouve ainsi $k = 12,5$. Je cherche à la Table, j'y trouve 12,510 qui correspond à $\frac{f}{a} = \frac{1}{100}$. Donc $\frac{f}{80} = \frac{1}{100}$, d'où $f = 0^m,80$.

DOUZIÈME LEÇON.

SOMMAIRE.

Minimum de la tension au point d'attache. — Maximum de la portée possible. — Longueur de l'arc de chaînette; sa détermination : 1° par le calcul; 2° par la méthode des grandeurs proportionnelles. — Problème du changement de température. — Variation de la longueur, de la tension et du coefficient de sécurité sous les actions combinées de la variation de température et de l'élasticité. — Formules d'applications pratiques.

---

152. **Minimum de la tension au point d'attache.** — La formule $f = \frac{a^2 p}{8t}$ montre que, pour des valeurs données quelconques de a et de p, la flèche f est d'autant plus grande que la tension t est plus petite. D'après cela, on pourrait croire que, à condition de pouvoir donner à un fil une flèche suffisamment grande, on peut, sans dépasser pour tension la charge pratique de rupture, faire une portée aussi grande qu'on le voudra.

Ce serait vrai si l'on ne considérait que la tension au point le plus bas; mais la tension, qui ne doit jamais dépasser la charge pratique de rupture, n'est pas celle du point le plus bas : c'est celle du point d'attache. Or cette dernière ne va pas toujours en diminuant, pour une portée donnée, au fur et à mesure que la flèche augmente.

Reprenons, en effet, sa valeur

$$T = t + pf.$$

Cette valeur est composée de deux termes. L'un de ces termes, t, va toujours en diminuant quand f augmente; mais il n'en est pas de même de l'autre terme, pf, qui augmente, au contraire, quand f croît.

Tant que f est petit, t est grand ; le terme t l'emporte alors sur le terme pf, qui est très petit, et alors T décroît comme son terme t ; mais il arrive un moment où f est assez grand pour que le terme pf l'emporte sur le terme t, et, à partir de ce moment, T croît comme son terme pf. Donc la tension T, qui décroît d'abord à partir de la flèche o, croît ensuite jusqu'à la flèche $f = \infty$; elle passe donc, dans cet intervalle, par une valeur *minima*.

Fig. 72.

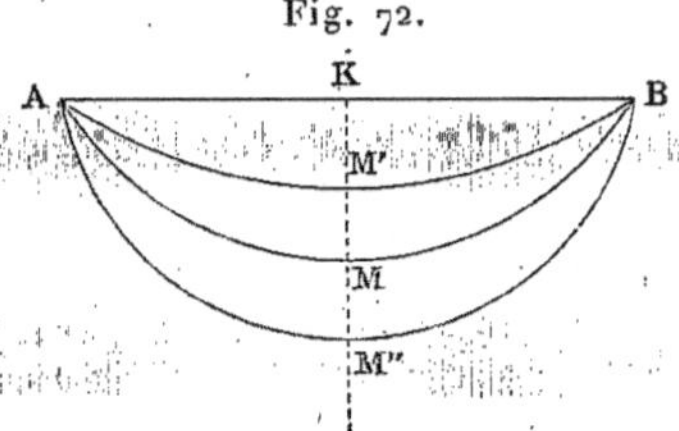

On démontre par le calcul que *ce minimum a lieu lorsque la flèche est égale à $\frac{1}{3}$ de la portée.*

Donc, si l'on considère une portée AB (*fig.* 72), la chaînette pour laquelle la tension sera la plus faible en A et B sera celle pour laquelle la flèche MK $= \frac{AB}{3}$. Pour toute autre chaînette, telle que AM'B, AM''B, la tension en A et B sera plus forte que pour la chaînette AMB.

153. Maximum de la portée possible. — Cette considération n'a pas d'importance dans la pratique, car elle amènerait à adopter des flèches de $33^m,33$, par exemple, pour une portée de 100^m ; mais elle permet de résoudre la question de savoir quelle est la plus grande portée qu'on pourra faire avec un fil déterminé.

Ladite portée, en effet, devra être telle qu'en se plaçant dans le cas le plus favorable du minimum de tension au point d'attache, cette tension atteigne la charge réelle de rupture.

Or nous savons que $T = \frac{a^2 p}{8f} + pf$. En faisant $f = \frac{a}{3}$, nous aurons pour valeur de la tension minima

$$T' = \frac{17ap}{24},$$

d'où

$$a = \frac{24\,T'}{17p}.$$

Si je remplace, dans cette formule, T' par la charge réelle de rupture du fil que j'appelle A, j'aurai la portée la plus grande qu'on pourra faire ; car, pour cette portée, la tension au point d'attache atteindra la charge de rupture et le fil rompra. J'aurai ainsi

$$a = \frac{24\,A}{17p}.$$

Je remplace $\frac{A}{p}$ par $\frac{1}{Mn}$ pour introduire le coefficient de sécurité, et, comme A est la charge de rupture, $n = 1$; je prends alors $\frac{A}{p} = \frac{1}{M} = \frac{1}{0{,}0002}$.

J'ai ainsi

$$a = \frac{24}{17 \times 0{,}0002} = 7058^{m}.$$

Donc, il ne sera pas possible de faire une portée atteignant 7058^{m} sans que le fil se rompe, et cela, quand bien même il serait possible de lui donner une flèche de $\frac{7058}{3} = 2352^{m}$.

LONGUEUR DE L'ARC DE CHAINETTE.

154. Longueur du fil dans une portée. — Si l'on considère une chaînette AMB (*fig.* 72), la longueur de l'arc AMB est évidemment supérieure à la longueur de la portée AB. Cette longueur de l'arc est d'autant plus grande que la flèche est elle-même plus grande. Ainsi, l'arc AM'B est plus grand que la droite AB, l'arc AMB est plus grand que l'arc AM'B et l'arc AM''B serait encore plus grand que l'arc AMB, et ainsi de suite.

Inversement, la longueur de l'arc est d'autant plus petite que la flèche est elle-même plus petite.

En appelant L la longueur de la courbe AMB (*fig.* 72), et en prenant les mêmes notations que précédemment, on démontre que la longueur L est la suivante

$$L = a + \frac{1}{24} \times \frac{a^3 p^2}{t^2};$$

connaissant a, p, t et l, on aura L.

Si, au lieu du rapport $\frac{p}{t}$, on veut introduire le coefficient de sécurité $\frac{1}{n}$, on remplacera, dans la relation ci-dessus, $\frac{p}{t}$ par Mn, et l'on aura ainsi

$$L = a + \frac{1}{24} a^3 M^2 n^2 \qquad \text{(M, je le rappelle, est } M = 0{,}0002\text{)}.$$

155. Détermination de la longueur du fil par la méthode des grandeurs proportionnelles. — Si, au lieu de considérer, pour déterminer L, la tension au point le plus bas t, on voulait se servir de la tension au point d'attache T, on opérerait ainsi qu'il suit, au moyen du rapport $\frac{f}{a}$ de la flèche à la portée.

Dans la valeur de L exprimée avec le coefficient de sécurité, introduisons la flèche. Nous savons que $f = \frac{a^2 M n}{8}$; d'où l'on tire $Mn = \frac{8f}{a^2}$. Substituant, dans la valeur de L, il vient

$$L = a + \frac{1}{24} a^3 \frac{64 f^2}{a^4} = a + \frac{8}{3} \frac{f^2}{a} = a\left(1 + \frac{8}{3}\frac{f^2}{a^2}\right).$$

Si l'on pose

$$1 + \frac{8}{3}\frac{f^2}{a^2} = l,$$

on obtient

$$L = al.$$

La quantité l, qui peut se calculer à l'avance pour toutes les valeurs du rapport $\left(\frac{f}{a}\right)$, est la *longueur proportionnelle*, c'est-à-dire la longueur du fil pour $a = 1$. *C'est la longueur qu'aurait le fil pour une portée de* 1^m. Les valeurs de l, calculées ainsi à l'avance, figurent à la colonne 3 de la Table précédemment donnée, en regard des valeurs de $\left(\frac{f}{a}\right)$.

Avec cette Table, on résout ainsi qu'il suit la question : *Trouver la longueur du fil, connaissant la portée et la flèche.*

Connaissant f et a, on fait le rapport $\left(\frac{f}{a}\right)$; on cherche ensuite, dans la colonne 1, le chiffre qui se rapproche le plus de ce rapport, et, en regard, dans la colonne 3, on trouve la longueur proportionnelle l. Le produit al donne la longueur cherchée.

Exemple. — Longueur d'un fil de 4^{mm}, tendu à 80^{kg}, dans une portée de 100^m.

Ici,

$$f = 1^m,56, \quad a = 100^m;$$

donc

$$\frac{f}{a} = \frac{1,56}{100} = \frac{1}{65}.$$

Pour $\frac{1}{65}$, on a

$$l = 1,00064$$

et, par suite,

$$L = 100 \times 1,00064 = 100,064$$

résultat déjà trouvé.

156. Différence entre la portée et la longueur de la chaînette. — La connaissance de L n'a pas une grande importance dans la pratique, car la différence $L - a$ est généralement très petite. Pour en avoir l'idée, calculons cette différence pour un fil tendu avec le coefficient moyen de $\frac{1}{6}$; nous obtiendrons les résultats suivants :

LONGUEUR de la portée (a).	LONGUEUR du fil (L).	VALEUR de la différence ($L - a$).
50	50,003	0,003
100	100,06	0,06
200	200,48	0,48
400	403,84	3,84
600	612,76	12,76

On voit qu'en réalité la différence est négligeable quand la portée ne dépasse pas 100^m, ce qui est le cas de la pratique courante.

Mais, si la considération de la longueur n'a pas d'importance intrinsèque, elle permet, comme nous allons le voir, de résoudre la question du changement de température qui, elle, a une importance capitale.

PROBLÈME DU CHANGEMENT DE TEMPÉRATURE.

157. Effets du changement de température. — Une variation dans la température faisant dilater ou contracter le fil agit sur sa longueur et, par suite, sur la flèche et la tension ou le coefficient de sécurité.

Si la température baisse, le fil se contracte, la longueur diminue, la flèche diminue, la tension augmente et le coefficient de sécurité diminue. Au contraire, si la température s'élève, la longueur augmente, la flèche augmente, la tension diminue et le coefficient de sécurité augmente.

Or toutes ces quantités étant liées entre elles par des relations telles que la connaissance de l'une quelconque d'entre elles permettra de calculer facilement toutes les autres, il nous suffira de résoudre le problème du changement de température pour la longueur et, par suite, de poser la question ainsi qu'il suit :

Connaissant la longueur actuelle d'un fil, que deviendra cette longueur après un changement de température?

158. Variation de la longueur avec la température. — Soient

θ la variation de la température;
L la longueur à la plus basse température;
L′ la longueur à la plus haute température;

L sera nécessairement plus petit que L′. Je me propose de trouver une relation entre L, L′ et θ.

Le fil dont la longueur est L′ à la plus haute température doit se raccourcir sous l'abaissement de température de θ degrés. Or, si j'appelle α le coefficient de dilatation linéaire du fil, la longueur L′ se raccourcira de $L'\alpha\theta$ (1).

(1) Je rappelle que le coefficient de dilatation linéaire d'un fil est la fraction dont s'allonge ou se raccourcit l'unité de longueur pour une variation de température de 1°. Dès lors, l'unité de longueur s'allonge ou se raccourcit de α sous une variation de 1°; il s'allongera ou se raccourcira donc de $\alpha\theta$, sous la variation de θ°, et, si la longueur unité s'allonge ou se raccourcit de $\alpha\theta$, la longueur L′ s'allongera ou se raccourcira de $L'\alpha\theta$.

$\alpha = 0,000012$ pour le fer,
$\alpha = 0,0000175$ pour le bronze.

Mais, d'un autre côté, la tension augmentera et, par suite, le fil, sous cette augmentation de tension, subira nécessairement l'allongement élastique correspondant à cette augmentation (*voir* à la sixième Leçon). Si j'appelle A l'augmentation de tension, ε le coefficient d'élasticité et s la section du fil, la longueur L' s'allongera de $\frac{L'\varepsilon A}{s}$ sous la force A [1].

Donc, d'une part, la longueur L' diminuera de $L'\alpha\theta$ sous l'action de la température; mais, d'autre part, elle s'allongera de $\frac{L'\varepsilon A}{s}$ sous l'augmentation de tension, en sorte qu'elle deviendra

$$(1)\qquad L = L' - L'\alpha\theta + \frac{L'\varepsilon A}{s} = L'\left(1 - \alpha\theta + \frac{\varepsilon A}{s}\right).$$

Telle est la relation entre L, L' et θ, qui nous permettra de résoudre le problème pour les autres quantités, en y remplaçant L et L' par leurs valeurs.

159. Variation de la tension avec la température. — Soit t la tension à la plus basse température et t' à la plus haute; j'aurai

$$L = a + \frac{a^3p^2}{24\,t^2},$$
$$L' = a + \frac{a^3p^2}{24\,t'^2},$$
$$A = t - t'.$$

Substituant, dans l'équation (1), il vient

$$a + \frac{a^3p^2}{24\,t^2} = \left[a + \frac{a^3p^2}{24\,t'^2}\right]\left[1 - \alpha\theta + \frac{\varepsilon}{s}(t - t')\right].$$

---

[1] On entend ici par *coefficient d'élasticité* la quantité dont s'allonge l'unité de longueur d'un fil de 1^{mmq} de section sous l'action d'une force de traction de 1^{kg}. Or, si l'unité de longueur d'un fil de 1^{mmq} de section s'allonge de ε sous une traction de 1^{kg}, l'unité de longueur d'un fil de section s s'allongera, sous cette même traction, de $\frac{\varepsilon}{s}$, et, par suite, de $\frac{\varepsilon}{s}A$, sous une traction de A kilogrammes. Enfin, si l'unité de longueur s'allonge de $\frac{\varepsilon A}{s}$, la longueur L' s'allongera de $\frac{L'\varepsilon A}{s}$.

Les valeurs de ε sont

$\varepsilon = 0{,}000054$ pour le fer, et $\varepsilon = 0{,}000078$ pour le bronze.

Effectuant le second membre, on obtient

$$a+\frac{a^3p^2}{24t^2}=a-a\alpha\theta+\frac{a\varepsilon}{s}(t-t')+\frac{a^3p^2}{24t'^2}+\frac{a^3p^2}{24t'^2}\left[-\alpha\theta+\frac{\varepsilon}{s}(t-t')\right].$$

Or le terme $\frac{a^3p^2}{24t'^2}$ est, nous le savons, très petit. D'un autre côté, $\alpha\theta$ et $\frac{\varepsilon}{s}(t-t')$ sont eux-mêmes très petits dans la pratique. En effet, la plus grande valeur de θ admise est d'environ 40°, ce qui donne, pour $\alpha\theta$, des valeurs maxima de 0,00048 pour le fer et de 0,00076 pour le bronze.

La plus grande valeur de $(t-t')$ ne dépasse guère 45kg; la plus petite valeur de s ne va pas au-dessous de 31kg,4 (section d'un fil de 2mm), en sorte que la valeur maxima du terme $\frac{\varepsilon}{s}(t-t')$ ne dépasse pas, en pratique, 0,000077 pour le fer et 0,000111 pour le bronze. On peut donc négliger le dernier terme de l'équation, qui reste alors la suivante

$$a+\frac{a^3p^2}{24t^2}=a-a\alpha\theta+\frac{a\varepsilon}{s}(t-t')+\frac{a^3p^2}{24t'^2}.$$

Réduisant, divisant par a et ordonnant, on obtient

$$\theta=\frac{a^2p^2}{24\alpha}\left(\frac{1}{t'^2}-\frac{1}{t^2}\right)+\frac{\varepsilon}{\alpha s}(t-t'). \tag{2}$$

Telle est la relation qui, étant donné t, permettra de calculer t' ou réciproquement.

Remarquons que cette équation montera au troisième degré en t' ou en t, en sorte que sa résolution sortirait de notre programme. Nous aurons alors deux manières d'opérer : 1° ne pas tenir compte des effets de l'élasticité, ce qui revient à négliger le terme $\frac{\varepsilon}{\alpha s}(t-t')$, et ramener ainsi l'équation au second degré, ce qui permettra de la résoudre. Cette manière de procéder ne donnera pas des résultats rigoureusement exacts; mais, comme l'élasticité, en diminuant le raccourcissement, diminue aussi l'augmentation de tension et, par conséquent, agit dans un sens favorable au point de vue de la résistance mécanique du fil, les résultats obtenus ne pécheront que par un excès de prudence et, par suite, n'offriront aucun danger pratique. 2° Ne pas chercher à résoudre l'équation complète par rapport à t ou à t', mais renverser la question en prenant t et t' pour données et θ pour inconnue, et la poser ainsi :

Quelle variation de température faudra-t-il pour qu'une tension passe d'une valeur donnée à une autre valeur, également donnée : de 80^{kg} *à* 100^{kg}, *de* 75^{kg} *à* 125^{kg}, *par exemple?*

Première méthode. — Si l'on néglige le terme $\frac{\varepsilon}{\alpha s}(t - t')$, l'équation devient

$$\theta = \frac{a^2p^2}{24\alpha}\left(\frac{1}{t'^2} - \frac{1}{t^2}\right).$$

On peut la résoudre par rapport à t' ou par rapport à t; on obtient ainsi les deux valeurs suivantes :

$$t' = \frac{ap \times t}{\sqrt{a^2p^2 + 24\alpha\theta t^2}} \quad \text{et} \quad t = \frac{ap \times t'}{\sqrt{a^2p^2 - 24\alpha\theta t'^2}}.$$

La valeur de t' sera toujours réelle; celle de t pourra devenir imaginaire. Cela doit être, attendu qu'il n'y a aucun danger à diminuer une tension, tandis qu'au contraire on ne peut augmenter sans limites cette même tension, puisque, en tout cas, on ne peut jamais dépasser la charge de rupture.

La condition de réalité est

$$a^2p^2 > 24\alpha\theta t'^2,$$

ce qui donne, pour θ, la limite

$$\theta < \frac{a^2p^2}{24\alpha\theta t'^2}.$$

Seconde méthode. — L'emploi de la seconde méthode est très simple : on donne à t et à t' les valeurs que l'on veut et on les substitue dans la formule générale, en y remplaçant en même temps p, a, α, ε et s par leurs valeurs numériques qui sont connues.

160. Variation du coefficient de sécurité avec la température. — Si l'on veut considérer les coefficients de sécurité aux lieu et place des tensions, on n'aura qu'à transformer la formule générale (2) en conséquence.

On y remplacera $\frac{p}{t}$ par Mn, $\frac{p'}{t'}$ par Mn', t par $\frac{sq}{n}$ et t' par $\frac{sq}{n'}$.

On aura ainsi

$$(3)\qquad \theta = \frac{a^2 M^2}{24\alpha}(n'^2 - n^2) + \frac{\varepsilon q}{\alpha}\left(\frac{1}{n} - \frac{1}{n'}\right).$$

Première méthode. — Si l'on néglige l'élasticité, l'équation devient

$$\theta = \frac{a^2 M^2}{24\alpha}(n'^2 - n^2),$$

qui, résolue, donne les deux valeurs

$$n' = \sqrt{n^2 + \frac{24\alpha\theta}{a^2 M^2}} \quad \text{et} \quad n = \sqrt{n'^2 - \frac{24\alpha\theta}{a^2 M^2}}.$$

L'observation relative à la différence entre n' et n est la même que celle faite au sujet de t' et de t; on aura toujours une valeur réelle de n'; mais, pour qu'il en soit de même pour n, il faut la condition

$$\theta < \frac{a^2 M^2 n'^2}{24\alpha};$$

c'est la même que celle précédemment trouvée, en y remplaçant $\frac{p}{t}$ par Mn.

Il est à remarquer que, au point de vue des applications numériques, les valeurs de n et de n' sont bien plus commodes que les valeurs de t et de t'; en outre, elles sont plus générales, et elles devront, en conséquence, être préférées.

On peut calculer à l'avance le terme $\frac{24\alpha}{M^2}$: ce terme est 7200 pour le fer et 10 500 pour le bronze; on a ainsi les deux formules d'application suivantes :

Pour le fer. . . . . $n' = \sqrt{n^2 + 7200\frac{\theta}{a^2}}$ et $n = \sqrt{n'^2 - 7200\frac{\theta}{a^2}}$.

Pour le bronze . $n' = \sqrt{n^2 + 10500\frac{\theta}{a^2}}$ et $n = \sqrt{n'^2 - 10500\frac{\theta}{a^2}}$.

Rien n'est plus facile que d'appliquer ces dernières formules.

Seconde méthode. — Aucune difficulté; on donne, dans la formule générale (3), à n et à n' les valeurs que l'on veut, et l'on y substitue les valeurs numériques de a, M, α, ε et q que l'on connaît.

On peut calculer à l'avance les coefficients $\frac{M^2}{24\alpha}$ et $\frac{\varepsilon q}{\alpha}$. Ces coefficients sont

$$\frac{M^2}{24\alpha} = \frac{1}{7200} \quad \text{pour le fer,} \quad \text{et} \quad \frac{M^2}{24\alpha} = \frac{1}{10500} \quad \text{pour le bronze;}$$

$$\frac{\varepsilon q}{\alpha} = 174,8 \quad \text{»} \quad \text{et} \quad \frac{\varepsilon q}{\alpha} = 200,7 \quad \text{»}$$

En substituant dans la formule générale, on obtient les formules d'application suivantes :

$$\text{Pour le fer.......} \quad \theta = \frac{a^2}{7200}(n'^2 - n^2) + 174,8\left(\frac{1}{n} - \frac{1}{n'}\right)$$

$$\text{Pour le bronze...} \quad \theta = \frac{a^2}{10500}(n'^2 - n^2) + 200,7\left(\frac{1}{n} - \frac{1}{n'}\right)$$

Avec ces formules, les calculs seront très simples.

161. **Observation importante.** — Remarquons, en terminant, que, dans toutes les formules qui précèdent, pour les mêmes valeurs de n, n', t ou t', la variation de température θ est exactement ou sensiblement proportionnelle au carré de la portée selon qu'on néglige ou qu'on ne néglige pas les effets de l'élasticité; en sorte que l'effet du changement de température se fait d'autant plus sentir que la portée est plus petite. La variation de température nécessaire pour produire une même variation dans la tension ou dans le coefficient de sécurité sera quatre fois plus petite dans une portée moitié moindre, neuf fois plus petite dans une portée trois fois moindre, etc.

TREIZIÈME LEÇON.

SOMMAIRE.

Solution du problème du changement de température par la méthode des grandeurs proportionnelles. — Cas des points d'attache situés à des hauteurs différentes. — Détermination de la portée virtuelle qui règle la flèche. — Portées consécutives avec appuis de même hauteur et avec appuis de hauteurs différentes. — Effet de flexion sur les poteaux séparatifs de deux portées consécutives.

---

162. Solution du problème du changement de température par la méthode des grandeurs proportionnelles. — Si, au lieu de considérer la tension ou le coefficient de sécurité au point le plus bas, on veut se servir de la tension ou du coefficient de sécurité au point d'attache, on peut résoudre le problème du changement de température comme celui de la tension et de la longueur par la méthode des grandeurs proportionnelles, mais sous la réserve de ne pas tenir compte des effets de l'élasticité.

La longueur proportionnelle l devient, pour une variation de température de θ degrés,

$$l' = l(1 \pm \alpha\theta) = l \pm l\alpha\theta.$$

Or la quantité l (*voir* la Table des grandeurs proportionnelles, colonne 2) est de la forme $1 + m$, m étant une quantité toujours inférieure à 0,03.

Remplaçons l par sa valeur $1 + m$ dans le terme $l\alpha\theta$ de la valeur de l' ci-dessus, il viendra

$$l' = l \pm (1 + m)\alpha\theta = l \pm \alpha\theta \pm m\alpha\theta.$$

Le terme $m\alpha\theta$, dans lequel $\alpha\theta$ est très petit et m toujours plus petit que 0,03, peut être négligé et l'on peut, par suite, admettre, en pratique, pour l', la valeur simple

$$l' = l \pm \alpha\theta.$$

Cela posé, on résout le problème du changement de température de la manière suivante :

La tension T, ou le coefficient de sécurité correspondant $\frac{1}{n}$ étant donnés, on fait le quotient $\frac{T}{ap}$ ou $\frac{1}{Mna}$ qui donne la valeur de k (tension proportionnelle ou coefficient k). On cherche, dans la colonne 2 de la Table, cette valeur de k ou celle qui s'en rapproche le plus ; en regard, dans la colonne 3, on trouve la longueur proportionnelle l.

On ajoute à cette longueur, ou l'on en retranche $\alpha\theta$, selon le cas, et l'on a ainsi la nouvelle longueur proportionnelle $l' = l \pm \alpha\theta$. On cherche, dans la colonne 3, cette valeur trouvée pour l', ou celle qui s'en rapproche le plus; en face, dans la colonne 2, on trouve la nouvelle valeur k' de la tension proportionnelle ou du coefficient de sécurité après la variation de température. On obtient ensuite la nouvelle tension T', en faisant le produit apk', et le nouveau coefficient de sécurité $\frac{1}{n'}$, en faisant le produit $Mk'a$.

Exemple. — Fil de fer de 4^{mm} tendu à 80^{kg}, ou fil de fer quelconque tendu à $\frac{1}{6,25}$ dans une portée de 100^{m}; abaissement de température de 40°.

1° *Tension :* $a = 100$, $p = 0^{kg},1$. Donc $ap = 10$ et $\frac{T}{ap} = \frac{80}{10} = 8$. Dans la Table, on trouve 8,125, qui correspond à une longueur proportionnelle $l = 1,00064$, $\alpha = 0,000012$, $\theta = 40$, $\alpha\theta = 0,00048$. Donc $l' = 1,00064 - 0,00048 = 1,00016$. Ce chiffre se trouve justement dans la colonne 3; il correspond à $k' = 16,254$.

Donc, enfin,

$$T' = 100 \times 0,1 \times 16,254 = 162^{kg},540.$$

2° *Coefficient de sécurité :* $a = 100$, $n = 6,25$, $M = 0,0002$. Donc $Mna = 0,0002 \times 6,25 \times 100 = 0,1250$. Je fais le quotient $\frac{1}{Mna} = \frac{1}{0,1250} = 8$. Je prends, dans la Table, 8,125 qui se rapproche le plus de 8 ; je continue, comme précédemment, et j'obtiens la nouvelle longueur proportionnelle $l' = 1,00016$, qui me donne, pour k', la valeur 16,254.

Donc

$$\frac{1}{n'} = 0,0002 \times 16,254 \times 100 = \frac{1}{3}.$$

Il est facile de voir qu'en effet $162^{kg},540$ est très sensiblement $\frac{1}{3}$ de 500, charge réelle de rupture du fil de 4^{mm}.

163. Cas des points d'attache situés à des hauteurs différentes. — Tout ce que nous avons dit, jusqu'à présent, sur les fils tendus s'applique au cas où les points d'attache sont situés à la même hauteur et où, par suite, le point le plus bas de la chaînette se trouve justement au milieu de la portée.

Examinons maintenant le cas où les points d'attache se trouvent à des hauteurs différentes.

Soit un fil tendu entre deux points A et A′ (*fig.* 73) placés à la

Fig. 73.

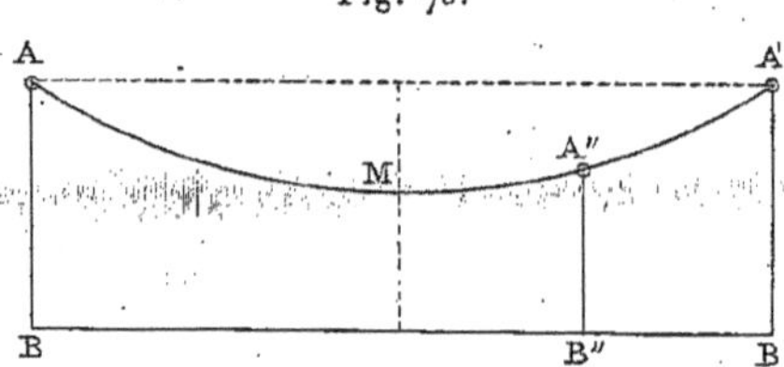

même hauteur et qui seront, par exemple, les têtes de deux poteaux AB, A′B′. Ce fil affecte la flèche que doit donner, pour la portée BB′, la tension adoptée en M.

Puisque la chaînette est en équilibre, on ne changera rien, en supposant, qu'en un point A″ de la courbe on introduise un arrêt fixe qui sera, je suppose, la tête d'un poteau A″B″. Les portions de chaînette AA″ et A″A′ situées de chaque côté de ce poteau sont en équilibre d'elles-mêmes, et l'on peut supprimer l'une de ces parties A″A′, je suppose, sans altérer l'équilibre de l'autre.

Si donc, au lieu de tendre le fil de A en A′, on le tendait de A en A″, avec la même tension en M, on aurait, de A en A″, la courbe AMA″ qui est une portion de la chaînette entière AMA′.

On conclut de là que, si les points d'attache A et B (*fig.* 74) sont situés à des hauteurs différentes, le fil affecte, entre ces points, *non plus une chaînette entière, mais seulement la portion*

Fig. 74.

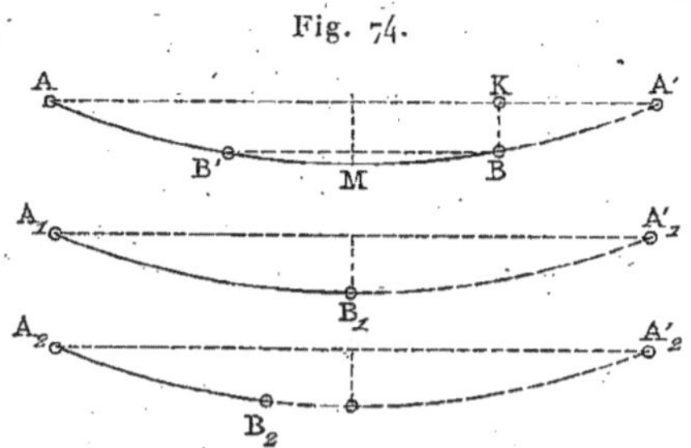

AMB, *comprise entre ces deux points, de la chaînette qu'affecterait le fil entre le point* A *et un autre point d'attache virtuel* A', *situé au delà de* B *et à la même hauteur que* A.

Le point milieu M (*fig.* 74) de la courbe entière est plus rapproché du point B que du point A. Si l'on mène, en effet, par le point B l'horizontale BB', cette droite rencontrera nécessairement l'arc AM, en un point B' situé entre M et A ; en sorte que le point M sera plus rapproché du point B' et, par suite, du point B que du point A.

Dans la disposition que nous venons d'envisager, le point B est au delà du point milieu M (*fig.* 74), l'arc de chaînette réel AMB est plus grand que la demi-chaînette ; l'arc virtuel BA' restant plus petit que cette même demi-chaînette.

Il pourrait arriver que le point d'attache le plus bas B_1 (*fig.* 74) fût justement situé au milieu de la demi-chaînette. Dans ce cas, l'arc réel A_1B_1 et l'arc virtuel $B_1A'_1$ seraient tous les deux égaux à la demi-chaînette.

Enfin, il pourrait se faire que le point d'attache le plus bas B_2 (*fig.* 74) fût situé entre le point A_2 et le point milieu de la courbe. Alors, l'arc réel A_2B_2 serait plus petit que la demi-chaînette, l'arc virtuel $B_2A'_2$ restant plus grand que cette même demi-chaînette.

Nous verrons qu'on évite autant que possible ce dernier cas dans la pratique.

Lorsque l'on a ainsi deux points d'attache situés à des hauteurs différentes, il n'est plus possible d'appliquer les formules précédemment données, car la portée qui règle la flèche et entre dans lesdites formules n'est plus ici la portée réelle AK (*fig.* 74), mais la portée virtuelle AA'.

Il est donc nécessaire de calculer cette portée virtuelle.

164. Détermination de la portée virtuelle qui règle la flèche. — Soit AMB (*fig.* 75) l'arc de chaînette. J'appelle a la portée réelle

Fig. 75.

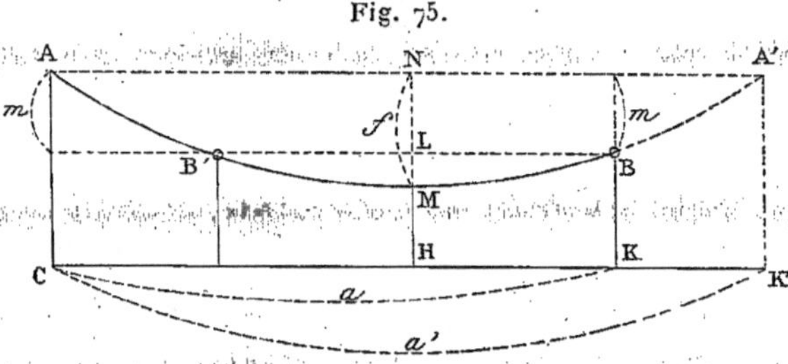

CK; a' la portée virtuelle CK'; f la flèche MN; m la différence de niveau des points d'attache A et B et enfin $\frac{1}{n}$ le coefficient de sécurité correspondant à la tension au point le plus bas M. Je me propose de trouver une relation entre a et a' et les quantités connues m et n.

La flèche f est celle qui a lieu pour la portée virtuelle CK' avec le coefficient $\frac{1}{n}$; j'ai donc

$$(1) \qquad a'^2 = \frac{8f}{Mn} \qquad (M = 0{,}0002).$$

D'autre part, si je mène l'horizontale BB', je forme une petite chaînette BMB', dont la flèche est $ML = MN - NL = f - m$ et dont la portée est

$$2HK = 2(CK - CH) = 2\left(a - \frac{a'}{2}\right) = 2a - a'.$$

J'ai donc encore

$$(2) \qquad (2a - a')^2 = \frac{8(f - m)}{Mn}.$$

Si j'élimine f entre les équations (1) et (2), j'aurai la relation cherchée entre a et a'.

Retranchant (2) de (1), il vient

$$a'^2 - (2a - a')^2 = \frac{8m}{Mn}.$$

Effectuant le premier membre, réduisant et divisant par 4, on a

$$-a^2 + aa' = \frac{2m}{Mn}$$

ou bien

$$a^2 - aa' + \frac{2m}{Mn} = 0.$$

Cette relation permettra de calculer a', connaissant a et réciproquement. Pour le moment, c'est a que nous connaissons et c'est a' que nous cherchons. Il faut donc résoudre par rapport à a'. Il vient

$$a' = a + \frac{2m}{Mna}.$$

Le cas que je viens d'examiner est celui où le point d'attache le plus bas est situé au delà du point milieu de la chaînette : la portée virtuelle est alors plus grande que la portée réelle.

Si le poteau le plus bas était précisément au point milieu, on aurait $a' = 2a$.

Si ce poteau était entre le point milieu et l'autre poteau, a' serait plus petit que a, et l'on donnerait

$$a' = a - \frac{2m}{Mna}.$$

Mais ce cas-là n'a pas d'importance. Comme nous le verrons, en effet, il faut, autant que possible, l'éviter dans la pratique.

165. Différence des tensions aux deux points d'attache. — Dans les calculs du numéro précédent intervient seulement la tension ou le coefficient de sécurité au point milieu M (*fig.* 75) qui sont les mêmes, aussi bien pour l'arc de chaînette AMB que pour la chaînette entière AMA'.

Il n'en serait pas de même si l'on considérait la tension ou le coefficient de sécurité aux deux points d'attache. La tension en A n'est pas la même qu'en B. Elle est plus grande au point le plus haut A qu'au point le plus bas B et nous savons que la différence est égale au poids d'une longueur de fil égale à la différence de niveau. Si donc on continue à appeler m la différence de niveau des points A et B et p le poids du mètre de fil, la différence dont il s'agit est mp.

En pratique courante, cette différence est très petite; nous savons, en effet, que le plus lourd de nos fils n'atteint pas, par mètre, un poids de $0^{kg},2$. Donc, pour que la différence mp atteignît seulement 2^{kg}, il faudrait, entre les têtes de deux poteaux consécutifs, une différence de niveau de 10^m, que l'on ne rencontre en pratique que dans des cas tout à fait exceptionnels.

166. **Cas de deux portées consécutives avec des poteaux de même hauteur.** — Considérons maintenant trois poteaux consécutifs que nous supposerons d'abord de même hauteur AB, A′B′, A″B″ (*fig.* 76). Si nous tendons un fil de A en A′, il affectera la chaî-

Fig. 76.

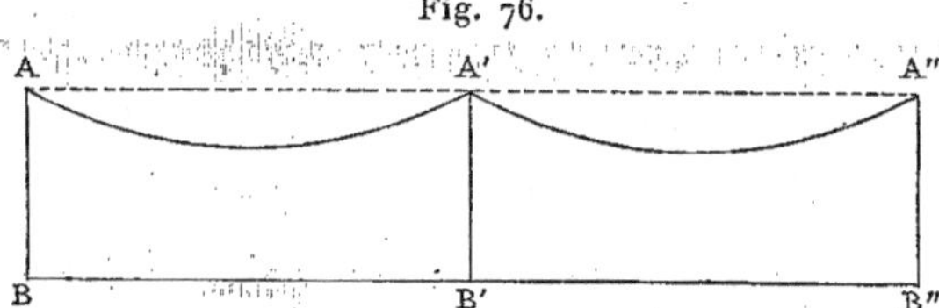

nette correspondant à la portée BB′ pour la tension ou le coefficient de sécurité adopté pour le point le plus bas.

Tendons également un fil pareil de A′ en A″, avec la même

Fig. 77.

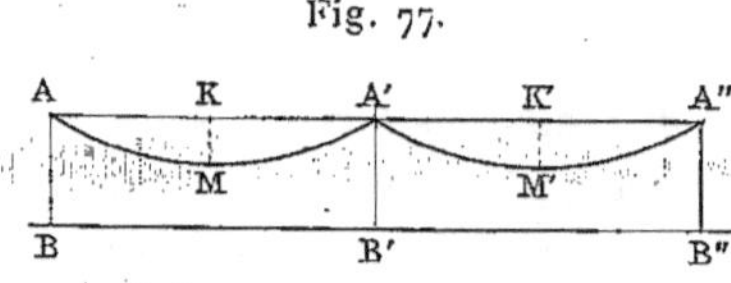

tension au point le plus bas, ce fil prendra, entre A′ et A″, la forme de la chaînette déterminée par la portée B′B″. Cela posé, si les deux portées BB′, B′B″ (*fig.* 77) sont égales, les chaînettes sont égales. Les flèches MK, M′K′ sont égales ; la tension est la même en M et en M′; elle est aussi la même en A, A′, A″; car, en ces points, elle est égale à celle du point le plus bas augmentée du poids d'une longueur de fil égale à la flèche unique.

Le point d'attache A′ est alors tiré avec la même force des deux côtés. Il est en équilibre ; en sorte que les choses se passeront de la même manière si l'on rattache les deux fils l'un à l'autre ou s'ils ne forment qu'un seul et même fil continu.

Si les deux portées BB′, B′B″ (*fig.* 78) sont inégales, les chaînettes seront différentes.

Les flèches M′K′ et MK seront entre elles comme les carrés des

Fig. 78.

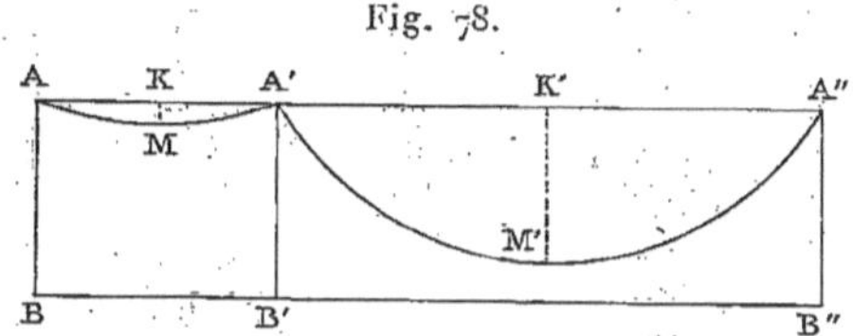

portées. La tension sera la même en M et en M′; mais, en A′, elle sera plus grande du côté de A″ que du côté de A, car la tension unique du point le plus bas y sera augmentée du poids d'une longueur de fil plus grande. En ce cas, le fil A′M′A″ tirera plus sur le point d'attache que le fil A′MA; en sorte que, si l'on attachait les deux fils l'un à l'autre et à ce même point, ce dit point ne sera pas en équilibre.

Mais les choses ne se passent pas ainsi en pratique; attendu que, avant d'attacher le fil, on le laisse libre de glisser sur l'isolateur. Il résulte de là qu'aussitôt que l'excès de force d'un côté du point A′ est suffisant pour vaincre la résistance du frottement du fil sur l'isolateur, résistance qui est d'ailleurs très petite, le fil obéit. Or la force qui agit ici pour opérer le glissement n'est pas la différence des tensions elles-mêmes, mais bien la différence des composantes horizontales de ces mêmes tensions.

Donc le fil glissera jusqu'à ce que la différence des composantes horizontales des tensions soit nulle ou à très peu près. D'où suit, enfin, que le poteau n'aura à supporter, comme dans le cas de deux portées égales, aucun effort de renversement du seul fait de la différence des portées [1].

En résumé, *un fil tendu entre trois poteaux de même hauteur, à la condition de pouvoir glisser librement sur le poteau intermédiaire, de manière à se mettre en équilibre de tension des deux côtés, affecte, dans chacune des deux portées, la flèche que donne cette portée avec la tension ou le coefficient de sécurité adopté pour le point le plus bas.*

167. Effet de flexion sur les poteaux situés entre deux portées consécutives. — Le poteau séparatif de deux portées consécutives égales ou inégales peut être en ligne droite avec ses deux voisins, ou former un triangle avec eux. Dans le premier cas, il ne supporte aucun effort de flexion. Soit, en effet, AB (*fig.* 79) le poteau. Les tensions au point d'attache Ak et Ah sont dans le même plan. Dès lors, leurs composantes horizontales Ak' et Ah' qui sont égales sont opposées ; par suite, elles se détruisent.

Dans le second cas, les composantes horizontales Ak' et Ah' (*fig.* 80) forment entre elles un angle et se composent en une

Fig. 79.

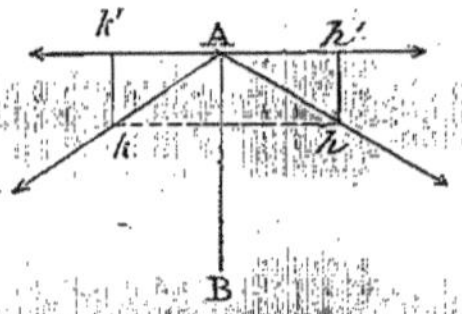

Fig. 80.

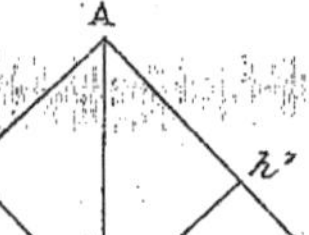

seule Am' qui est la diagonale du losange A$k'm'h'$. Le plan de consolidation est dirigé selon la bissectrice de l'angle k'Ah'.

168. Cas de plusieurs portées consécutives avec des poteaux de même hauteur. — Si, au lieu de deux portées consécutives, on en considère plusieurs, les choses se passent comme nous venons de l'indiquer pour chaque poteau séparatif de deux portées consécu-

---

(1) On reviendra plus complètement sur ce sujet à l'occasion de l'étude du tracé dans les courbes.

tives. Le fil affecte, dans chacune d'elles, la chaînette qui correspond à la tension unique adoptée pour le point le plus bas.

169. Cas de portées consécutives avec appuis de hauteurs différentes. — Tout ce que nous avons dit au sujet des portées consécutives avec des appuis de même hauteur s'applique au cas où les poteaux successifs ont des hauteurs différentes ; seulement, il y a ici des portions de chaînette au lieu de chaînettes entières.

Soient quatre poteaux consécutifs A, B, C, D (*fig.* 81). Le fil

Fig. 81.

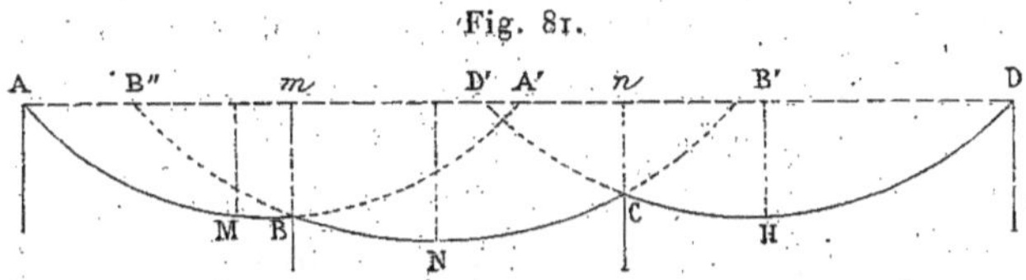

affectera, entre A et B, la portion AMB de la chaînette ABA′ que donne la tension adoptée pour la portée virtuelle AA′; entre B et C, la chaînette entière BNC et, enfin, entre C et D, l'arc CHD de la chaînette DHCD′, qui correspond à la portée virtuelle DD′.

La tension unique adoptée pour le point le plus bas existera en M, en N et en H.

La tension aux points d'attache réels A et D sera la même qu'aux points virtuels A′ et D′.

Enfin aux points B et C, les composantes horizontales des tensions seront les mêmes des deux côtés.

QUATORZIÈME LEÇON.

SOMMAIRE.

Construction des lignes électriques aériennes. — Principes fondamentaux. — Choix de la tension ou du coefficient de sécurité à adopter selon la température au point le plus bas de la chaînette. — Choix de la portée.

CONSTRUCTION DES LIGNES AÉRIENNES.

170. Construction des lignes aériennes. Principes fondamentaux. — Après avoir procédé à un examen spécial de chacun des trois éléments de la ligne aérienne : le poteau, l'isolateur et le fil, nous allons entrer dans l'étude de la construction même des lignes, et nous diviserons cette étude en deux parties : 1° principes fondamentaux; 2° exécution même des travaux.

CHOIX DE LA TENSION.

171. Choix de la tension. — Le premier principe fondamental dont nous devons nous occuper est relatif *au choix de la tension,* ou mieux, du *coefficient de sécurité* qu'il conviendra d'adopter au moment de la construction pour le point le plus bas de la chaînette.

La considération primordiale qui doit nous guider dans ce choix est de nous placer à coup sûr en situation de ne jamais dépasser la limite d'élasticité du fil. Or nous savons (n° 75) que nous aurons cette certitude, si nous avons soin de ne pas aller au delà de la charge pratique de rupture, dont le coefficient est de $\frac{1}{6}$ pour les efforts permanents, et de $\frac{1}{4}$ pour les efforts temporaires.

Si donc les effets de la température n'intervenaient pas, notre choix serait très facile : nous prendrions pour coefficient de sécurité la valeur $\frac{1}{6}$.

Malheureusement, les choses ne se passent pas ainsi. Le coefficient de sécurité change constamment avec les variations de température, comme nous l'avons déjà vu ; il devient d'autant plus grand que la température baisse davantage. D'où suit que, si nous voulons rester dans les conditions voulues, il faudra nous arranger de manière que, par la plus basse température à laquelle le fil pourra se trouver exposé, le coefficient de sécurité ne dépasse pas $\frac{1}{4}$, ou, à la *grande rigueur*, la valeur correspondante à la force limite pratique d'élasticité pour efforts permanents (n° 74).

On voit par là que *le coefficient de sécurité à adopter au moment d'une construction est la valeur que prendra le coefficient $\frac{1}{4}$ sous une élévation de température égale à la différence entre la température du moment où l'on construit et la plus basse température probable.*

Nous avons vu, dans la dernière Leçon, comment on résolvait cette question, soit qu'on tienne, soit qu'on ne tienne pas compte des effets de l'élasticité.

Mais cette règle si simple ne saurait, sans inconvénient, être appliquée d'une manière générale. Elle amènerait, en effet, à adopter des coefficients différents, selon les régions où l'on opérerait. Supposons, par exemple, qu'on doive construire à $+15°$ dans trois pays où la température descend, en hiver, à $-18°$, à $-5°$ ou à $+1°$, on devra faire $\theta = 33°$ pour le premier, $\theta = 20°$ pour le deuxième, $\theta = 14°$ pour le troisième, et, par suite, adopter des valeurs très différentes du coefficient de sécurité.

Ce n'est donc pas une règle absolue qu'il convient de rechercher, mais une *règle générale moyenne* qui soit applicable aux divers climats de la France.

172. Détermination du coefficient de sécurité à adopter selon la température, sans tenir compte de l'élasticité. — En vue de faciliter nos recherches et de ne pas être embarrassé par la variation de la portée, nous allons raisonner sur deux portées, l'une de 80^m

et l'autre de 50m. Nous aurons ainsi des résultats comparatifs qui donneront une idée assez nette de la question.

Cela posé, le plus grand écart moyen de température qu'il soit nécessaire de considérer en France ne dépasse pas 40° (de + 30° à — 10°, ou de + 28° à — 12°). Ce n'est qu'accidentellement, et pour des périodes très courtes, qu'en général la température sort de ces limites.

Dès lors, si nous ne voulons pas tenir compte des effets de l'élasticité, une idée bien simple se présente à l'esprit : c'est d'adopter $\frac{1}{4}$ à la plus basse température (à — 10 par exemple), puis de prendre les formules,

$$\text{Pour le fer......} \quad n' = \sqrt{n^2 + 7200\,\frac{\theta}{a^2}}$$

$$\text{Pour le bronze...} \quad n' = \sqrt{n^2 + 10\,500\,\frac{\theta}{a^2}}$$

y faire $a = 80$, ou $a = 50$ et $n = 4$, puis calculer n' pour des valeurs successives de θ égales à 0°, 5°, 10°, ... Nous aurons ainsi le coefficient qu'il faudra adopter à — 5°, 0°, + 5°, ..., pour être sûr de n'avoir que $\frac{1}{4}$ à — 10°.

Ce calcul donne les résultats suivants pour la portée de 80m :

NATURE du fil.	$a = 80$								
	30	25	20	15	10	5	0	— 5	— 10
Fer..........	$\frac{1}{7,8}$	$\frac{1}{7,5}$	$\frac{1}{7}$	$\frac{1}{6,7}$	$\frac{1}{6,2}$	$\frac{1}{5,7}$	$\frac{1}{5,2}$	$\frac{1}{4,6}$	$\frac{1}{4}$
Bronze.......	$\frac{1}{9,03}$	$\frac{1}{8,4}$	$\frac{1}{8}$	$\frac{1}{7,7}$	$\frac{1}{6,9}$	$\frac{1}{6,4}$	$\frac{1}{5,7}$	$\frac{1}{4,9}$	$\frac{1}{4}$

Ce sont les résultats de ce Tableau qu'on avait adoptés, depuis longtemps déjà, pour le fer, et ils n'avaient paru présenter aucune difficulté. Lorsqu'on a eu à se servir de fil de bronze, on a commencé par les appliquer également à ce fil, mais il s'est bientôt révélé plusieurs inconvénients.

Deux conducteurs, en effet, ne sont parallèles qu'à la condition stricte d'être tendus au même coefficient. Or ce résultat n'a lieu qu'à la température déjà rare de — 10°. Pour toute autre température, les coefficients deviennent différents; ceux du fer dépassent ceux du bronze, et cela d'autant plus que la température monte davantage. La différence des flèches devient ainsi de plus en plus grande, et le parallélisme des fils s'altère de plus en plus.

Il est facile d'apprécier cette différence. Soient

a une portée;
$\frac{1}{n}$ et $\frac{1}{n'}$ deux coefficients;
f et f' les deux flèches.

On a

$$f = \frac{a^2}{8} M n,$$

$$f' = \frac{a^2}{8} M n',$$

d'où

$$f - f' = \frac{a^2}{8}(n - n').$$

Pour $a = 80$, cette relation devient

$$f - f' = 0,16(n - n').$$

Or, pour 30°, on a

$$n' = 9,03 \qquad \text{et} \qquad n = 7,8,$$

d'où

$$n - n' = 1,23$$

et, par suite,

$$f - f' = 0,16 \times 1,23 = 0,1968,$$

soit 20^{cm} en chiffres ronds.

Si l'on considère, d'autre part, que les fils doivent être (comme nous le verrons bientôt) à 50^{cm} les uns des autres, cette distance est réduite à 30^{cm}, écartement insuffisant au point de vue des mélanges et des dérivations; un défaut de parallélisme aussi prononcé est, en outre, très désagréable à l'œil. C'est pourquoi l'on avait dû prescrire de laisser toujours 1^m de distance entre les isolateurs, lorsqu'un fil de bronze et un fil de fer devaient se trouver l'un au-dessous de l'autre.

Si, maintenant, nous considérons une portée de 50^m, les inconvénients seront pires; car, dans ce cas, le coefficient devra passer :

Pour le fer, de............. $\frac{1}{4}$ à $\frac{1}{10,7}$

Et, pour le bronze, de....... $\frac{1}{4}$ à $\frac{1}{13,5}$

Enfin il n'est pas sans inconvénient de faire travailler les fils à des coefficients aussi faibles, qui donnent des flèches assez grandes, et, par suite, obligent à diminuer les portées; nous entrerons bientôt dans plus de détails sur ce dernier point.

173. Détermination du coefficient de sécurité à adopter selon la température, en tenant compte de l'élasticité. — Heureusement qu'en faisant venir en ligne de compte les effets de l'élasticité on peut porter remède à ces divers inconvénients en resserrant sensiblement l'écart des coefficients extrêmes.

Reprenons les formules :

Pour le fer....... $\theta = \frac{a^2}{7200}(n'^2 - n^2) + 174,8\left(\frac{1}{n} - \frac{1}{n'}\right)$

Pour le bronze.... $\theta = \frac{a^2}{10500}(n'^2 - n^2) + 200,7\left(\frac{1}{n} - \frac{1}{n'}\right)$

Spécialisons-les, en faisant, dans chacune d'elles, $a = 80$ et $a = 50$; puis, dans les deux formules spéciales à chacune des portées, donnons successivement à n et n' les valeurs suivantes, $n' = 4$ et $n = 3,5$, puis $n' = 4,5$ et $n = 4$, ..., et nous pourrons calculer l'écart de température nécessaire pour que le coefficient passe successivement de $\frac{1}{3,5}$ à $\frac{1}{4}$, de $\frac{1}{4}$ à $\frac{1}{4,5}$, ... Les résultats obtenus de la sorte sont consignés dans le Tableau suivant :

VARIATION du coefficient de sécurité.	ÉCART DE TEMPÉRATURE POUR UNE PORTÉE DE			
	80m.		50m.	
	Fer.	Bronze.	Fer.	Bronze.
$\frac{1}{3,5}$ à $\frac{1}{4}$	9°,6	9°,2	7°,5	8°,0
$\frac{1}{4}$ à $\frac{1}{4,5}$	8,7	8,2	6,3	6,6
$\frac{1}{4,5}$ à $\frac{1}{5}$	8,1	7,3	5,5	5,6
$\frac{1}{5}$ à $\frac{1}{5,5}$	7,8	6,9	5	4,9
$\frac{1}{5,5}$ à $\frac{1}{6}$	7,7	6,5	4,6	4,4
$\frac{1}{6}$ à $\frac{1}{6,5}$	7,8	6,4	4,4	4
$\frac{1}{6,5}$ à $\frac{1}{7}$	7,9	6,2	4,3	3,8
$\frac{1}{7}$ à $\frac{1}{7,5}$	»	»	4,2	3,6
$\frac{1}{7,5}$ à $\frac{1}{8}$	»	»	4,1	3,5
$\frac{1}{8}$ à $\frac{1}{8,5}$	»	»	4,1	3,4
$\frac{1}{8,5}$ à $\frac{1}{9}$	»	»	4,1	3,4

Avec ce Tableau, dont il est d'ailleurs facile de resserrer les échelons pour la variation du coefficient de sécurité, il est aisé de voir que, pour passer de $\frac{1}{4}$ à $\frac{1}{6,5}$, il faut au fer 40°,1, et que, pour passer de $\frac{1}{4}$ à $\frac{1}{7}$, il faut au bronze 41°,5. Nous voyons déjà que nous n'aurons à nous mouvoir qu'entre $\frac{1}{4}$, $\frac{1}{6,5}$ et $\frac{1}{7}$, au lieu de $\frac{1}{4}$, $\frac{1}{7,8}$ et $\frac{1}{9,03}$, et que le désaccord entre les dénominateurs des coefficients ne dépassera pas 0,5, ce qui donnera, comme plus grand écart de flèche,

$$f - f' = 0,16 \times 0,5 = 0^{m},080,$$

soit 8^{cm}, différence très faible.

On voit également, avec une portée de 50^m, que, pour passer de $\frac{1}{4}$ à $\frac{1}{8,5}$, il faut au fer $42^\circ,5$, et de $\frac{1}{4}$ à $\frac{1}{9}$, il faut au bronze $43^\circ,2$.

Nous n'aurons donc à nous mouvoir qu'entre $\frac{1}{4}$, $\frac{1}{8}$ et $\frac{1}{9}$, au lieu de $\frac{1}{4}$, $\frac{1}{10,7}$ et $\frac{1}{13,5}$.

Le désaccord entre les dénominateurs des coefficients serait au maximum de 1, et la différence des flèches

$$f - f' = 0,0625 \times 1 = 0^m,0625,$$

soit $0^m,06$.

On voit que ces conditions sont bien différentes de celles obtenues, sans tenir compte de l'élasticité.

Cela posé, rien n'est plus facile que de rechercher les valeurs du coefficient à adopter selon la température : il n'y a qu'à choisir la température à laquelle on voudra avoir un quelconque de ces coefficients, tous les autres s'en déduiront.

Ainsi, avec la portée de 80^m, si je veux, par exemple, avoir $\frac{1}{4}$ à -10°, j'aurai $\frac{1}{4,5}$ pour une élévation de température de $8^\circ,7$, c'est-à-dire à la température $-10 + 8,7 = -1^\circ,3$; puis $\frac{1}{5}$ après une élévation de température de $8^\circ,1$, c'est-à-dire à une température de $+6^\circ,8$, et ainsi de suite.

Mais, si je fixe $\frac{1}{4}$ comme coefficient commun, j'arrive à obtenir le plus grand écart à $+30^\circ$: il vaudrait donc mieux fixer un autre coefficient commun, $\frac{1}{5}$ par exemple, et voir à quelle température il faudrait fixer ce coefficient de $\frac{1}{5}$ pour que, à la température la plus basse, le coefficient ne dépassât pas sensiblement $\frac{1}{4}$.

Après bien des tâtonnements, la combinaison qui paraît la meilleure et la plus sûre sans exagération consisterait à prendre $\frac{1}{5}$ à 5° au-dessus de 0 pour une portée de 80^m.

Cette combinaison donnerait les résultats suivants :

	$a = 80.$									
	28°	20°	15°	10°	5°	0°	5°	10°	12°	15°,8
Fer ...	$\frac{1}{6,5}$	$\frac{1}{6,3}$	$\frac{1}{6}$	$\frac{1}{5,6}$	$\frac{1}{5}$	$\frac{1}{4,7}$	$\frac{1}{4,4}$	$\frac{1}{4,1}$	$\frac{1}{4}$	$\frac{1}{3,7}$
Bronze	$\frac{1}{6,7}$	$\frac{1}{6,5}$	$\frac{1}{6,1}$	$\frac{1}{5,7}$	$\frac{1}{5}$	$\frac{1}{4,6}$	$\frac{1}{4,3}$	$\frac{1}{4}$	$\frac{1}{3,9}$	$\frac{1}{3,6}$

Les fils seraient, pour ainsi dire, parallèles dans une bonne partie de l'échelle. Le désaccord des flèches ne dépasserait pas

$$f - f' = 0,16 \times 0,2 = 0,032,$$

ce qui est insignifiant.

Entre nos 40° d'écart (de $-12°$ à $+28°$), nous ne descendrions pas au-dessous de $\frac{1}{4}$ pour le fer et de $\frac{1}{3,9}$ pour le bronze, et s'il survenait des températures de 15° à 16°, nous n'irions pas au delà de $\frac{1}{3,7}$ et $\frac{1}{3,6}$, chiffres acceptables, car la *charge pratique, limite de l'élasticité* pour le fer donne $\frac{1}{3,6}$ comme coefficient.

Au moment de la construction *on adoptera donc comme coefficients les nombres indiqués au Tableau ci-dessus.*

Si la température n'est pas exactement une de celles portées au Tableau, on prendra celle qui s'en rapprochera le plus, ou mieux on interpolera pour obtenir une valeur du coefficient intermédiaire entre celles qui correspondent aux deux températures du Tableau entre lesquelles se trouve comprise celle que l'on considère.

Le coefficient étant choisi, on aura la flèche par la formule

$$f = \frac{a^2}{8} \times M n$$

ou bien

$$f = 0,16 \times n.$$

Enfin on obtiendra les tensions par les formules connues :

Pour le fer.......... $t = 31,4 \times d^2 n,$

Pour le bronze....... $t = 35,3 \times d^2 n.$

Pour une portée de 50^m, on pourrait fixer avantageusement le coefficient $\frac{1}{5}$ à $0°$; les résultats seraient alors les suivants :

$a = 50$.													
30°,6	30°	25°	20°	15°	10°	5°	0°	5°	10°	11°,8	12°,1	19°	20°,1
$\frac{1}{8,5}$	$\frac{1}{8,46}$	$\frac{1}{8}$	$\frac{1}{7,25}$	$\frac{1}{6,6}$	$\frac{1}{6,2}$	$\frac{1}{5,5}$	$\frac{1}{5}$	$\frac{1}{4,5}$	$\frac{1}{4,1}$	$\frac{1}{4}$	»	$\frac{1}{3,5}$	»
$\frac{1}{9}$	$\frac{1}{8,9}$	$\frac{1}{8,3}$	$\frac{1}{7,4}$	$\frac{1}{6,6}$	$\frac{1}{6,1}$	$\frac{1}{5,5}$	$\frac{1}{5}$	$\frac{1}{4,5}$	$\frac{1}{4,2}$	$\frac{1}{4,1}$	$\frac{1}{4}$	»	$\frac{1}{3,5}$

Dans nos $40°$ (de $-10°$ à $+30°$), nous irions de $\frac{1}{4,1}$ à $\frac{1}{8,46}$ et de $\frac{1}{4,1}$ à $\frac{1}{8,9}$ avec la réserve nécessaire pour les températures au-dessous.

La plus grande différence de flèche serait

$$f - f' = 0,0625 \times 0,5 = 0,03125.$$

On calculerait les flèches par la formule

$$f = \frac{a^2}{8} \mathrm{M} n \quad \text{ou} \quad f = 0,0625 \times n,$$

et les tensions par les formules déjà rappelées :

Pour le fer........ $t = 31,4 \times d^2 n$

Pour le bronze....... $t = 35,3 \times d^2 n$

174. Coefficient normal. — J'appellerai *coefficient normal*, le coefficient de sécurité choisi d'après les indications précédentes.

Ce coefficient devra être invariablement maintenu au point le plus bas du fil, tout le long de la ligne.

CHOIX DE LA PORTÉE.

175. Définition de la portée normale. — Nous avons vu que le coefficient de sécurité au point le plus bas, la flèche et la portée étaient liés entre eux par la relation simple

$$f = \frac{a^2}{8} \mathrm{M}n,$$

de telle sorte que, deux quelconques de ces quantités étant fixées, la troisième s'en déduit.

Nous venons de voir comment on déterminait le coefficient de sécurité normal en se basant sur des considérations mécaniques de ténacité. Il nous reste encore à déterminer les deux autres quantités, ou plutôt l'une d'entre elles, puisque la troisième s'en déduira.

La considération dont nous aurons à tenir compte ici sera d'assurer au fil unique, s'il n'y en a qu'un, ou au fil inférieur, s'il y en a plusieurs, une hauteur suffisante au-dessus du sol pour que la ligne soit dans les conditions de sécurité suffisantes.

On estime que, pour cela, il faut avoir au minimum 2^{m} le long des chemins de fer clôturés par une barrière, 3^{m} le long d'une route ou d'un chemin de fer sans clôture latérale et $6^{\mathrm{m}},50$ lorsque le fil traverse une voie quelconque.

Désignons, d'une manière générale, par h cette *hauteur minima obligatoire*.

Il suit de là que la flèche et, par suite, la portée devront être telles que le fil inférieur reste, au-dessus du sol, en son point le plus bas, à une hauteur supérieure ou au moins égale à h.

On appelle *portée normale une portée telle que la hauteur du fil inférieur au-dessus du sol est précisément égale à* h, *c'est-à-dire à la hauteur minima obligatoire.*

La *flèche* qui a lieu dans *la portée normale* avec la tension correspondant au coefficient de sécurité normal est dite *flèche normale.*

Nous allons déterminer la portée normale qu'il conviendra d'adopter, et cela avec des points d'attache situés au même niveau ou à des niveaux différents.

176. Détermination de la portée normale avec points d'attache au même niveau. — Soient AB, A'B' (*fig.* 82) deux poteaux sur lesquels le fil est attaché en deux points A et A' de même niveau;

soient l la hauteur de ces deux points, h la hauteur du point le plus bas M, $\frac{1}{n}$ le coefficient normal en M, AMA' la chaînette qu'affec-

Fig. 82.

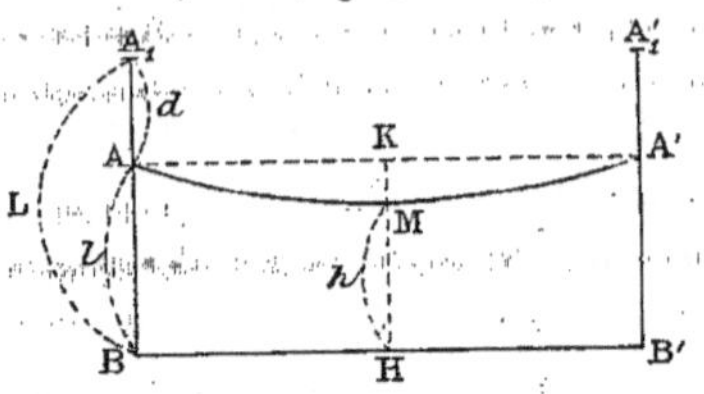

tera le fil et a la portée. La flèche MK est égale à $l-h$; on a donc

$$a^2 = \frac{8(l-h)}{Mn},$$

d'où

$$a = \sqrt{\frac{8(l-h)}{Mn}},$$

valeur que l'on peut mettre sous la forme

$$a = 2\sqrt{\frac{2}{Mn}}\sqrt{l-h}.$$

Cette formule donnera la *portée normale,* à la seule condition d'y faire h égal à la *hauteur minima obligatoire.*

On n'obtiendra une valeur réelle pour a que si l est plus grand que h. Or c'est là une condition qui, en pratique, devra toujours être remplie. On ne peut se proposer, en effet, de maintenir un fil au-dessus du sol à une hauteur supérieure à celle de son point d'attache. Mais, pourvu que l dépasse h, on aura une valeur positive de la flèche normale $l-h$ et, par suite, une valeur réelle de la portée normale a.

Cette valeur sera d'ailleurs d'autant plus grande que l sera lui-même plus grand, puisque h est une constante numérique.

D'où suit : qu'*à toute valeur donnée à la hauteur du point d'attache correspond une flèche et, par suite, une portée normale.*

Maintenant : 1° Si, avec la même hauteur de point d'attache, on faisait une portée plus petite que la portée normale, comme la tension en M ne doit pas varier, la flèche $l-h$ devrait diminuer.

Or, l restant invariable, il faudrait que h devînt plus grand et que, par suite, le fil s'élevât au-dessus du minimum obligatoire. Une telle portée ne serait pas normale, mais elle pourrait être acceptée;

2° Si, avec la même hauteur du point d'attache, on faisait une portée plus grande que la portée normale, la flèche devrait augmenter et, par suite, le fil descendrait au-dessus du sol à une hauteur inférieure à h; une telle portée, non seulement ne serait pas normale, mais, en outre, serait impossible, puisque le fil ne doit jamais s'abaisser au-dessous du minimum obligatoire.

En résumé, *une fois la portée normale choisie, on pourra à la rigueur en faire de plus petites, mais jamais de plus grandes* (1).

Reste à fixer notre choix entre les diverses valeurs de portées normales que l'on peut obtenir en faisant varier la hauteur du point d'attache.

Nous remarquerons, à cet effet, qu'il y a un intérêt majeur, au point de vue de l'isolement de la ligne, à ne pas trop multiplier les isolateurs; qu'en pratique, sur les lignes importantes, on doit éviter autant que possible de mettre plus de onze à treize appuis par kilomètre, ce qui donnerait une portée variant de 76^{m} à 90^{m}. *En prenant une moyenne, nous fixerons notre choix sur le chiffre de* 80^{m} *qui n'a rien d'excessif ni dans un sens, ni dans l'autre.*

Comme conséquence, nous devrons adopter, pour hauteur de point d'attache, la valeur de l qui donnera une portée de 80^{m}.

Nous allons calculer, dans un instant, cette valeur à laquelle nous donnerons le nom de *hauteur d'attache normale.*

177. Formule d'application pour la portée normale. — Nous allons maintenant transformer la formule

$$a = 2\sqrt{\frac{2}{Mn}}\sqrt{l-h}$$

en formule d'application.

(1) La portée normale peut donc encore être définie, ainsi que cela a eu lieu jusqu'à présent : la *plus grande portée* que l'on pourra faire, si l'on veut qu'avec une hauteur déterminée du point d'attache le fil reste au-dessus du sol à une hauteur minima obligatoire.

Le coefficient $\frac{1}{n}$ est variable avec la température; mais si nous adoptons pour ce coefficient la valeur relative à la plus haute température, nous aurons un maximum de sécurité, attendu que si la portée est normale avec ce coefficient, elle le sera *a fortiori* avec les autres, puisqu'ils donneront une flèche plus petite et, par conséquent, une plus grande hauteur au-dessus du sol. Or, nous avons vu qu'avec une portée de 80^m nous aurons pour plus petite valeur de $\frac{1}{n}$ la valeur $\frac{1}{6,7}$.

En faisant $n = 6,7$, on a

$$\sqrt{\frac{2}{Mn}} = \sqrt{\frac{2}{0,0002 \times 6,7}} = 38,6,$$

d'où résulte la formule d'application suivante

$$a = 2 \times 38,6\sqrt{l - h}.$$

Pour que $a = 80$, il faudra poser

$$80 = 2 \times 38,6\sqrt{l - h},$$

d'où l'on tirera

$$\sqrt{l - h} = \frac{80}{77,2} = 1,036$$

et

$$l - h = 1,07;$$

telle est la valeur de la flèche normale.

Quant à la hauteur d'attache normale, elle est

$$l = h + 1,07$$

et, par suite,

$$l = 2 + 1,07 = 3,07$$

pour les chemins de fer clôturés,

$$l = 3 + 1,07 = 4,07$$

pour les routes ou les chemins de fer non clôturés [1].

Ces conditions sont très acceptables dans la pratique. En effet, continuons d'appeler l la hauteur du point d'attache du dernier fil

[1] Les traversées de voie constituent un cas particulier auquel les considérations relatives à la portée normale ne sont pas applicables.

au-dessus du sol. Appelons L (*fig.* 82) la hauteur A_1 B et A'_1 B' des poteaux au-dessus du sol et *d* l'intervalle occupé par les fils, nous aurons

$$l = L - d,$$
$$d = L - l.$$

En remplaçant dans cette expression L et *l* par leurs valeurs, nous saurons quel sera, sur chaque modèle de poteau, l'espace réservé aux isolateurs.

Le Tableau ci-après indique les résultats de ce calcul :

NATURE du poteau.	PARTIE en terre.	LONGUEUR hors du sol (L).	HAUTEUR du dernier isolateur (*l*).	LONGUEUR réservée aux isolateurs (*d*).	OBSERVATIONS.
m	m	m	m	m	
6,50	1	5,50	3,07	2,43	
6,50	1	5,50	4,07	1,43	
8	1,50	6,50	3,07	3,43	
8	1,50	6,50	4,07	2,43	
10	2	8	3,07	4,93	
10	2	8	4,07	3,93	

178. Mode d'armement des poteaux. — L'intervalle réservé aux isolateurs sur les poteaux étant déterminé, comme il vient d'être dit, il est intéressant de connaître combien on pourra placer de fils dans cet intervalle. Ce nombre dépendra du mode d'armement que l'on adoptera.

Armer un poteau, c'est le garnir de ses isolateurs et le *mode d'armement* est caractérisé par la disposition donnée aux emplacements des isolateurs.

Nous distinguons trois modes généraux d'armements : l'armement ordinaire, l'armement alternatif et l'armement sur traverses.

1° *Armement ordinaire.* — Le mode d'armement ordinaire consiste à placer des isolateurs à consoles courtes, soit alternativement sur les deux faces, soit sur une même face du poteau, en les séparant par un même intervalle *e*.

C'est cette disposition qu'on voit dans la *fig*. 83, où AB, A_1B_1 représentent deux poteaux.

L'intervalle minimum obligatoire sur les grandes lignes est de $0^m,50$.

Avec ce mode d'armement, si l'on appelle n le nombre des fils et d la longueur de l'armement, on a

$$d = (n - 1)e,$$

et, en faisant $e = 0,50$, on a

$$d = (n - 1) \times 0,50.$$

On tire de là

$$n = 1 + \frac{d}{0,50}.$$

2° *Armement alternatif.* — L'armement alternatif consiste à placer sur le poteau AB (*fig*. 84) des couples d'isolateurs l'un à

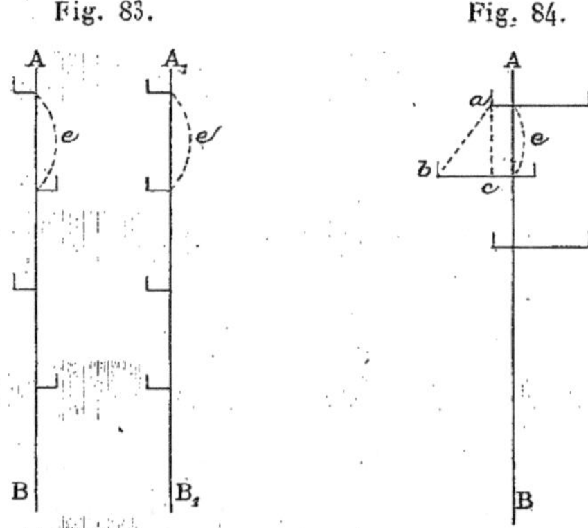

Fig. 83. Fig. 84.

tige courte et l'autre à tige longue; ces couples sont espacés les uns des autres d'un intervalle régulier e. On obtient ainsi quatre nappes verticales de fils.

Si l'on se propose simplement de maintenir les fils à une distance de $0^m,50$ les uns des autres, il n'est pas nécessaire de donner à e la valeur normale de $0^m,50$.

En effet, deux isolateurs, tels que a et b, sont situés aux deux extrémités de l'hypoténuse d'un triangle rectangle abc dont le côté ac est l'intervalle e, et le côté bc, la différence entre la longueur de la tige longue et de la tige courte. Cette différence étant en chiffres ronds de 30^{cm}, on aura

$$e^2 = \overline{50}^2 - \overline{30}^2 = 1600,$$

d'où

$$e = 40;$$

aussi place-t-on les couples de consoles à $0^m,40$ les uns des autres. C'est l'usage que l'on suit aujourd'hui.

Dans ce cas, on obtient pour d la valeur

$$d = \left(\frac{n}{2} - 1\right)e;$$

soit

$$d = \left(\frac{n}{2} - 1\right)0,40,$$

d'où

$$\frac{n}{2} = 1 + \frac{d}{0,40}.$$

Mais, si l'on remarque qu'il y aurait plus de régularité à compter toujours sur le poteau, entre les isolateurs, un espacement régulier de $0^m,50$, que cette disposition permettrait de passer de l'armement ordinaire à l'armement alternatif, en ajoutant simplement un isolateur à console longue, en face de chaque isolateur à console courte, sans avoir à rapprocher ces derniers, on reconnaît qu'il y aurait avantage à adopter cette modification. C'est une doctrine qui tend à s'établir.

Nous aurons alors l'armement alternatif indiqué à la *fig.* 85. Les couples de consoles sont à un intervalle $e = 0,50$ et les isolateurs à un peu plus de $0^m,50$, ce qui ne peut être qu'avantageux.

La valeur de n serait alors

$$\frac{n}{2} = 1 + \frac{d}{0,50}.$$

Dans certains cas particuliers, on tolère le mode d'armement indiqué *fig.* 86, où tous les isolateurs à console courte sont d'un côté du poteau et tous les isolateurs à console longue de l'autre côté. Mais ce mode d'armement manque d'équilibre et est désagréable à l'œil. On ne doit donc l'adopter que s'il y a nécessité absolue. Il n'y a guère qu'un cas où cette nécessité s'imposera, c'est celui d'une ligne urbaine, où il serait impossible de placer des consoles longues entre un poteau et le mur de façade d'une

Fig. 85. Fig. 86.

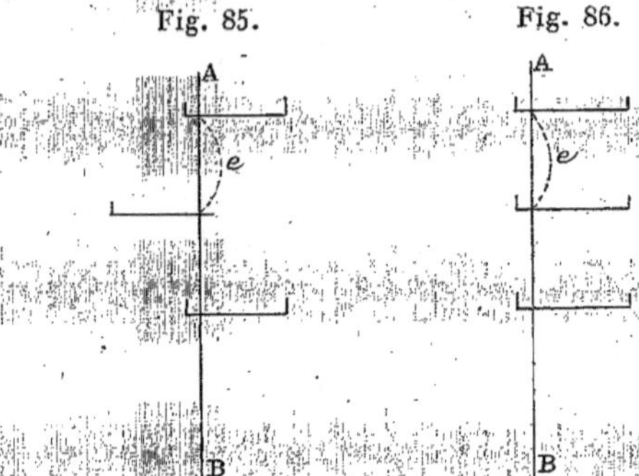

maison habitée, sous peine d'avoir des tiges à scellement d'une longueur démesurée.

3° *Armement sur traverses.* — Le mode d'armement sur traverses consiste à placer une série d'isolateurs à la distance normale e les uns des autres sur des traverses horizontales ab, $a'b'$ (*fig.* 87) fixées sur les poteaux AB, A'B' et espacées elles-mêmes les unes des autres de l'intervalle normal e.

Fig. 87.

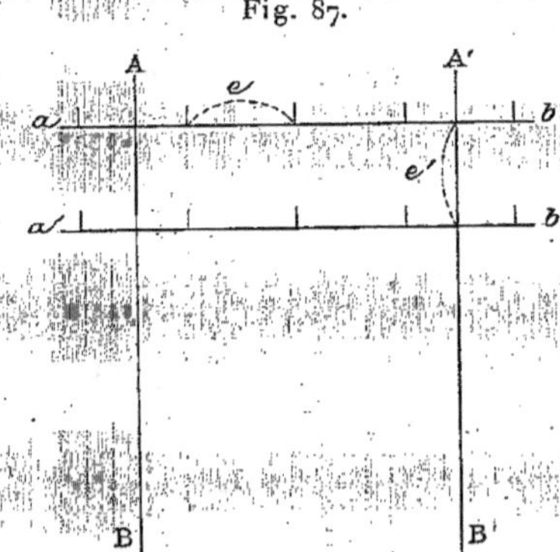

Dans ce cas, si l'on appelle m le nombre d'isolateurs de chaque traverse, on a

$$d = \left(\frac{n}{m} - 1\right) 0,50.$$

D'où

$$\frac{n}{m} = 1 + \frac{d}{0,50}.$$

En faisant $m = 2$, cette formule revient à celle de l'armement alternatif avec les couples de consoles à $0^{m},50$ les uns des autres.

Dans les diverses formules qui viennent d'être données pour la valeur de n, on n'aura qu'à remplacer d par les nombres donnés au Tableau du numéro précédent et l'on calculera facilement le nombre de fils que chacun des modes d'armement permettra de placer sur les divers modèles de poteaux.

QUINZIÈME LEÇON.

SOMMAIRE.

Choix de la portée (*suite*). — Principes fondamentaux de tracé des lignes. — Cas de la ligne droite, en terrain horizontal. — Cas de la ligne droite, en terrain accidenté.

179. Détermination de la portée normale dans le cas des points d'attache situés à des niveaux différents. — Soient :

AB, ab (*fig.* 88) les deux poteaux;
BMb l'arc de chaînette;
l la hauteur du point d'attache sur le poteau le plus bas;
h la hauteur du point le plus bas M;
m la différence de niveau;
a la portée réelle Aa;
a' la portée virtuelle AA'.

Si je mène l'horizontale bb' et la verticale $b'a'$, j'aurai en aa'

Fig. 88.

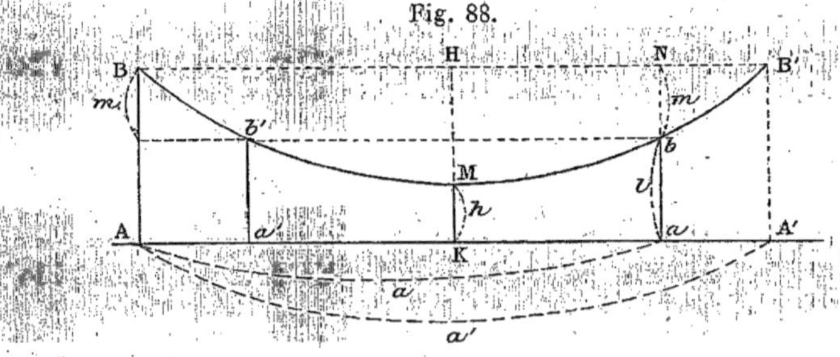

une portée avec points d'attache de même niveau dans laquelle le fil aura, au-dessus du sol, la même hauteur h que dans la portée réelle a et que dans la portée virtuelle a'. Je l'appelle c.

Il suit de là qu'à toute portée avec points d'attache de niveaux différents correspond une portée avec points d'attache de même niveau, et que, au point le plus bas, le fil a la même hauteur au-dessus du sol dans ces deux portées.

Pour abréger le langage et éviter toute confusion, j'appellerai *portée ordinaire,* ou simplement *portée,* une portée avec points d'attache de même niveau, et je spécifierai une portée avec points d'attache de niveaux différents en lui donnant le nom particulier de *portée différentielle.* Une portée différentielle et la portée ordinaire qui lui correspond seront dites *corrélatives* l'une de l'autre.

Ces trois portées : la portée différentielle a, la portée ordinaire corrélative c et la portée virtuelle a' sont liées entre elles par une relation simple; *la première est la demi-somme des deux autres.*

On a, en effet,

$$a = c + \mathrm{A}a'$$

et

$$\mathrm{A}a' = \mathrm{AK} - a'\mathrm{K} = \frac{a'}{2} - \frac{c}{2},$$

d'où

$$a = \frac{c + a'}{2}.$$

En remplaçant, dans cette relation, c et a' par leurs valeurs, nous aurons a.

Or la portée corrélative c est une portée ordinaire pour une flèche égale à $l - h$; j'ai donc

$$c = 2\sqrt{\frac{2}{\mathrm{M}n}}\sqrt{l-h}. \tag{1}$$

La portée virtuelle a' est une portée ordinaire pour une flèche égale à $(m + l - h)$. Sa valeur est donc

$$a' = 2\sqrt{\frac{2}{\mathrm{M}n}}\sqrt{m+l-h}. \tag{2}$$

Donc la *portée différentielle,* pour une différence de niveau m, sera

$$a = \sqrt{\frac{2}{\mathrm{M}n}}\left(\sqrt{m+l-h} + \sqrt{l-h}\right). \tag{3}$$

L'examen des formules qui précèdent montre :

1° *Que toute portée différentielle est plus grande que la portée ordinaire corrélative.*

En effet, la valeur (1) peut s'écrire ainsi

$$a = \sqrt{\frac{2}{Mn}}(\sqrt{l-h} + \sqrt{l-h}).$$

En la comparant à la relation (3), on voit que, tant que m ne sera pas nul, la valeur de a sera plus grande que celle de c.

2° *Que la portée différentielle, pour une même portée ordinaire corrélative, sera d'autant plus grande que la différence de niveau sera elle-même plus grande.*

En effet, si la portée ordinaire ne varie pas, c'est que $(l-h)$ reste le même. Donc a (*voir* formule 3) augmentera avec m.

3° *Que si, pour une même différence de niveau, on fait varier la portée ordinaire corrélative d'une portée différentielle, cette dernière varie dans le même sens; les deux portées corrélatives augmentent ou diminuent ensemble.*

Si, en effet, la portée ordinaire varie, c'est que $l-h$ varie. Alors, m étant constant, a varie dans le même sens.

On peut donc avoir, *pour une même différence de niveau, une infinité de portées différentielles.*

Maintenant, puisqu'une portée différentielle et la portée ordinaire corrélative laissent le fil à la même hauteur au-dessus du sol, si cette dernière *est normale,* la première le sera aussi. Donc *la portée différentielle normale est celle qui a pour corrélative la portée ordinaire normale.*

D'où suit que nous obtiendrons cette portée au moyen de la formule

$$a = \sqrt{\frac{2}{Mn}}(\sqrt{m+l-h} + \sqrt{l-h}),$$

en y donnant à l et à h les valeurs numériques qui nous ont servi à obtenir la portée ordinaire normale de 80^{m}.

180. Variations respectives de la portée différentielle et de la portée ordinaire corrélative. — Nous avons vu qu'il est possible, en pratique, de recourir, au besoin, à des portées ordinaires plus petites que la portée normale, parce que le fil y acquiert une hauteur au-dessus du sol supérieure au minimum obligatoire, tandis qu'on doit s'interdire toute portée plus grande qui laisserait descendre le fil au-dessous de ce même minimum.

Cette règle est applicable, en ce qui concerne la portée différentielle normale. D'une part, en effet, ainsi que nous venons de le voir, une portée différentielle et son ordinaire corrélative varient dans le même sens, et, d'autre part, elles laissent toutes les deux le fil à la même hauteur au-dessus du sol.

Il suit de là qu'*on pourra également admettre, à la rigueur, des portées différentielles plus petites que la portée différentielle normale, mais jamais de portées différentielles plus grandes.*

Pour abréger le langage, je donnerai à toute portée plus petite que la portée normale de son espèce le nom de *portée réduite.* Je n'aurai plus ainsi à me servir que de quatre dénominations :

Portée ordinaire normale,
» réduite;
Portée différentielle normale,
» réduite.

Pour les portées normales, le fil est au-dessus du sol, à la hauteur minima obligatoire; pour les portées réduites, le fil s'élève à une hauteur supérieure au minimum.

Examinons maintenant dans quelles limites peuvent varier les portées réduites.

Étant donnée une différence de niveau m, la plus grande portée différentielle possible est la portée différentielle normale; la portée ordinaire corrélative est alors la portée ordinaire normale, et le fil reste au-dessus du sol à la hauteur minima obligatoire.

Si je suppose que la portée différentielle aille en diminuant, il en sera de même de sa corrélative, et le fil s'élèvera toujours davantage au-dessus du sol.

Il en sera ainsi jusqu'au moment où, la portée ordinaire réduite étant devenue nulle, la portée différentielle réduite sera devenue égale à la moitié de la portée virtuelle. Le fil sera alors au-dessus du sol à la hauteur l; il affectera la forme de la demi-chaînette, dont la flèche sera justement la différence de niveau m.

Il sera impossible de réduire davantage les portées, car la portée ordinaire est devenue nulle, et, quant à la portée différentielle, il faudrait que la hauteur au-dessus du sol h devînt plus grande que l, ce qui n'est pas possible, nous l'avons déjà vu ; on aurait une valeur imaginaire.

En résumé, *la portée réduite ordinaire peut varier de la valeur normale à* o. *La portée différentielle réduite peut varier depuis sa normale, qui est son maximum, jusqu'à la moitié de la portée ordinaire dont la flèche est égale à la différence de niveau, et qui est son minimum.*

Toute valeur plus grande que le maximum est à rejeter, parce que le fil descendrait trop bas au-dessus du sol.

Toute valeur réduite plus petite que le minimum est à rejeter également, parce que le fil serait au-dessus du sol à une hauteur supérieure à celle du point d'attache. L'effet d'un poteau serait alors de tirer le fil vers le bas, au lieu de servir à l'élever ou tout au moins à le soutenir. En le plaçant, on commettrait une faute, qu'il importe d'éviter avec soin.

La plus petite portée différentielle possible a pour valeur

$$a = \sqrt{\frac{2}{Mn}}\sqrt{m}.$$

Donc, s'il se présente une différence de niveau m, on pourra adopter la portée différentielle normale, ou, au besoin, une portée différentielle réduite; mais, dans ce dernier cas, il faut éviter de faire une portée plus petite que la valeur ci-dessus, si l'on ne veut pas avoir un poteau tirant sur les fils.

Comme on le voit, il sera toujours bien facile de calculer la valeur ci-dessus, et d'éviter ainsi la faute dont il s'agit.

Ces résultats peuvent se voir plus aisément par les considérations géométriques suivantes :

Soient (*fig.* 89) RS, TU, VX et YZ quatre horizontales ayant entre elles les distances respectives indiquées sur la figure au moyen des notations m, l et h déjà adoptées pour l'établissement des formules.

Je mène une verticale KH. Je me propose d'abord de tracer la chaînette qui serait tangente à l'horizontale TU. Pour cela, je devrai compter à partir de K sur l'horizontale RS une longueur Ka égale la demi-portée ordinaire nécessaire pour avoir la flèche m. J'obtiendrai ainsi une chaînette tangente en M à l'horizontale TU et, si je mène la verticale aA, j'aurai en AH une portée différen-

Fig. 89.

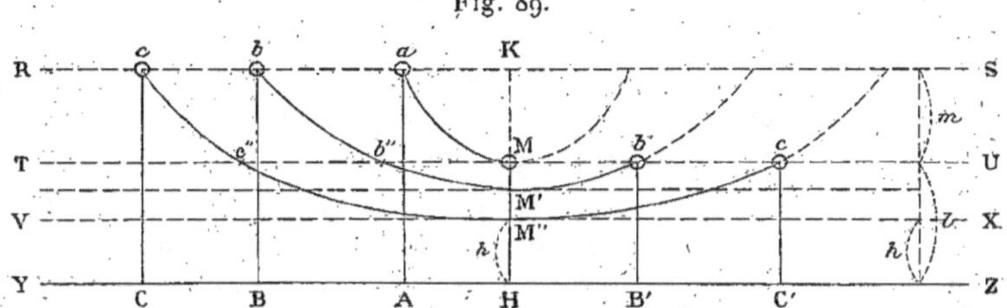

tielle pour une différence de niveau m entre les deux points d'attache a et M. La portée ordinaire corrélative est nulle.

En second lieu, je me propose de tracer une chaînette ayant une flèche KM' plus grande que KM. Dès lors, puisque la tension doit rester la même au point le plus bas, je devrai faire une portée plus grande que la précédente et compter, en conséquence, sur l'horizontale RS une longueur Kb supérieure à Ka. Cette chaînette coupera forcément l'horizontale TU en deux points b', b''. Si alors je mène les verticales bB et b'B', j'aurai une portée différentielle BB' pour les points d'attache b, b' ayant encore l'un vis-à-vis de l'autre une différence de niveau égale à m. La portée ordinaire corrélative sera $b'b''$. Or, la nouvelle portée différentielle BB' sera plus grande que la précédente AH. Quant à la portée ordinaire $b'b''$, elle sera également plus grande que la précédente ; puisqu'elle existera tandis qu'avant elle était nulle.

En troisième lieu, je vais tracer la chaînette ayant pour flèche la longueur KM'' précisément égale à $(m + l - h)$. Pour conserver la même tension au point le plus bas, je devrai compter une longueur Kc supérieure à Kb. La chaînette coupera l'horizontale en deux points c', c'', plus éloignés de M que ne l'étaient les points b', b''. Si je mène les verticales cC et c'C', j'aurai la portée différentielle CC' pour appuis avec différence de niveau égale à m; la portée ordinaire corrélative sera $c'c''$; chacune de ces portées sera plus grande que les précédentes et *elles seront normales toutes les deux*.

Je ne puis augmenter davantage la flèche, car le fil ne doit pas descendre à une hauteur inférieure à h au-dessus du sol.

On voit clairement par la seule inspection de la figure que, pour une différence de niveau déterminée, il existe une infinité de portées différentielles; que la plus grande de ces portées est normale en même temps que son ordinaire, le fil ayant alors au-dessus du sol la hauteur minima obligatoire; qu'au fur et à mesure que la portée différentielle diminue, il en est de même de l'ordinaire corrélative, le fil s'élevant toujours davantage au-dessus du sol jusqu'au moment où, la hauteur du fil étant devenue égale à l, la portée ordinaire se trouve réduite à o et alors la portée différentielle réduite devient égale à la moitié de la portée virtuelle.

Cette dernière portée différentielle réduite est la plus petite qu'on puisse adopter; car pour obtenir une portée plus petite que AH, il faudrait tracer une chaînette dont la flèche serait plus petite que KM. Le fil aurait alors au-dessus du sol une hauteur supérieure à l, et si l'on plaçait un poteau on commettrait *la faute déjà signalée de planter un poteau qui tirerait sur le fil par le bas*.

181. Formule d'application pour le calcul de la portée différentielle normale. — Reprenons la valeur

$$a = \sqrt{\frac{2}{Mn}}\left(\sqrt{m+l-h}+\sqrt{l-h}\right).$$

Remplaçons $\sqrt{\frac{2}{Mn}}$ par 38,6 et nous aurons

$$a = 38,6\left(\sqrt{m+l-h}+\sqrt{l-h}\right).$$

Avec la portée ordinaire normale de 80^{m}, nous avons

$$l-h = 1,07,$$

et, par suite, pour la portée différentielle normale

$$a = 38,6\left(\sqrt{m+1,07}+\sqrt{1,07}\right).$$

En donnant à m la valeur résultant de la différence de niveau, on obtiendra la portée différentielle normale et l'on pourra la comparer à la portée ordinaire normale de 80^m.

Par exemple, en faisant $m = 3$, on aurait

$$\sqrt{4,07} = 2,02$$
$$\sqrt{1,07} = 1,036$$
$$\sqrt{4,07} + \sqrt{1,07} = 3,056.$$

Donc

$$a = 38,6 \times 3,056 = 117^m,96, \text{ en chiffres ronds } 118^m.$$

On voit par là qu'avec une différence de niveau de 3^m, alors que la portée ordinaire normale est de 80^m, la portée différentielle normale est 118^m; soit une différence de 38^m, ce qui est loin d'être négligeable.

La valeur minimum de la portée différentielle réduite est

$$a = \sqrt{\frac{2}{Mn}}\sqrt{m},$$

c'est-à-dire

$$a = 38,6\sqrt{m}.$$

Avec $m = 3$, on aurait

$$a = 38,6 \times 1,75 = 67^m,55, \text{ en chiffres ronds } 68^m.$$

D'où suit qu'avec une différence de niveau de 3^m la portée différentielle normale est de 118^m et qu'on ne pourra pas adopter une portée différentielle réduite plus petite que 68^m, sans s'exposer à avoir un poteau tirant sur les fils.

182. Détermination de la portée normale sur un sol en pente régulière. — La méthode qui vient d'être exposée suppose qu'entre

Fig. 90.

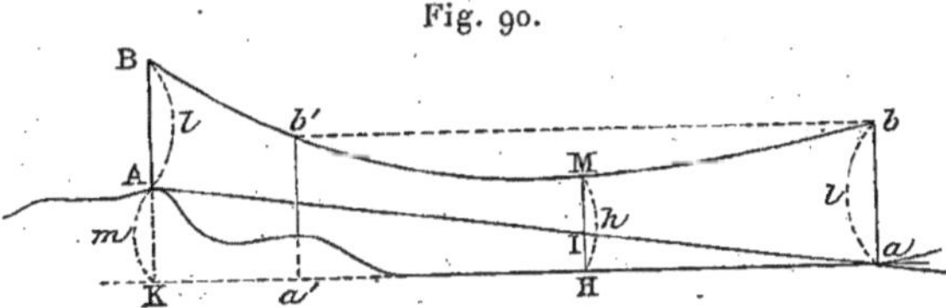

les poteaux sur lesquels le fil est attaché à des niveaux différents le sol Ka (*fig.* 90) est horizontal. Elle pourra encore servir si la différence de niveau provient de ce que les deux poteaux étant égaux, l'un d'eux AB est placé sur un obstacle qui lui donne la surélévation KA et qui a un développement horizontal assez faible pour ne pas atteindre jusqu'au point H. Le fil, en effet, se trouvera au-dessus du sol à la hauteur minima h. Mais si la différence de niveau AK résulte de ce que les poteaux AB et ab sont placés sur un terrain en pente régulière Aa, la méthode est en défaut, attendu que le fil, ayant la hauteur h au-dessus de l'horizontale Ka, n'aurait qu'une hauteur moindre au-dessus du sol incliné Aa.

Dans ce cas, il ne faut plus penser à faire la portée différentielle normale résultant de la différence de niveau AK, mais on pourra très bien adopter une *portée différentielle réduite pour la même différence* de niveau. De cette manière le fil sera au-dessus de l'horizontale Ka à une hauteur supérieure à h et, par conséquent, pourra se trouver à une hauteur h au-dessus de la ligne inclinée Aa.

Il convient de remarquer, en outre, que le point le plus bas M de la courbe n'est pas celui où cette courbe se rapproche le plus du sol. Le maximum de rapprochement entre la chaînette et la ligne inclinée Aa a lieu pour le point où la tangente à la courbe est parallèle à Aa [1]. Ce point est évidemment entre M et B, en sorte qu'il ne suffit pas que le fil ait au-dessus de Aa la hauteur h; il faut qu'il ait, en ce point, une hauteur plus grande, si l'on veut qu'il ait encore h au point de plus grand rapprochement.

Pour ces motifs, il y a intérêt à *adopter la forme de portée différentielle réduite qui donne la plus grande élévation possible du fil,* c'est-à-dire celle dont la portée ordinaire corrélative est nulle et qui est précisément égale à la moitié de la portée virtuelle.

Ceci admis, la question pourra se poser ainsi : rechercher quelle sera la portée différentielle réduite horizontale Ka (*fig.* 91), pour laquelle, au point de plus grand rapprochement N, le fil restera au-dessus du sol incliné Aa, à une hauteur NH égale à h.

---

(1) Il est évident, en effet, que la tangente à la courbe la laisse tout entière au-dessus d'elle. Si l'on suppose que cette tangente descende parallèlement à elle-même, jusqu'à ce qu'elle coïncide avec le sol, la distance à l'ancien point de contact est toujours plus petite que celle relative à un autre point quelconque.

Cette portée horizontale étant connue, j'aurai facilement la portée inclinée Aa.

C'est ce que nous allons faire.

J'appelle b la portée inconnue Ka; j'appelle comme toujours l

Fig. 91.

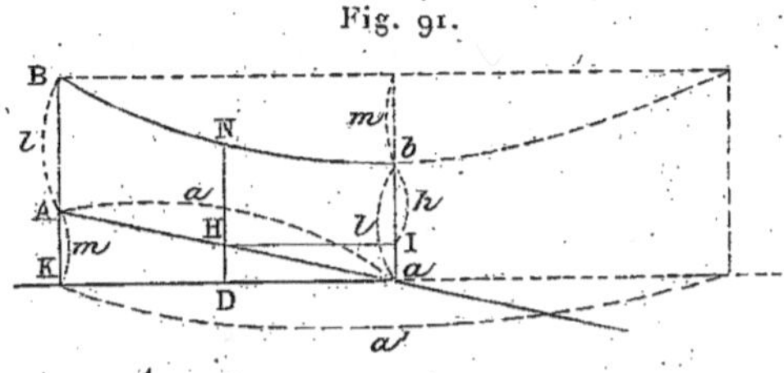

la hauteur ab du point d'attache inférieur et m la différence du niveau AK.

La pente du terrain est représentée par le rapport $\frac{AK}{Ka}$. On peut la mesurer à l'avance. Cette quantité n'est autre chose que la tangente trigonométrique de l'angle AaK; si j'appelle cet angle α, la pente sera $\tan\alpha$.

Cela posé, on démontre que la distance Da du point de plus grand rapprochement à la verticale qui passe par le point le plus bas M et que j'appelle x_1 est

$$x_1 = \frac{\text{tang}\,\alpha}{Mn}.$$

Il est facile de voir que Da est précisément la moitié de Ka. En effet, m étant la flèche de la portée $2b$, on a

$$m = \frac{b^2 Mn}{2}.$$

D'autre part, le triangle AKa donne

$$m = b\,\text{tang}\,\alpha,$$

d'où

$$\text{tang}\,\alpha = \frac{b}{2} Mn;$$

par suite

$$Mn\,x_1 = \frac{b}{2} Mn.$$

Donc

$$x_1 = \frac{b}{2}.$$

Le point *de plus grand rapprochement avec le sol sera donc sur la verticale menée au milieu de la portée* K*a*.

Cherchons maintenant la longueur NH et écrivons qu'elle est égale à h. On a

$$\text{NH} = \text{ND} - \text{HD};$$

or, puisque le point D est le milieu de Ka, on a

$$\text{HD} = \frac{m}{2} = \frac{b}{2}\,\text{tang}\,\alpha.$$

Quant à ND, cette longueur sera égale à ab, c'est-à-dire à l, augmenté du segment que laisserait au-dessus de b, sur la verticale, une horizontale menée par le point N, lequel segment ne serait autre chose que la flèche pour une partie $2\,\text{D}a = b$.

On aura donc

$$\text{ND} = l + \frac{b^2}{8}\,\text{M}n;$$

d'où résulte

$$\text{NH} = l + \frac{b^2}{8}\,\text{M}n - \frac{b}{2}\,\text{tang}\,\alpha.$$

En écrivant que $\text{NH} = h$, nous aurons

$$h = l + \frac{b^2}{8}\,\text{M}n - \frac{b}{2}\,\text{tang}\,\alpha.$$

Remplaçons dans cette relation tang α par sa valeur

$$\text{tang}\,\alpha = \frac{b\,\text{M}n}{2},$$

et il viendra, réductions faites,

$$h = l - \frac{b^2\,\text{M}n}{8}.$$

Nous voyons donc par là : 1° que *la hauteur au-dessus du sol incliné est indépendante de l'angle* α; celle-ci est donc la même, quelle que soit la pente; 2° que *cette hauteur sera la même que celle qu'on aurait dans une portée ordinaire égale à* b.

D'où suit, enfin, que si b est pris égal à la portée ordinaire normale, le fil restera au-dessus du sol *incliné à la hauteur normale* et qu'en conséquence la portée *inclinée a sera elle-même normale*.

Reste à estimer la valeur de cette portée a. Puisqu'on doit inscrire, dans l'angle $\mathrm{KA}a$, une longueur fixe (nous avons choisi 80^{m}), il est évident que la portée inclinée $\mathrm{A}a$, qui résultera de cette inscription, sera d'autant plus grande que l'inclinaison sera plus forte. Il est facile d'en obtenir la valeur. Le triangle rectangle $\mathrm{KA}a$, donne

$$a^2 = b^2 + m^2 = b^2 + b^2 \operatorname{tang}^2\alpha = b^2(1 + \operatorname{tang}^2\alpha);$$

d'où

$$a = b\sqrt{1 + \operatorname{tang}^2\alpha}.$$

Puisque b est la portée ordinaire normale, son expression est

$$b = 2\sqrt{\frac{2}{\mathrm{M}n}}\sqrt{l-h};$$

substituant, il vient

$$a = \left(2\sqrt{\frac{2}{\mathrm{M}n}}\sqrt{l-h}\right)\left(\sqrt{1 + \operatorname{tang}^2\alpha}\right).$$

Telle est l'expression de la portée normale quand elle doit être comptée sur un terrain incliné. Elle n'est autre chose que la portée ordinaire normale modifiée selon la valeur de la pente.

Pour transformer cette formule en formule d'application, il faudra y remplacer l et h par leurs valeurs normales; c'est-à-dire y faire

$$\sqrt{l-h} = 1{,}036$$

et

$$\sqrt{\frac{2}{\mathrm{M}n}} = 38{,}6.$$

On aura ainsi

$$a = 80\sqrt{1 + \operatorname{tang}^2\alpha}.$$

En faisant, par exemple, $\operatorname{tang}\alpha = \frac{5}{100} = 0{,}05$, on obtiendra

$$a = 80\sqrt{1 + 0{,}0025} = 80^{\mathrm{m}}{,}93.$$

PRINCIPES GÉNÉRAUX DE TRACÉ.

183. Définitions. — *Tracer* une ligne, c'est marquer à l'avance les emplacements que devront occuper les poteaux.

On appelle *ligne de tracé* la ligne polygonale qui joint les emplacements des poteaux; c'est cette ligne qui deviendra ultérieurement *la ligne électrique* elle-même.

Les diverses circonstances locales qui peuvent se présenter dans le tracé d'une ligne peuvent se résumer en quatre cas.

1° Ligne droite, en terrain horizontal;
2° id. en terrain accidenté;
3° Ligne courbe, en terrain horizontal;
4° id. en terrain accidenté.

Dans chacun de ces cas, on peut avoir à considérer des points d'attache de même hauteur ou de hauteurs différentes.

Nous allons examiner successivement ces quatre cas.

184. Tracé en ligne droite et en terrain horizontal. — Ce cas est des plus simples. Tant qu'on aura à placer des poteaux ordinaires où le point d'attache est à la hauteur normale, on comptera aussi exactement que possible à la suite les unes des autres des portées ordinaires normales.

Lorsqu'on devra à la suite d'un poteau ordinaire placer un poteau d'exhaussement où un poteau ordinaire exhaussé lui-même par une circonstance fortuite, on ne manquera pas d'observer la portée différentielle normale pour la différence de niveau des deux points d'attache.

Les quelques rares exceptions qu'il pourrait y avoir lieu de faire à ces deux principes en adoptant exceptionnellement des portées réduites ordinaires ou différentielles seront indiquées en temps et lieu.

185. Tracé en ligne droite dans un terrain accidenté. — Nous allons voir qu'ici les cas des appuis de même niveau ou de niveaux différents sont intimement mêlés l'un à l'autre.

Si le terrain est accidenté on y rencontre des reliefs et des dépressions.

Cas d'un relief. — Lorsqu'on rencontre un relief du sol, on n'est plus maître de conserver la portée normale.

En effet, soient trois poteaux *a*, *b*, *c* (*fig.* 92) à l'espacement normal sur l'horizontale XY. Supposons que le poteau *b* tombe à côté d'un relèvement du sol M, le fil n'aura plus, dans la portée B*c* au-dessus du sol la hauteur qu'il avait au-dessus du sol horizontal XY. Mais on exhaussera le fil en plaçant le poteau non en B à la distance normale du poteau *a*, mais sur le point culminant M du relief. Alors on aura une portée différentielle. Si la distance AK est tout au plus égale à la portée différentielle normale pour la différence de niveau MK, on fera la portée différentielle AK qui sera normale ou réduite.

Fig. 92.

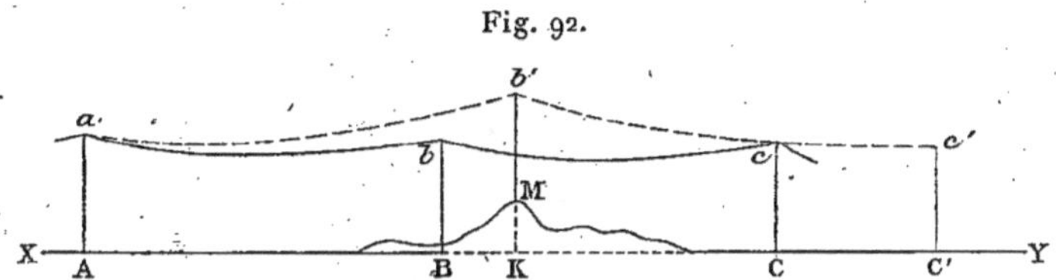

Par suite, on pourra de l'autre côté porter le poteau C jusqu'à une certaine distance K*c'* égale à la portée différentielle normale pour la différence de niveau MK, on aura ainsi le fil en *a* *b'* *c'* au lieu de *a*, *b*, *c* et l'on gagnera du terrain en franchissant avec un poteau intermédiaire un intervalle A*c'* plus grand que l'intervalle A*c*.

Si la distance BK (*fig.* 93) était telle que AK dépassât la portée différentielle normale pour la différence de niveau MK, il n'en faudrait pas moins placer un poteau sur le point culminant M. Seulement, du moment qu'on ne pourrait pas faire la portée AK, on maintiendrait le poteau *b* en B et l'on devrait faire ainsi une

Fig. 93.

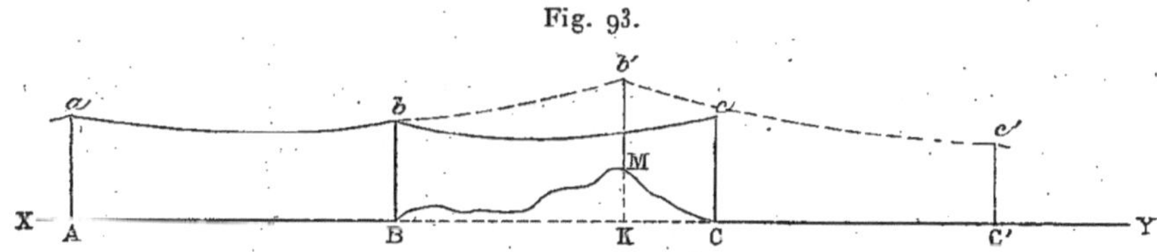

portée différentielle réduite BK; mais alors on porterait le poteau c à une distance Kc' égale à la portée différentielle normale pour la différence de niveau MK. On aurait ainsi le fil en $abb'c'$ au lieu de abc.

Dans le cas où la portée différentielle réduite BK se trouverait plus petite que le minimum possible, on rapprocherait le poteau bB de aA. On aurait ainsi deux portées réduites consécutives, mais on éviterait de placer en B un poteau tirant sur le fil.

En résumé, *si en comptant les portées normales un poteau tombe aux environs d'un point culminant, il faudra toujours l'y placer sauf à adopter quelques portées réduites.*

L'observation de cette règle est importante. Des poteaux placés à côté d'un point culminant font toujours très mauvais effet.

Cas d'une dépression du sol. — Soit maintenant la forme inverse du terrain. Aa et Bb (*fig.* 94) sont deux poteaux, situés au

Fig. 94.

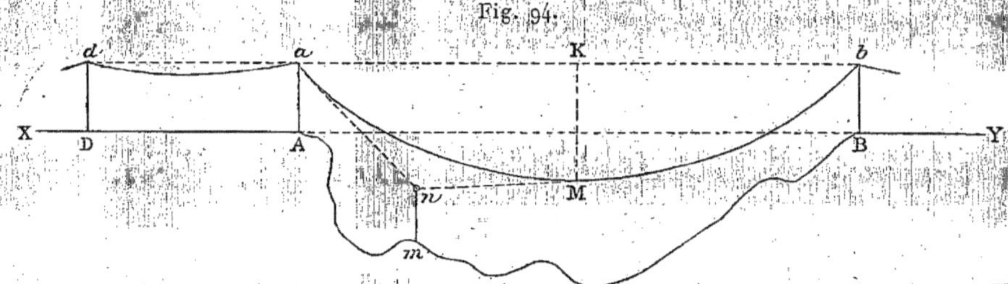

même niveau des deux côtés d'une dépression du sol. Le fil affectera entre a et b la chaînette que donnera la tension normale en M avec une portée horizontale égale à AB. Cela posé, si la forme du terrain est telle que, malgré la grandeur de la flèche KM, la chaînette aMb en soit partout distante d'une quantité au moins égale à la hauteur minima obligatoire, il sera inutile de placer aucun poteau entre Aa et Bb. Si même la chaînette se trouvait partout à une distance du sol au moins égale à la hauteur Aa, non seulement il serait inutile de placer aucun poteau intermédiaire, mais encore, si l'on en mettait un en mn par exemple, ce poteau serait *nuisible*, car il tirerait le fil vers le bas au lieu de servir *à l'élever* ou tout au moins *à le soutenir*.

Agir ainsi serait commettre la faute grave dont nous avons déjà parlé.

Au cas où les points d'attache *a* et *b* ne seraient pas de même niveau, la portée AB, au lieu d'être ordinaire, serait différentielle, mais tout ce qui vient d'être dit s'appliquerait encore.

En résumé, nous pourrons poser comme règle de principe que, dans le cas de la ligne droite en terrain accidenté, le tracé doit être fait, non plus en se proposant d'observer autant que possible les portées normales, mais en se laissant guider par les accidents du sol, ce qui obligera à recourir fréquemment à des portées réduites. On devra avoir soin :

1° *De toujours mettre un poteau au point culminant même de tout relief;*

2° *De ne jamais placer un poteau dans une dépression si, en franchissant la dépression d'une seule portée (sans bien entendu augmenter la tension), le fil se trouve avoir partout au-dessus du sol la hauteur minima obligatoire.*

186. Précautions à prendre au point séparatif de deux portées très inégales. — L'observation de ces règles pourra amener dans certains cas la succession de deux portées ordinaires ou différentielles sensiblement inégales.

Ce cas a déjà été traité au n° 166, mais il est nécessaire d'ajouter quelques explications nouvelles relatives à l'effet de la température.

Lorsque deux portées consécutives sont égales ou à peu près égales, toute variation de température amène à très peu près le même changement de tension et la situation ne se modifie pas.

Les choses se passent autrement si les deux portées sont très inégales. Quand la température s'abaisse, la tension augmente davantage dans la petite portée que dans la grande et le fil tend à glisser du côté *ad* (*fig.* 94). Si, au contraire, la température s'élève, la diminution de tension sera moindre dans la grande portée que dans la petite et, par suite, le fil tend à glisser du côté *ab*. Mais alors que le glissement s'opère facilement du côté *ab*, en raison de l'inclinaison de la tangente à la chaînette au point *a*, il est très difficile de l'autre côté où la tangente est presque horizontale, ce qui fait qu'en définitive le fil est exposé à glisser toujours davantage du côté de la grande portée.

C'est pourquoi *il est nécessaire d'arrêter très solidement le fil sur l'isolateur, afin d'empêcher tout glissement.*

Ce sera alors l'isolateur qui portera l'effort dû à la différence des composantes horizontales des tensions en a; d'où naîtra une force de flexion tantôt d'un côté tantôt de l'autre. Si, en outre, le poteau est en un angle, la force de flexion ne sera plus dirigée selon la bissectrice; aussi est-il prudent de placer un poteau triple au point séparatif de deux portées très inégales.

SEIZIÈME LEÇON.

SOMMAIRE.

Principes généraux du tracé des lignes (*suite*). — Cas de la courbe en terrain horizontal. — Cas de la courbe en terrain accidenté.

TRACÉ DANS LES COURBES.

Nous avons à examiner maintenant le troisième cas de tracé : celui de la ligne courbe en terrain horizontal.

Quelques définitions préliminaires sont utiles.

187. Angle de la ligne et courbe de la voie. — Un changement de direction nécessite toujours un angle. Ainsi, après avoir suivi la direction AB (*fig.* 95), si l'on veut se diriger vers BC, il faudra

Fig. 95.

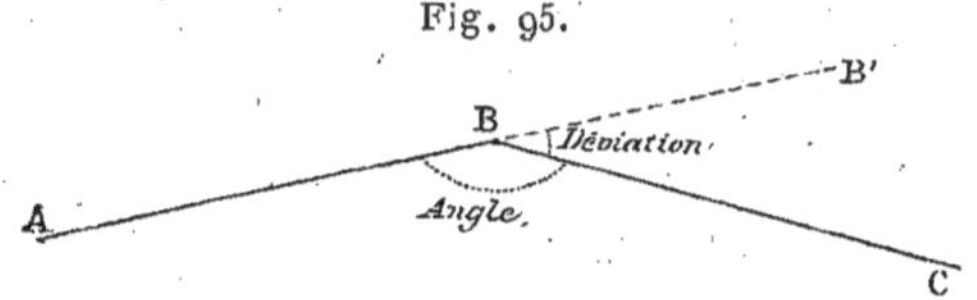

au point B faire l'angle ABC. Ceci est très possible pour une ligne électrique, il n'y a qu'à placer un poteau en B. L'angle ABC est ce qu'on appelle l'*angle de la ligne.*

On a quelquefois considéré l'angle B'BC que l'on a appelé la *déviation de la ligne;* c'est bien, en effet, cet angle qui indique de combien on doit se dévier de la route lorsque, après avoir marché dans la direction AB, on veut prendre la direction BC; mais il est plus commode de se servir de l'angle de la ligne. Comme d'ailleurs ces deux angles sont supplémentaires l'un de l'autre, la connaissance de l'un suffira pour avoir l'autre si on le désire.

Lorsque le changement de direction doit avoir lieu sur une voie (chemin de fer ou route), il n'en est plus de même; on ne saurait opérer ce changement sur un angle. On raccorde alors les deux directions par un arc de circonférence tangent à toutes les deux.

Soient les deux directions AX, BX; on peut tracer une infinité de circonférences *ab*, *cd*, *ef*, ..., tangentes à ces deux directions,

Fig. 96.

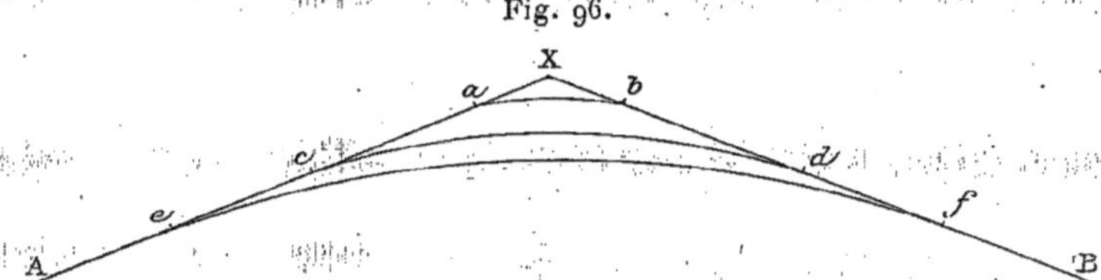

et suivre les trajets A*ab*B, ou A*cd*B, ..., au lieu de trajet *a*XB. Ce sont ces arcs de raccordement qu'on appelle *courbes*.

Une courbe est donc toujours un *arc de circonférence*. *Pour un même angle, la longueur de la courbe et le rayon peuvent être plus ou moins grands.*

En résumé, *une ligne électrique* n'a jamais que *des angles;* c'est en réalité *un polygone*. Les voies, au contraire, n'ont que *des courbes.*

188. Ligne de tracé; zone d'écart. — Nous avons déjà dit qu'on appelait *ligne de tracé* la ligne polygonale qui passait par les emplacements des divers poteaux.

Or, sauf quelques cas très particuliers, où, pour choisir l'emplacement d'un poteau, on ne dispose que d'un espace égal au diamètre même du poteau, il existe une bande de terrain plus ou moins large dans laquelle le poteau peut être *placé sans qu'il en résulte d'inconvénient d'aucune sorte*. Cette bande s'appelle *la zone d'écart*.

Cette zone est comprise entre *deux limites* qu'on peut, en principe, représenter par deux droites, si la ligne est droite elle-même, et par deux courbes telles que AB, CD (*fig.* 97), concentriques entre elles et avec la courbe de la voie.

La *limite extérieure* est celle qui se trouve la *plus éloignée* de la voie (chemin de fer ou route) le long de laquelle on doit tracer la ligne. Elle indique le plus grand éloignement possible de la voie.

La *limite intérieure* est celle qui est la *plus rapprochée* de

Fig. 97.

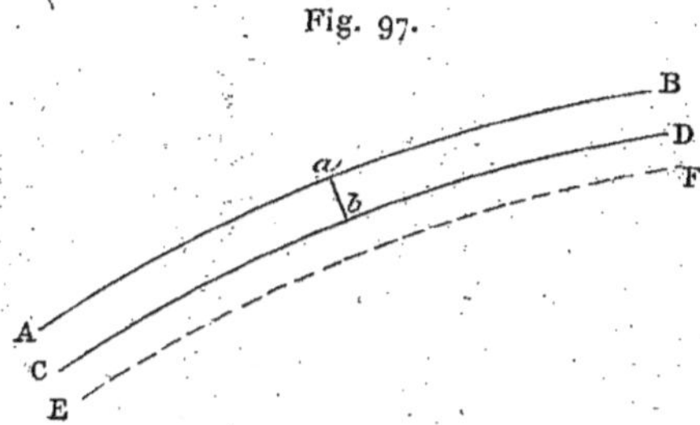

cette même voie. Elle marque le plus grand rapprochement possible de la voie.

Ainsi, la voie étant en EF (*fig.* 97), AB sera la limite extérieure et CD la limite intérieure.

La distance *ab*, comptée sur une normale commune aux deux courbes limites, représente *la largeur de la zone d'écart;* je l'appelle simplement *l'écart.*

La *zone d'écart* est dite *concave* lorsque, comme cela a lieu

Fig. 98.

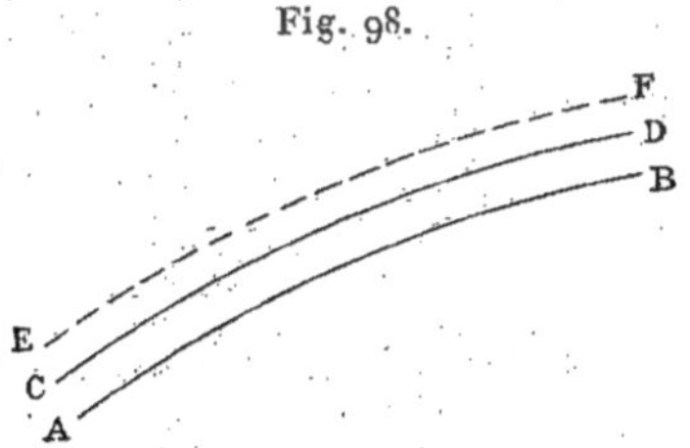

dans la *fig.* 97, les courbes qui la limitent tournent leur *concavité* vers la voie : on dit alors qu'on est *en courbe concave.*

La *zone,* au contraire, est dite *convexe,* lorsque, comme l'indique la *fig.* 98, ses limites tournent leur *convexité* vers la voie : on est alors en *courbe convexe.*

Il résulte de la définition même de la zone d'écart qu'on peut choisir comme ligne de tracé, soit la limite extérieure, soit la limite intérieure, soit même, au besoin, planter des poteaux en un point quelconque situé dans l'intérieur de cette zone.

189. Différence entre la courbe convexe et la courbe concave au point de vue du tracé. — Il y a une très grande différence, au point de vue du tracé, entre une courbe convexe et une courbe concave.

Fig. 99.

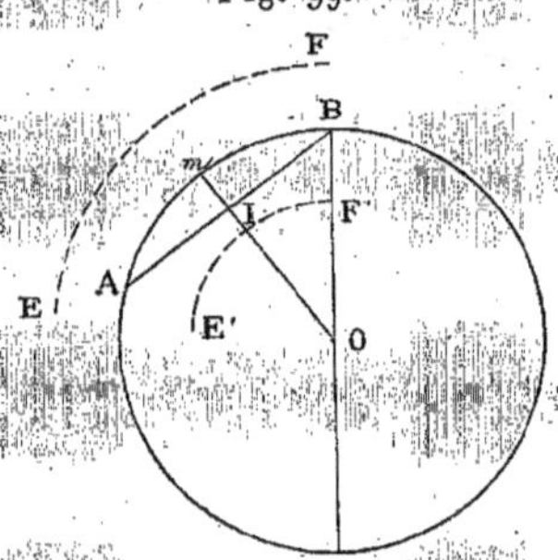

Soient, en effet, deux poteaux placés en A et B (*fig.* 99) sur une courbe de centre O. Ces poteaux seront bien sur la courbe, mais la nappe des fils sera située au-dessus de la corde AB. Elle sera donc plus rapprochée que la courbe elle-même du centre O de toute la longueur du segment mI (m étant le milieu de l'arc AB). Si j'appelle ce segment d, r le rayon et a la portée, j'ai

$$d = r - \sqrt{r^2 - \frac{a^2}{4}}.$$

Il faut, en outre, tenir compte de l'action du vent. Lorsque sa direction est normale à la ligne, il peut pousser les fils hors du plan vertical passant par AB à une distance au plus égale à la flèche f. D'où il résulte que, si à l'effet de la courbure vient s'ajouter l'action du vent, les fils peuvent être portés en dedans de la courbe à une distance égale à $d + f$.

La valeur du segment de courbure d est loin d'être négligeable dès que le rayon devient petit. Ainsi pour la portée normale de 80^m et un rayon de 400^m, on trouverait

$$d = 400 - \sqrt{\overline{400}^2 - \overline{40}^2} = 2^m.$$

D'où suit que, dans une portée ordinaire normale de 80^m, les fils pourraient être déplacés de $2 + 1 = 3^m$ sous l'action combinée de la courbure et du vent.

Cela posé, si la courbe est convexe, la voie EF (*fig.* 99) est hors du cercle. Par suite, l'effet de la courbure est d'éloigner les fils de la voie. Quant au vent, s'il agit dans la direction mO, il ne fait qu'éloigner encore davantage les fils, et s'il agit dans la direction contraire O m, son action vient en déduction du segment. Il n'y a donc pas à craindre que les fils puissent se rapprocher de la voie plus que la courbe elle-même.

Mais si, au contraire, la courbe est concave, la voie est en E'F' dans l'intérieur de la circonférence O. Alors les fils s'en rapprochent de la longueur d, ou même de la longueur $d+f$.

Donc, dans le cas d'une courbe concave, les fils se rapprochent de la voie plus que la courbe elle-même. D'où naît une difficulté spéciale au point de vue du tracé.

Soient, en effet, AB, CD (*fig.* 100) une zone concave et EF la

Fig. 100.

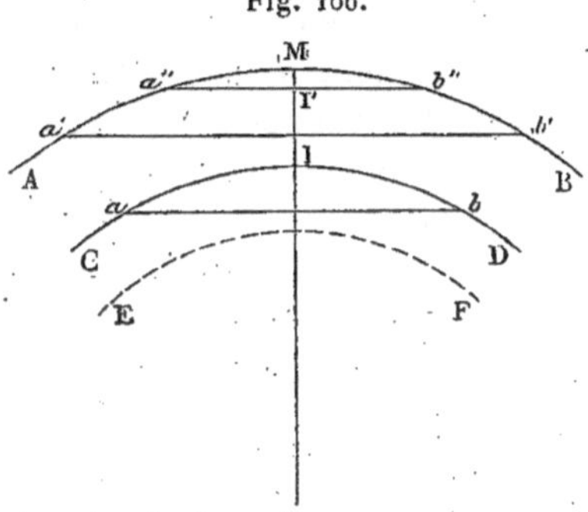

voie. Il est évident d'abord qu'il ne faut pas penser à placer les poteaux sur la limite intérieure, car si a et b sont deux poteaux, ils seront bien à une *distance de la voie égale au minimum réglementaire,* mais la nappe *sera à une distance moindre, ce qui est inadmissible.* On sera donc forcé de reculer les poteaux dans l'intérieur de la zone. Supposons qu'on les porte au plus loin, c'est-à-dire sur la limite extérieure en a' et b', les fils se rapprocheront encore de la voie d'une longueur MI qui pourra même atteindre MI $+f$. Dès lors, si la quantité MI $+f$ est supérieure ou au moins égale à *l'écart,* les fils resteront à la distance réglementaire.

Ces considérations montrent qu'*en principe on ne doit pas choisir comme ligne de tracé la limite intérieure, mais bien la limite extérieure de la zone d'écart.*

Encore, dans le cas d'une courbe concave, n'est-on pas absolument sûr de pouvoir par ce moyen maintenir les fils à l'écartement minimum obligatoire.

Si, en effet, *l'écart* était assez petit pour ne pas atteindre au moins la valeur MI $+f$, les poteaux a' et b', bien que placés sur la limite extérieure, resteraient à une distance de la voie inférieure au minimum réglementaire. Dans ce cas particulier, il n'y a d'autre ressource que de faire, à titre exceptionnel, une portée réduite $a''b''$ assez petite pour que MI$'+f$ devienne égal à *l'écart*.

190. Effet d'une courbe sur un poteau. — Si nous avons à placer des poteaux sur une courbe, la portée A*m*B (*fig.* 101) devra être comptée sur la courbe. Mais, en raison de la valeur du rayon qui est généralement très grand, l'arc A*m*B diffère très peu de la corde AB, en sorte qu'on peut prendre cette corde pour représenter la portée.

Fig. 101.

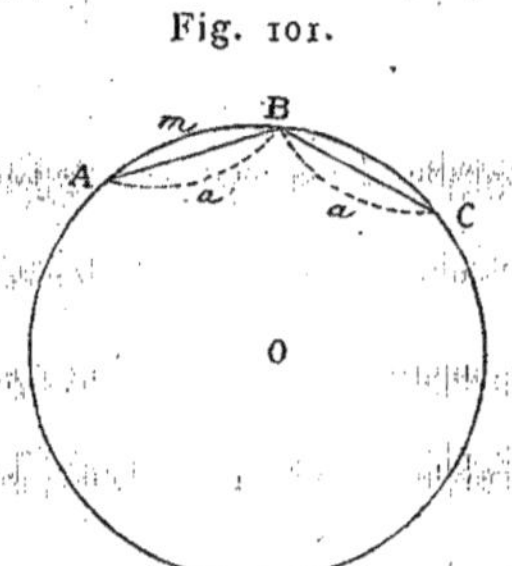

Ceci admis, soient AB, BC deux portées consécutives. Il y aura nécessairement sur le poteau B un angle ABC qui est *l'angle de la ligne*.

Donc *l'effet de la courbe est de produire l'angle de la ligne*.

Nous avons déjà vu (nº 70) que, par le fait de l'angle, il se produisait sur le poteau une force de flexion et que cette force de flexion n'était autre chose que la résultante de deux forces égales à la somme des composantes horizontales des tensions au point d'attache.

C'est le moment d'entrer dans plus de détails à ce sujet et d'estimer la valeur de la force de flexion.

191. Valeur de la composante horizontale de la tension au point d'attache. — Nous allons établir tout d'abord que la composante horizontale de la tension au point d'attache est précisément égale à la tension au point le plus bas.

Soit, en effet, AA′ (*fig.* 102) une portée, AMA′ la chaînette, T la tension à A, t la tension en M.

La tension T est la résultante du poids du fil et de la tension t. Dès lors, la composante horizontale de la tension T est égale à la somme des composantes horizontales du poids et de la tension t [1]. La composante horizontale du poids est nulle; celle de la tension t est t elle-même.

D'où résulte que *la composante horizontale de la tension au*

Fig. 102.

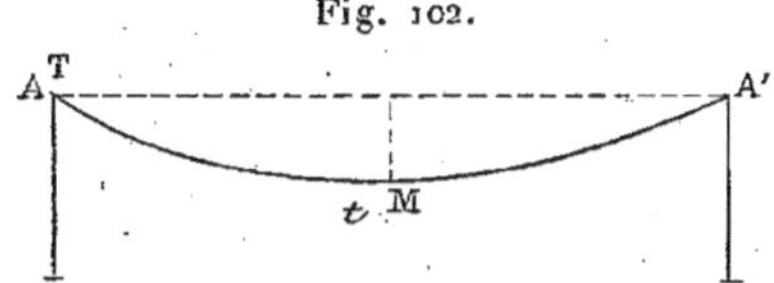

point d'attache qui produit la flexion n'est autre chose que la tension même au point le plus bas. Or, comme cette dernière tension doit rester invariable tout le long de la ligne, quelle que soit la portée, la force de flexion sera toujours la résultante de deux forces égales et, par suite, sera toujours dirigée selon la bissectrice de l'angle de la ligne.

192. Valeur de la force de flexion. — Maintenant, connaissant les tensions égales t et l'angle de la ligne que j'appelle α, il s'agit de calculer la valeur de la force de flexion que j'appelle R.

Soit (*fig.* 103) AXB l'angle de la ligne, les deux tensions

Fig. 103.

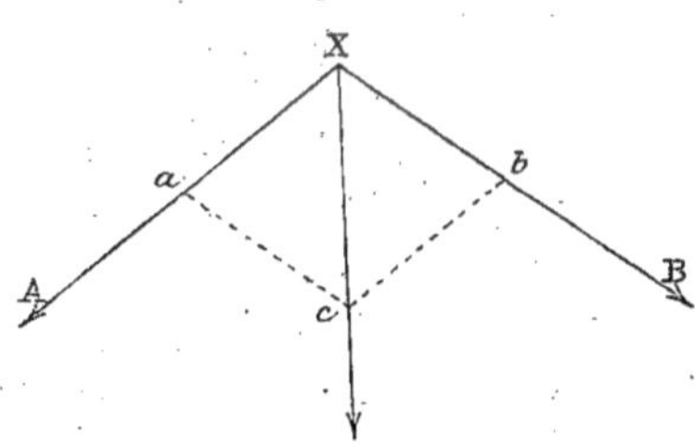

égales t qui s'exercent sur le poteau X pourront être représentées par deux longueurs égales Xa, Xb prises sur leurs directions. La force de flexion sera représentée en grandeur et en direction par la diagonale Xc du losange Xacb.

(1) On s'appuie ici sur ce principe de Mécanique que la composante d'une force F dans une direction donnée est égale à la somme des composantes qui donnent, selon cette même direction, les composantes de la force F.

Or, comme dans tout triangle les côtés sont entre eux dans le rapport des sinus des angles opposés, le triangle Xac nous donnera

$$\frac{Xc}{Xa} = \frac{\sin caX}{\sin Xca}.$$

Or, Xa représente t, Xc représente R; l'angle Xca est égal à l'angle aXc, c'est-à-dire à $\frac{\alpha}{2}$; enfin l'angle caX est supplémentaire de l'angle aXb, c'est-à-dire de l'angle α et, par suite, a le même sinus.

La relation ci-dessus devient donc

$$\frac{R}{t} = \frac{\sin\alpha}{\sin\frac{\alpha}{2}},$$

et comme

$$\sin\alpha = \sin\frac{\alpha}{2}\cos\frac{\alpha}{2},$$

elle se réduit à

$$\frac{R}{t} = 2\cos\frac{\alpha}{2},$$

d'où l'on tire

(1) $$R = t \times 2\cos\frac{\alpha}{2}.$$

Telle est la relation simple au moyen de laquelle, connaissant la tension et l'angle de la ligne, on pourra facilement calculer la force de flexion.

Soient maintenant trois poteaux consécutifs A, B, C (*fig.* 104)

Fig. 104.

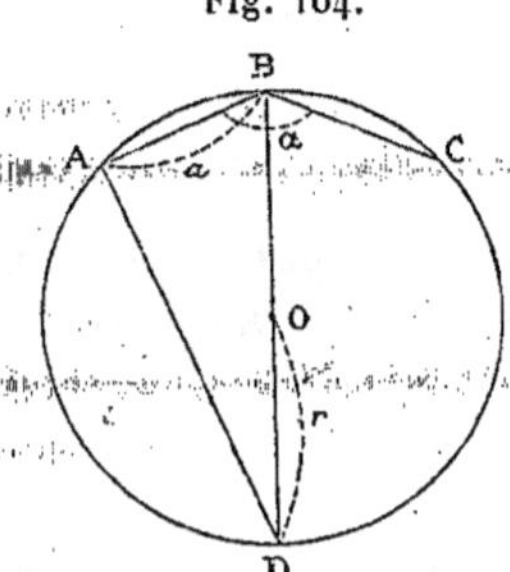

placés à l'espacement normal sur une courbe de centre O. L'angle

ABC sera l'angle de la ligne que j'ai appelé α, AB sera la portée normale : je l'appelle a et enfin je désigne par r le rayon de la courbe. Je tire le diamètre BD; ce diamètre est la bissectrice de l'angle ABC; je joins AD et le triangle rectangle BAD donne

$$a = 2r\cos\frac{\alpha}{2};$$

d'où je tire

$$2\cos\frac{\alpha}{2} = \frac{a}{r}.$$

Substituant dans l'équation (1), j'aurai

$$R = t \times \frac{a}{r}. \tag{2}$$

Voici une nouvelle relation aussi simple que la précédente et qui permettra de calculer R, connaissant t, r et a. Il n'y aura qu'à multiplier la tension par le rapport de la portée normale au rayon de la courbe.

Remarquons que si a est plus petit que r, ce qui est le cas général, la force de flexion R sera plus petite que la tension.

Si l'on avait $a = r$, il en résulterait $R = t$. Mais ce cas ne se présentera guère, attendu qu'il n'y a pas, au moins sur les chemins de fer, de rayon n'ayant que 80^m.

Si a était plus grand que r, R serait plus grand que la tension; ce cas serait encore plus exceptionnel que le précédent.

On pourra se servir en pratique de la formule (1) ou de la formule (2). Cette dernière est plus commode, parce qu'elle n'exige ni observation d'un angle, ni emploi d'une table de logarithmes.

193. Limites de la consolidation des poteaux en courbe. — La formule $2\cos\frac{\alpha}{2} = \frac{a}{r}$ montre que, pour une portée déterminée a, le cosinus sera d'autant plus petit que r sera lui-même plus petit. D'où suit que pour une même portée et une même tension la force de flexion sera d'autant plus grande que l'angle ou le rayon seront plus petits.

D'un autre côté, nous savons que tout poteau peut résister sans fléchir à une force maxima qui a été indiquée au n° 83.

Donc, tant que l'angle ou le rayon seront assez grands pour que la force de flexion donnée par les formules (2) et (3) ne dépasse pas la valeur de la force maxima dont il s'agit, il n'y aura aucun danger pour le poteau ; il se suffira seul. Mais, dès que l'angle ou le rayon deviendront assez petits pour que la force de flexion dépasse la force maxima, il sera nécessaire d'accoupler le poteau, si l'on veut l'empêcher de fléchir.

Les limites de α et de r à partir desquelles s'opérera ce changement de situation de poteau sont faciles à trouver. Si j'appelle P la force maxima, je devrais avoir $R = P$, et, par suite, les formules

$$P = t \times 2 \cos \frac{\alpha}{2};$$

d'où

$$\cos \frac{\alpha}{2} = \frac{P}{2t},$$

ou

$$P = a \times \frac{t}{r};$$

d'où

$$r = a \times \frac{t}{P}.$$

La première donnera l'angle limite par son cosinus et la seconde le rayon limite. Pour tout angle ou tout rayon plus grands, il sera inutile d'accoupler; pour tout angle ou tout rayon plus petits, il faudra, au contraire, employer ce moyen de consolidation [1].

Quelques observations sont nécessaires en vue de l'application de ces dernières formules.

D'abord, il ne faut pas oublier que t y représente la somme des tensions de tous les fils et que, pour se placer dans des conditions d'entière sécurité, il faudra donner à chacune des tensions *sa valeur maxima; c'est-à-dire celle qui correspond au coefficient fixé pour la plus basse température.*

En second lieu, il y aura à rechercher la distance, au sommet du poteau, du point d'application de la résultante des tensions, parce que la valeur de P dont on devra se servir sera précisément celle indiquée aux tableaux du n° 84 pour cette même distance au sommet.

---

[1] Une troisième méthode pour déterminer les limites de la consolidation des poteaux en courbe est exposée au n° 196.

En pratique, lorsqu'une ligne porte des fils de diamètres différents, on a l'habitude de calculer les tensions comme si tous les fils étaient du plus fort diamètre. On obtient ainsi un maximum de sécurité. Dans ces conditions, on peut admettre que le point d'application de la résultante est au milieu de la partie du poteau réservée à l'armement.

194. Tracé en courbe et en terrain horizontal avec points d'attache au même niveau. — De tout ce qui précède résulte que le mode de tracé à adopter en courbe sera le même qu'en ligne droite. Il consistera à observer autant que possible la portée ordinaire normale, sauf à accoupler les poteaux dès que la petitesse de l'angle de la ligne ou du rayon de la courbe le comporteront, le cas exceptionnel prévu au n° 189 étant, bien entendu, réservé.

195. Diminution du nombre des accouplements dans les courbes. — L'application stricte de la règle qui précède amènerait à accoupler tous les poteaux, dès quec ela devient nécessaire; cette règle est susceptible d'un tempérament. On peut quelquefois diminuer le nombre des accouplements en profitant de *l'écart* dont on dispose et en opérant comme je vais l'indiquer.

Fig. 105.

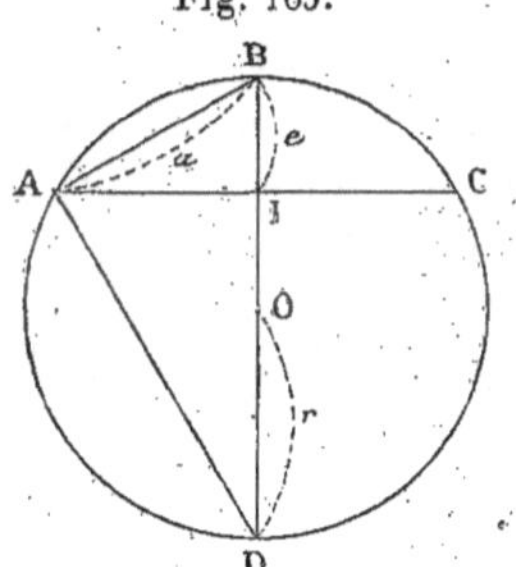

Soient A, B, C (*fig.* 105) trois poteaux consécutifs qui doivent être accouplés. Je tire la droite AC et le rayon BO qui se rencontrent en I. Si la longueur BI, à laquelle on a donné en pratique le nom de *tirage*, n'est pas supérieure à *l'écart*, on pourra transporter le poteau B en I; dès lors, il se trouvera en ligne droite et il sera inutile de l'accoupler. L'angle sur les poteaux A et C s'augmentera, il est vrai, mais, comme ils sont accouplés, ils résisteront très bien à l'augmentation de force de flexion.

Connaissant le rayon de la courbe que j'appelle r et la longueur de la portée normale AB que j'appelle a, il est facile de calculer le *tirage* BI que j'appelle e. Le triangle rectangle BAD donne

$$a^2 = 2r \times e.$$

d'où

$$e = \frac{a^2}{2r}.$$

Lors donc que l'écart mesuré sur place dépassera le tirage, on pourra supprimer un accouplement sur deux.

La portée AI étant manifestement plus petite que la portée normale, il n'y aura aucun inconvénient à l'adopter. Ce procédé serait même susceptible d'une extension dans le cas où l'on disposerait d'un écart assez grand.

Soit, en effet, A, B, C, ... (*fig.* 106) une série de poteaux à placer sur une courbe de centre O.

D'après ce que nous avons déjà dit, on peut porter le poteau B

Fig. 106.

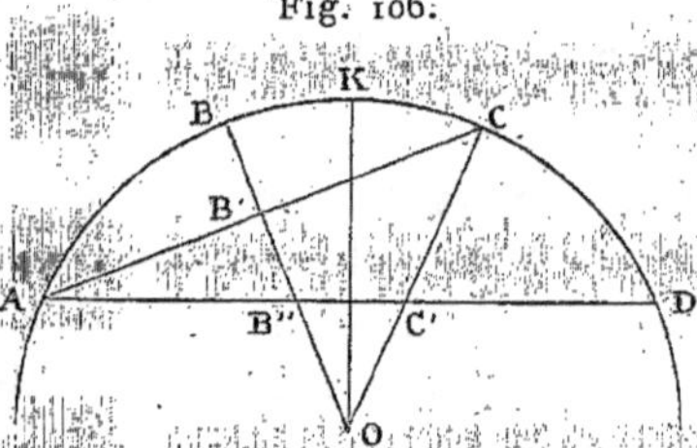

en B′ si l'on dispose d'un écart BB′, mais rien n'empêchera de porter le poteau B en B″ et le poteau C en C′ pour faire la ligne droite AB″C′D, au lieu de la courbe ABCD, si l'on dispose de l'écart HK nécessaire, et ainsi de suite.

Les considérations qui précèdent amènent à concevoir la ligne *télégraphique comme un polygone à sommets consolidés dont les côtés rectilignes doivent avoir la plus grande longueur possible.*

Cette conception est la vraie. Elle constitue un désidératum que l'on doit s'efforcer d'atteindre par tous les moyens possibles.

196. Détermination de la limite de consolidation en courbe par la méthode du tirage. — En considérant le *tirage* défini comme il a été dit au numéro précédent, aux lieu et place de l'angle ou du rayon, on obtient une troisième méthode pour déterminer les limites de consolidation des poteaux en courbe. Voici cette méthode.

Le tirage e a pour expression

$$e = \frac{a^2}{2r},$$

d'où l'on tire

$$r = \frac{a^2}{2e}.$$

Substituant cette valeur de r, dans la formule

$$r = a \times \frac{t}{P}$$

qui donne le rayon limite, il viendra, réductions faites,

$$e = \frac{a}{2} \times \frac{P}{t}.$$

Cette formule donnera le tirage limite à partir duquel on devra consolider les poteaux.

Cette dernière méthode peut être employée avec un certain avantage dans le cas où on ne connaîtrait pas à l'avance les rayons des courbes par les plans et profils de la voie. On peut, en effet, mesurer le tirage sur place au moyen de jalons, ce qui sera toujours plus commode que d'observer un angle.

197. Tracé en ligne courbe et en terrain horizontal avec appuis à des niveaux différents. — Le cas d'appuis à des niveaux différents ne pourra se présenter ici que lorsque l'on aura à placer de temps en temps des poteaux d'exhaussement, ou bien lorsque, de deux poteaux consécutifs, l'un se trouvera fortuitement placé sur un obstacle qui l'élève à un niveau supérieur à l'autre. Nous savons que, dans ce cas, on aura des portées différentielles. On conservera donc, autant que possible, la portée différentielle normale ou bien on fera des portées différentielles réduites, sous la réserve, bien entendu, de ne pas descendre au-dessous *du minimum de la portée* réduite pour la différence de niveau existante.

On pourra, par suite, être amené à avoir deux portées consécutives inégales. Cette circonstance, nous le savons, ne changera rien en ce qui concerne la force de flexion qui sera toujours dirigée selon la bissectrice de l'angle de la ligne. Mais, si l'on doit compter sur la courbe deux portées inégales AB et BC (*fig.* 107), la bissectrice de l'angle ABC n'ira plus passer au centre O. Dès lors, on ne

Fig. 107.

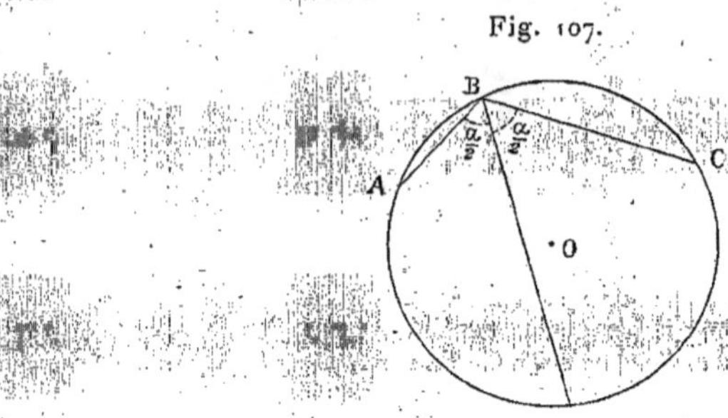

pourra plus se servir pour déterminer les limites de consolidation que de la première relation

$$\cos\frac{\alpha}{2} = \frac{P}{2t}.$$

Le remplacement de $2\cos\frac{\alpha}{2}$ par $\frac{a}{r}$ ne peut plus se faire pour obtenir la seconde relation, ni, par suite, celle relative au tirage.

On pourra, cependant, continuer à user des formules

$$r = a \times \frac{t}{P} \quad \text{ou} \quad e = \frac{a}{2} \times \frac{P}{t},$$

dans lesquelles a représentera la portée ordinaire normale. D'une part, en effet, rien n'empêchera, pour ces cas particuliers assez rares, d'adopter une portée différentielle réduite sensiblement égale à la portée ordinaire normale et, d'autre part, le calcul des limites d'accouplement s'opère dans des conditions de sécurité telles que la différence de résultat sera insignifiante.

198. Tracé en courbe et en terrain à pente régulière. — Nous avons vu que, sur un terrain en pente régulière, la portée normale inclinée était précisément égale à la portée normale ordinaire modifiée selon la pente, en la multipliant par la quantité $\sqrt{1+\text{tang}^2\alpha}$.

Mais, si l'on remarque que dans la pratique courante les pentes que l'on rencontre ne sont pas assez grandes pour que la modification de portée soit sensible, on est conduit à admettre les mêmes règles qu'en terrain horizontal, aussi bien pour le tracé que pour les limites d'accouplements.

199. Tracé en courbe et en terrain accidenté. — Il n'y a rien d'important à ajouter ici aux indications précédentes.

Si, en effet, les portées différentielles consécutives auxquelles on peut être conduit ne sont pas très dissemblables de longueur, tout ce qui a été dit précédemment sera applicable dans des conditions d'approximation très suffisantes. S'il arrivait que deux portées consécutives fussent très différentes de longueur, la question de savoir s'il faut ou non accoupler l'appui séparatif ne se poserait pas, attendu que, pour des raisons déjà exposées, nous avons admis que cet appui devait être un accouplement triple (*voir* n° 186).

DIX-SEPTIÈME LEÇON.

SOMMAIRE.

Tracé des lignes sur chemin de fer. — Choix du côté de la voie. — Distance minima de la ligne au rail. — Limite de la zone d'écart. — Tracé par la barrière. — Règles générales de tracé. — Position des poteaux : 1° en ligne droite; 2° en courbe. — Points remarquables dans le tracé des lignes sur chemin de fer. — Passages supérieurs. — Passages inférieurs. — Ponts et viaducs. — Tunnels. — Gares. — Traversées de voie ferrée.

PRINCIPES GÉNÉRAUX RELATIFS AUX LIGNES SUR CHEMIN DE FER.

200. **Lignes sur chemin de fer.** — L'établissement des lignes aériennes le long des chemins de fer n'offre aucune difficulté ou plutôt n'exige aucune recherche en ce qui concerne la voie à suivre. On a simplement à déterminer, sauf exceptions, le côté de la voie sur lequel on doit construire.

201. **Choix du côté de la voie à suivre.** — Ce choix est la plupart du temps indiqué dès le départ par la position des lignes déjà existantes sur lesquelles on doit s'embrancher. En général,

Fig. 108.

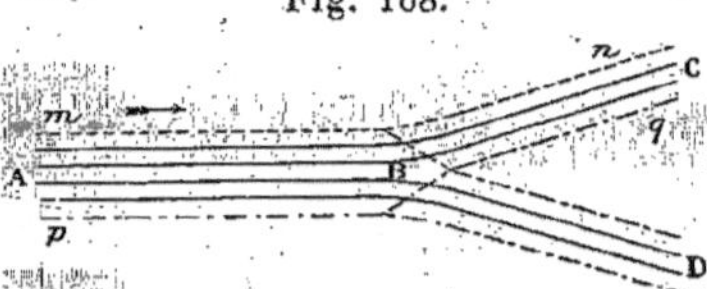

les lignes ferrées partant d'une gare se séparent, en effet, en dehors de la gare et quelquefois à une certaine distance, en sorte qu'il y a un tronçon commun à deux ou plusieurs lignes.

Dans le cas, par exemple, où deux voies venant de A (*fig.* 108) se séparent en B et où une ligne télégraphique existe déjà en mn, sur la gauche de ABC, on sera amené à prendre aussi la gauche de BD, car, si l'on est absolument forcé de traverser la première voie, on évite au moins de traverser la seconde. Au contraire, si la ligne préexistante pq le long de ABC était sur la droite, on serait conduit à prendre aussi la droite de BD pour ne pas traverser inutilement cette dernière voie.

On visite donc avec soin la ligne, et, à moins que d'autres circonstances, telles que de nouveaux points de bifurcation, un grand nombre de localités situées du côté opposé nécessitant un grand nombre de traversées de voie, des circonstances géographiques rendant le côté indiqué soit impossible, soit peu favorable aux travaux (déblais en roc, etc.) n'interviennent, on adoptera l'indication donnée par le départ.

Le côté de la voie étant choisi, il n'y a plus qu'à suivre cette voie, et tout l'art du constructeur ne peut consister que dans une intelligente application des principes exposés relativement au tracé dans les courbes et des règles relatives aux accidents de terrain.

202. Recherche de la distance minima de la ligne au rail le plus voisin. — La condition essentielle à remplir pour que la ligne électrique ne cause aucune gêne dans la circulation des trains consiste en ce que ni les poteaux ni les fils ne puissent jamais se rapprocher du rail le plus voisin à une distance inférieure au gabarit limite adopté par la compagnie sur son réseau pour le chargement des wagons. Appelons m ce gabarit limite.

Si les fils devaient rester immobiles dans le plan vertical passant par deux poteaux consécutifs, il suffirait que ce plan vertical fût situé à une distance du rail égal à m et, par suite, on pourrait prendre pour la *distance minima* de la ligne au rail, que j'appelle δ, la valeur de m et poser

$$\delta = m.$$

Mais d'abord les fils sont écartés à une distance ε du plan vertical précité par les consoles des isolateurs; ensuite, comme nous l'avons déjà vu, l'action du vent peut entraîner les fils hors du plan des isolateurs à un écartement au plus égal à la flèche f. D'où suit que, de ce fait, la valeur de δ devra être augmentée de f et portée à

$$\delta = m + \varepsilon + f.$$

Cette dernière valeur de δ suffira tant que la ligne sera droite; mais, s'il survient une courbe de rayon r, nous savons que les fils se rapprocheront du centre de la courbe d'une quantité d dont la valeur est pour une portée a

$$d = r - \sqrt{r^2 - \frac{a^2}{4}}.$$

Ces deux quantités f et d s'ajouteront ou se retrancheront suivant que la courbe sera concave ou convexe et l'on aura

$$\delta = m + \varepsilon + f \pm d.$$

Dans le cas de la courbe convexe, on peut adopter la formule $\delta = m + \varepsilon + f$, ce qui augmente la distance du fil au rail, de sorte qu'en résumé nous aurons, pour la distance minima cherchée, deux valeurs

$$\delta = m + \varepsilon + f$$

pour la ligne droite et la courbe convexe;

$$\delta' = m + \varepsilon + f + d = \delta + d$$

pour la courbe concave.

Il n'y a donc pas lieu de se proposer, comme on a quelquefois essayé de le faire, de déterminer même approximativement une distance minima uniforme pour toute la ligne. On doit distinguer deux distances, l'une pour la ligne droite et la courbe convexe et l'autre pour la courbe concave. La première pourra avoir un certain caractère de fixité; mais la seconde variera constamment d'une courbe à l'autre. Elle sera toujours égale à la première augmentée de la hauteur du segment de courbure.

Dans les valeurs δ et δ' ci-dessus indiquées, m et ε sont des constantes numériques, dont la valeur sera bientôt indiquée. Ceci admis, il est facile de voir que ces valeurs δ et δ' varient comme la portée, c'est-à-dire qu'elles sont d'autant plus petites que la portée est plus petite et inversement.

En effet, pour avoir δ, on ajoute aux constantes numériques m

et ε la valeur de la flèche, et l'on sait que la flèche, à égalité de tension, varie comme la portée; elle est même proportionnelle au carré de cette portée.

Pour avoir δ', on ajoute aux mêmes constantes numériques et à la même flèche variable avec la portée, la hauteur du segment de courbure. Or, il est aisé de reconnaître que ce segment et par suite sa hauteur varient aussi comme la portée. En effet, si l'on reprend son expression

$$d = r - \sqrt{r^2 - \frac{a^2}{4}},$$

on voit que, pour une même valeur de r, d sera d'autant plus petit que a sera lui-même plus petit.

Si donc j'appelle *segment de courbure normal* le segment obtenu en comptant sur une *courbe quelconque* la *portée normale*, ce segment sera plus grand que celui qu'on obtiendrait en comptant sur la même courbe une portée réduite. Ce dernier segment pourra être désigné sous le nom de *segment de courbure réduit*.

D'où suit que si j'appelle *distances minima normales* les valeurs δ et δ' obtenues en prenant la flèche et le segment de courbure afférents à la portée normale, ces distances seront plus grandes que celles que donnerait toute portée réduite; en sorte que je pourrai appeler ces dernières *distances minima réduites*.

D'où suit, enfin, que si, pour une cause ou une autre, il arrivait que l'une quelconque des *distances minima normales* fût trop grande, on aurait la possibilité de remédier à l'inconvénient en adoptant une portée réduite, d'où résulterait une *distance minima réduite*.

Nous verrons bientôt les conséquences importantes de ce dernier principe.

203. Valeur pratique des distances minima. — Cherchons maintenant les valeurs pratiques des distances minima δ et δ'.

La quantité m est différente selon les Compagnies. Elle oscille généralement dans les environs de $0^m,875$ pour la voie normale de $1^m,45$. Afin d'avoir un excès de sécurité, prenons 1^m en chiffres ronds. Nous aurons ainsi

$$m = 1^{m}$$

pour les chemins de fer à voie normale. En ce qui concerne les voies étroites, il n'y aura qu'à multiplier 1 par le rapport des largeurs des voies; ce qui donnera

$$1 \times \frac{1}{1,45} = 0,6585, \text{ en chiffres ronds, } 0^{m},70 \text{ pour une voie de } 1^{m}$$

et

$$1 \times \frac{0,60}{1,45} = 0,414, \text{ en chiffres ronds, } 0^{m},40 \text{ pour une voie de } 0^{m},60.$$

ε, la distance de l'axe du poteau d'un fil placé sur console longue est de $0^{m},40$, soit $0^{m},50$ en chiffres ronds.

La valeur normale de f, pour le cas de portées ordinaires, est de $1^{m},07$, soit 1^{m} en chiffres ronds. Toute portée ordinaire réduite donne lieu à une valeur de la flèche plus petite; on peut donc considérer 1^{m} comme la valeur maxima de la flèche.

Au cas de portées différentielles, les fils ne seront jamais poussés par le vent à une distance égale à la flèche de la portée virtuelle; mais seulement à un intervalle un peu plus grand que la flèche de la portée ordinaire corrélative. Comme déjà l'hypothèse que les fils peuvent être poussés par le vent à une distance égale à la flèche peut être considérée comme un maximum, on pourra admettre, en pratique courante, pour la valeur de f, les mêmes chiffres que dans les cas de portées ordinaires.

En résumé, pour le calcul des distances minima δ et δ', on admettra pour f la valeur 1, qui correspondra aux distances normales ou une valeur plus petite au cas de distances réduites.

Quant à d, voici les valeurs comparatives de ce segment, pour une portée normale de 80^{m} et pour une portée réduite de 50^{m}, le rayon variant de 1000^{m} à 200^{m} :

Valeurs comparatives du segment de courbure normale et d'un segment de courbure réduite pour une voie normale de $1^m,45$.

VALEUR DU RAYON.	VALEUR DU SEGMENT	
	pour une portée normale de 80^m.	pour une portée réduite de 50^m.
	m	m
1000	0,80	0,32
900	0,90	0,34
800	1,00	0,40
700	1,20	0,45
600	1,40	0,50
500	1,60	0,60
400	2,00	0,80
300	3,00	1,00
200	4,00	1,60

Des explications qui précèdent, il résulte qu'on peut admettre comme valeur d'application pour les distances minima de voie normale de $1^m,45$:

1° Pour la ligne droite et la courbe convexe :

$$\delta = 1 + 0,50 + 1 = 2^m,50$$

pour la distance minima normale;

$$\delta = 1 + 0,50 + f$$

pour une distance minima réduite, soit, par exemple,

$$\delta = 1,90$$

pour une portée réduite de 50^m.

2° Pour la courbe concave :

$$\delta' = \delta + d = 2,50 + d$$

pour la distance normale, et

$$\delta' = \delta + d = 1,50 + f + d$$

pour une distance réduite, soit, par exemple,

$$\delta' = 1,90 + d$$

pour une portée réduite de 50m.

Ces formules donnent les résultats comparatifs suivants pour une portée normale de 80m et une portée réduite de 50m, le rayon variant de 1000m à 200m.

Valeurs comparatives de la distance minima en courbe concave et voie normale de 1m,45.

VALEUR DU RAYON.	VALEUR DE LA DISTANCE MINIMA δ'		OBSERVATIONS.
	pour une portée normale de 80m (2,50 + d).	pour une porté réduite de 50m (1,10 + d).	
	m	m	
1000	3,30	2,22	Les valeurs ci-contre devront être diminuées de 0m,30 pour une voie étroite de 1m et de 0m,60 pour une voie étroite de 0m,60.
900	3,40	2,24	
800	3,50	2,30	
700	3,70	2,35	
600	3,90	2,40	
500	4,10	2,50	
400	4,50	2,70	
300	5,50	2,90	
200	6,50	3,50	

En résumé, nous admettons pour *distance minima normale* la valeur de 2m,50 *en ligne droite et en courbe convexe*.

En courbe concave, *cette distance devra être augmentée de la valeur de la hauteur du segment de courbure normale*, ce qui pourra la porter, comme on le voit dans le Tableau ci-dessus, jusqu'à 4m,50 pour des rayons de 400m et même jusqu'à 6m,50 au cas exceptionnel de rayons de 200m.

Ainsi qu'il est indiqué dans la colonne d'observations des Tableaux ci-dessus, on modifiera les distances selon la largeur de la voie étroite (1).

(1) On peut présenter ces dispositions sous la forme suivante : La ligne polygonale qui joint les pieds des poteaux d'armement doit être circonscrite à une

204. Limites de la zone d'écart. — Valeur de l'écart. — Si l'on veut bien se reporter aux définitions données au n° 188, on verra facilement que, dans une ligne sur chemin de fer, la limite extérieure de la zone d'écart sera représentée par la limite extrême du terrain appartenant à la compagnie. Cette limite est souvent indiquée par une barrière ou une haie de clôture. Pour abréger le langage, nous désignerons cette limite sous le nom général de *barrière* (1).

Il est non moins évident que la limite intérieure de la zone d'écart sera représentée par une parallèle au rail menée à la distance minima telle qu'elle a été définie au numéro précédent.

Les deux limites de la zone d'écart, pour une ligne sur chemin de fer, sont donc : l'une, la barrière ; l'autre, la parallèle au rail à la distance minima ; l'écart sera la différence entre les distances de ces deux limites au rail le plus voisin.

Si donc j'appelle K la distance de la barrière au rail et d'une manière générale Δ la distance minima normale, qui pourra être δ ou δ', selon le cas, l'écart e sera représenté par

$$e = K - \Delta.$$

Or K est une donnée de fait ; cette distance se mesure sur le

---

courbe menée au moins à 3m du rail. En outre, dans les courbes convexes, le poteau ne doit pas être lui-même à moins de 2m du bord du rail.

		m
Le chiffre de 3m se justifie ainsi...	Distance du rail aux obstacles fixes..	1,50
	Valeur de la flèche..................	1,00
	Distance du poteau au fil supporté par une console longue................	0,40
		2,90

soit 3m en chiffres ronds.

Si l'on est obligé de rapprocher les appuis, la flèche diminue, et par conséquent ce chiffre de 3m sera diminué. En outre, il peut résulter d'un accord avec les agents de la compagnie une tolérance pour la distance aux obstacles fixes évidemment exagérée, ce qui abaissera encore ce chiffre de 3m, qui souvent gênerait considérablement le constructeur.

(1) Une limite de zone doit être une ligne parallèle aux rails. Or il arrivera fréquemment que la limite extrême du terrain de la compagnie (barrière, clôtures ou simple indication) ne satisfera pas à cette condition de régularité. Ainsi, en disant que nous prenons la barrière pour limite extérieure, nous nous servons d'une expression abrégée et nous entendons parler de la barrière considérée dans l'ensemble de son tracé, abstraction faite des irrégularités de courbure qu'elle peut présenter.

terrain; elle résulte de la disposition des lieux et ne peut être modifiée en aucune façon. D'un autre côté, Δ a deux valeurs fixes, δ et δ' que nous avons appris à connaître.

De la comparaison de K avec Δ peut résulter trois cas :

1° $K > \Delta$: L'écart *e* est positif et d'autant plus grand que K dépasse davantage Δ. On peut alors appliquer les règles de tracé indiquées dans les précédentes Leçons;

2° $K = \Delta$: L'écart est nul : les deux limites de la zone se confondent en une seule ligne qui, se trouvant située à une distance du rail égale à la distance minima, peut être adoptée comme ligne du tracé;

3° $K < \Delta$: L'écart serait négatif, ce qui revient à dire que, la limite extérieure de la zone se trouvant située à une distance du rail *inférieure* à la distance minima, ne peut être adoptée comme ligne de tracé. Pour se tenir à cette distance minima, il faudrait sortir du terrain du chemin de fer. Il ne restera alors d'autre ressource que de diminuer Δ jusqu'à ce qu'on arrive à avoir au moins $\Delta = K$; nous avons déjà dit comment on obtenait des distances minima réduites en adoptant des portées réduites.

Il convient de remarquer que δ' est toujours plus grand que δ; qu'en conséquence, pour une même valeur de K, on sera exposé à voir se produire le cas de $K < \Delta$ plus fréquemment en courbe concave qu'en ligne droite ou en courbe convexe. Ainsi se trouve confirmé une fois de plus ce que nous avons déjà dit sur les embarras qu'entraîne toujours avec elle la courbe *concave*.

205. Choix de la ligne de tracé. — Ainsi que nous l'avons déjà indiqué au n° 188, on choisira, en principe, pour ligne de tracé la limite extérieure de la zone d'écart, c'est-à-dire la barrière.

On se placera ainsi le plus loin possible du rail, et par conséquent dans les conditions les plus favorables en vue d'éviter tout accident pouvant résulter du *voisinage* de la ligne électrique.

On aura, en outre, l'avantage de s'exposer le moins possible à être obligé de diminuer la portée.

Tant que la distance de la barrière (ligne de tracé) au rail sera égale ou supérieure aux distances minima normales, c'est-à-dire à $2^m,50$ ou à $2^m,50$ plus le segment de courbure, selon le cas, on conservera ladite portée normale. On profitera, en outre, de l'écart plus ou moins grand qu'on pourra avoir, pour appliquer les régles générales de tracé précédemment exposées. Mais, lorsque la barrière sera à une distance du rail inférieure aux distances minima normales, on sera forcé de recourir à une portée réduite telle, que les distances minima y relatives soient au plus égales à la distance qui existe entre la barrière et le rail.

206. **Position des poteaux en ligne droite.** — Il est facile de voir comment seront placés les poteaux par rapport à la voie dans tous les cas qui peuvent se présenter.

I. — Ligne droite, terrain plat.

EF (*fig.* 109) est la voie;
AB la barrière;
CD la parallèle au rail.

Fig. 109.

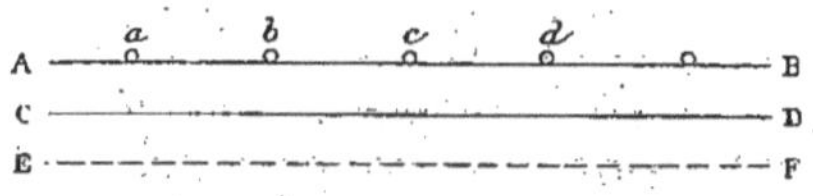

Les poteaux seront placés en *a*, *b*, *c*, *d*, ..., le long de AB à la distance de la partie normale.

II. — Ligne droite, terrain accidenté.

Ici la voie sera soit en *remblai*, si son niveau est plus élevé que celui du sol, soit en *déblai* dans le cas contraire.

En cas de remblai continu :

Soient

EF (*fig.* 110) la voie;
AB la barrière sur le terrain naturel;
CD la parallèle au rail;
MN la limite de l'empâtement du remblai.

Les poteaux seront placés en a, b, c, d, ..., le long de AB. Ils y

Fig. 110.

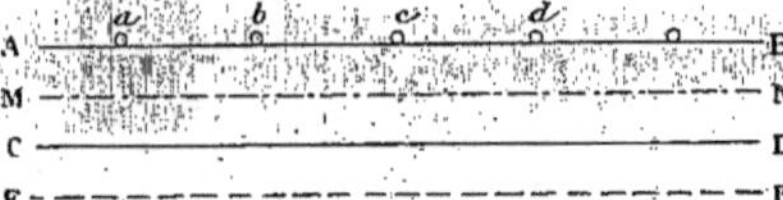

seront *bien plus solides* que s'ils étaient placés le *long de* CD *sur la terre meuble du remblai.*

En cas de déblai continu :

Soient

EF (*fig.* 111) la voie;
AB la barrière sur le terrain naturel;
CD la parallèle au rail;
MN le pied du déblai.

Les poteaux seront placés en a, b, c, d, ..., le long de AB, et ils

Fig. 111.

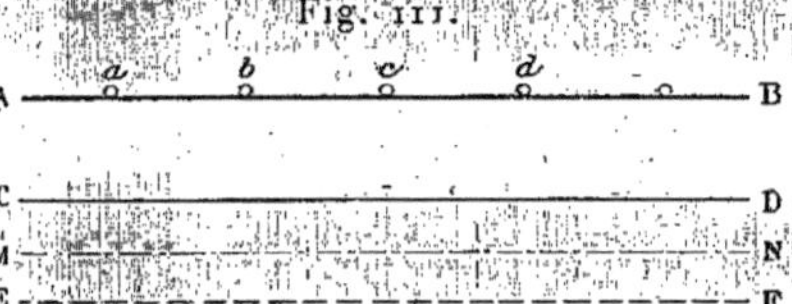

y seront mieux que *le long de* CD, où il faudrait les planter soit au pied, soit sur le talus *de la tranchée,* d'où il peut résulter que leur sommet *n'atteigne pas le niveau du sol naturel.*

Remblai et déblai successifs :

Reste à examiner le cas d'un déblai et d'un remblai succédant l'un à l'autre, auquel cas il y a forcément à la *jonction un mouvement du sol.*

Soient

XY le niveau de la voie (*fig.* 112);
MHN le profil du terrain.

De X en H la voie est en déblai, de H en Y elle est en remblai Les poteaux seront placés en a, b, c à la barrière sur le terrain naturel; puis le poteau *d*, placé également à la barrière sur le terrain naturel, nécessitera une grande portée, *cd* par exemple. Si

Fig. 112.

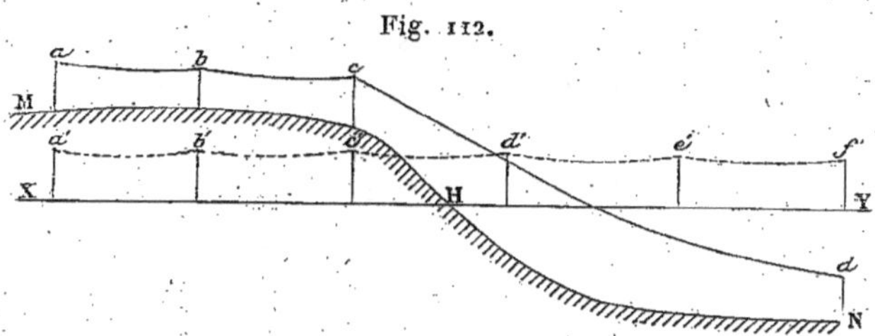

les poteaux avaient été plantés le long de la voie en a', b', c'; les suivants d', e', f' auraient dû être plantés à la distance normale. Le tracé par la barrière aura donc permis de profiter de l'accident de terrain pour diminuer le nombre des portées.

Il pourra même arriver souvent qu'on rencontre un vallon assez étroit pour qu'il soit possible de le franchir d'une seule portée.

Ainsi, par exemple :

Soient

XY (*fig.* 113) le niveau de la voie;
MN le profil du terrain;

Avec le tracé par la voie il faudrait cinq poteaux a', b', c', d' à la

Fig. 113.

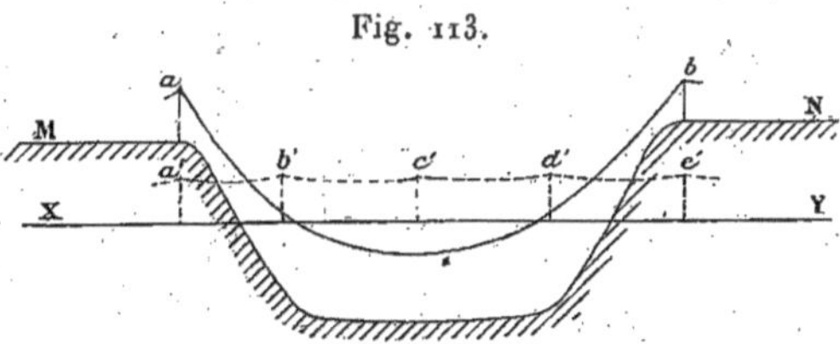

distance normale, tandis qu'on pourra en supprimer trois, et faire la portée *ab*.

III. — Ligne courbe, terrain plat.

Supposons d'abord que la *longueur* de la courbe soit un *mul-*

tiple exact de la *portée normale* et que *l'emplacement* d'un poteau tombe *juste* à *l'origine* de la courbe.

Dans le cas qui nous occupe, la zone d'écart peut être concave ou convexe et, dans chacun de ces deux cas, le nombre des portées dans la courbe peut se trouver pair ou impair.

Zone concave; nombre pair des portées.

Soient
EF (*fig.* 114) la voie;
AB la barrière;
CD la parallèle au rail;
la courbe commence en A et finit en B; il y a 4 portées.

Fig. 114.

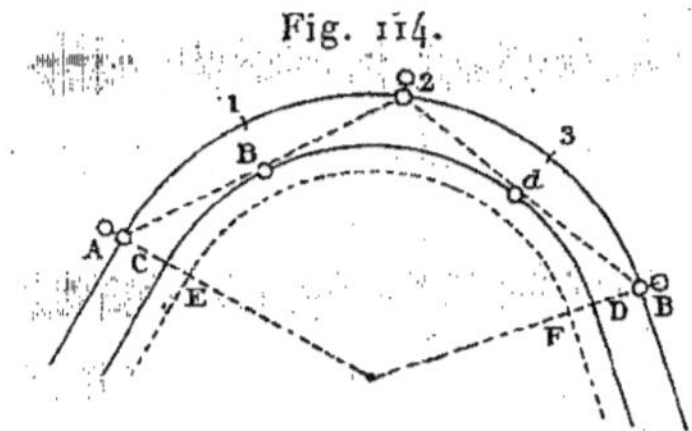

Les poteaux seront placés le long de AB et tous consolidés en A, 1, 2, 3, B, à moins que l'écart interne ne soit suffisant pour faire la simplification. Dans ce cas on a le tracé A, *b*, 2, *d*, B.

Zone concave; nombre impair de portées.

Soient
EF (*fig.* 115) la voie;
AB la barrière;
CD la parallèle au rail.

La courbe commence en A et finit en B; il y a 5 portées.

Les poteaux seront placés le long de AB et tous consolidés en A, 1, 2, 3, 4, B, à moins que l'*écart interne* ne soit suffisant pour faire la simplification. Dans ce cas, on a le tracé A, *b*, 2, *d*, 4, B. Mais il y aurait deux consolidations successives en 4 et en B. On peut obtenir une disposition plus symétrique en marquant sur la droite BZ le poteau *h* correspondant de B, en tirant la droite 4, *h* et en reportant le poteau B en *g*, se réservant de

Fig. 115.

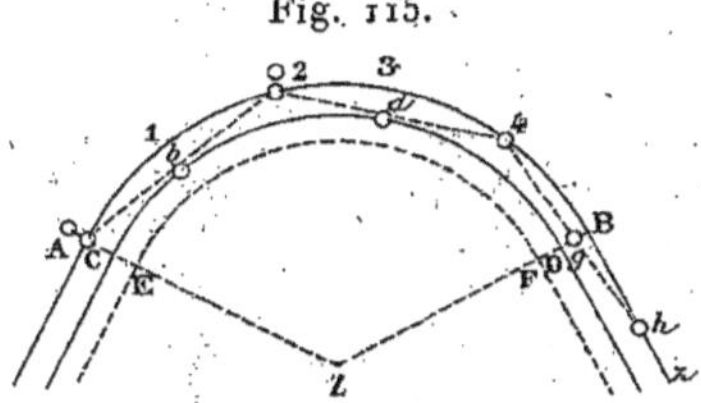

consolider le poteau *h*. La chose sera possible attendu que le point *g* sera dans l'intérieur de la zone d'écart.

Zone convexe; nombre pair de portées.

Soient

EF (*fig.* 116) la voie;
AB la barrière;
CD la parallèle au rail;
A le commencement et B la fin de la courbe.

Il y a quatre portées. Les poteaux seront placés le long de AB

Fig. 116.

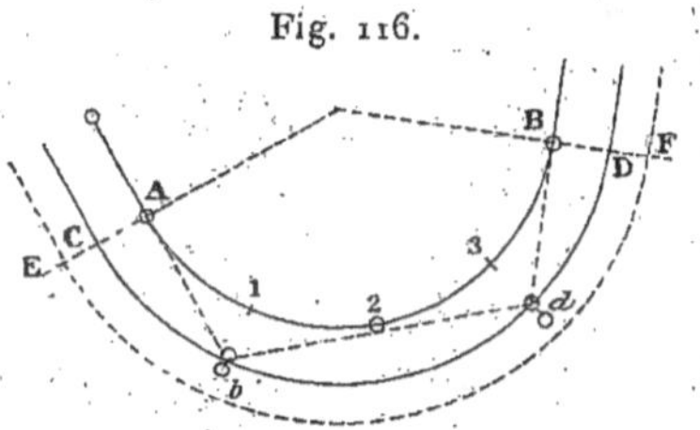

et tous consolidés en A, 1, 2, 3, B, à moins que l'*écart externe* ne soit suffisant pour faire la simplification. Le tracé est alors A, *b*, 2, *d*, B.

Zone convexe; nombre impair de portées.

Soient

EF (*fig.* 117) la voie;
AB la barrière;
CD la parallèle au rail;
A le commencement et B la fin de la courbe.

Il y a cinq portées. Les poteaux seront placés le long de AB et tous consolidés en A, 1, 2, 3, 4, B, à moins que l'*écart externe*

Fig. 117.

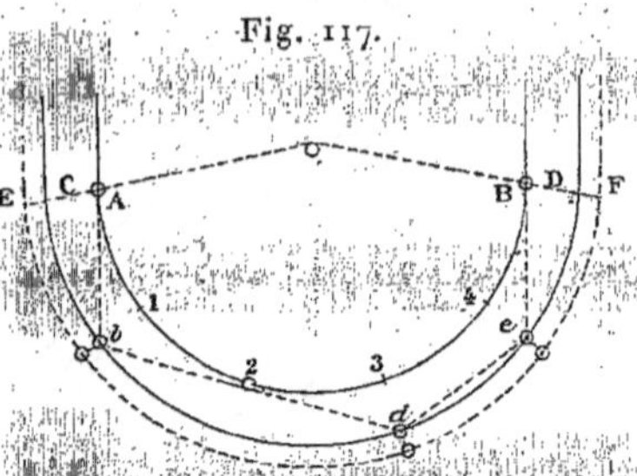

ne soit suffisant pour faire la simplification.

Le tracé est alors A, *b*, 2, *d*, *e*, B.

CAS GÉNÉRAL DE LA COURBE EN TERRAIN PLAT.

Dans tout ce qui précède nous avons supposé que la longueur de la courbe était un multiple exact de la portée normale, et que l'emplacement d'un appui tombait juste à l'origine de la courbe, ce qui exigerait que la longueur de la partie droite venant avant la courbe fût elle-même un multiple de la portée normale. Or, dans la pratique, il n'en sera presque jamais ainsi, mais nous allons voir qu'on pourra néanmoins appliquer les mêmes règles.

I. — Zone concave.

Soit, en effet, une zone concave AB, CD (*fig.* 118).

Fig. 118.

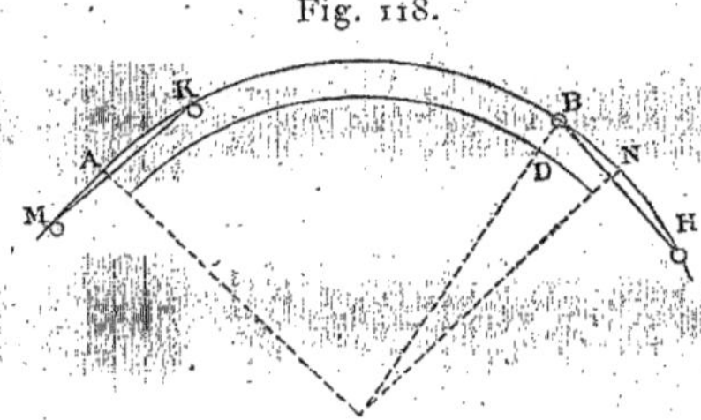

Soit M le dernier poteau marqué sur la ligne droite; de M en A, il n'y a pas la distance normale. Menons une corde MK égale à cette portée, et, au lieu d'entrer sur la courbe à son origine A, nous l'atteindrons au point K. A partir de ce point K, on comptera des portées normales successives sur la courbe et l'on fera si on le peut la simplification. En procédant ainsi, ou bien on arrivera juste à l'extrémité de la courbe, après avoir compté un nombre pair ou impair de portées normales, et alors on sortira de la courbe comme il a été indiqué (*fig.* 118 et 119), ou bien il y aura un reliquat de courbe plus petit que la portée normale. En ce cas, on procédera comme il suit :

Soient B le dernier poteau marqué sur la courbe, BN le reliquat de courbe ; on tirera la corde BH égale à la portée normale et l'on rejoindra la ligne droite au point H sur un poteau consolidé.

II. — Zone convexe.

Soient

AB, CD (*fig.* 119) une zone convexe ;

M le dernier poteau marqué sur la ligne droite.

Fig. 119.

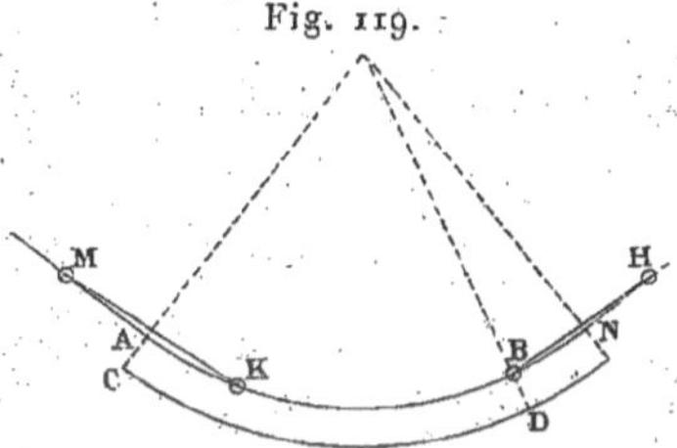

MA est plus petit que la portée normale ; on mène une corde MK égale à la portée normale et l'on entre sur la courbe en K. A partir de ce point, on compte des portées normales, et l'on fait la simplification si on le peut. On consolide le poteau K lorsque c'est nécessaire. Si, en procédant ainsi, on arrive juste au bout de la courbe après avoir compté un nombre pair ou impair de portées normales, on en sort, comme il a été indiqué (*fig.* 116 et 117). S'il y a un reliquat de courbe on procède comme il suit :

Soient B le dernier poteau marqué sur la courbe ; BN le reliquat de la courbe ; on trace la corde BH égale à la portée normale et l'on rejoint la ligne droite en H par un poteau consolidé. On consolide également le poteau B, si c'est nécessaire.

III. — Ligne courbe, terrain accidenté.

Dans le cas d'une *zone concave*, on voit, en se reportant aux *fig.* 116, 117, que soit en *remblai* soit en *déblai* continus les poteaux consolidés sont toujours à la barrière, c'est-à-dire *sur le terrain naturel*, les poteaux simples étant reportés sur le remblai ou sur le talus du déblai, si on fait la simplification.

Dans le cas d'une zone convexe, les *fig.* 116 et 117 montrent qu'au contraire ce sont les poteaux consolidés qui, si on fait la simplification, doivent être reportés sur le *remblai* ou sur le talus du *déblai*.

Ce second cas est donc moins favorable que le premier, au point de vue de la solidité, puisque le terrain naturel offrira presque toujours de meilleures conditions que tout autre pour les consolidations; mais, par compensation, les fils étant alors portés hors de la voie, on aura moins à redouter les dangers dus à la défaillance possible d'un appui consolidé.

Enfin, lorsqu'un déblai ou un remblai succéderont l'un à l'autre, les poteaux seront placés comme il vient d'être indiqué par rapport au déblai et au remblai, mais on tiendra compte, en outre, de l'effet du mouvement de terrain.

Fig. 120.

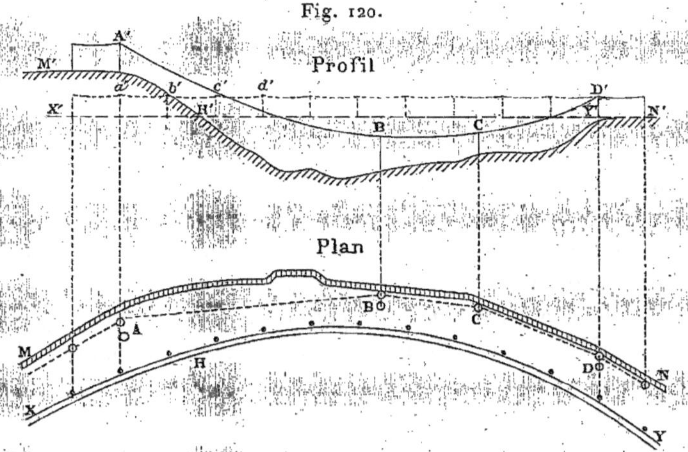

Soient, par exemple (*fig.* 122), M'N' le profil du terrain; X'Y'

le niveau de la voie dont on voit le plan en XY; en H, H′ un déblai succède à un remblai; la courbe est concave; la barrière est représentée en plan par la ligne MN.

A partir de M, on se trouve sur le sol naturel, au haut de la tranchée. Du poteau consolidé AA′, on a une grande portée jusqu'au poteau consolidé BB′. De ce dernier au poteau consolidé DD′, il existe un poteau simple CC′, par application de la simplification par *écart interne*.

Si l'on avait adopté le tracé par la voie, on aurait eu dix appuis au lieu de quatre pour le même intervalle de ligne.

207. **Points remarquables des lignes sur chemins de fer.** — Les points remarquables que l'on rencontre le long d'un chemin de fer sont :

1° Les passages à niveau;
2° Les passages supérieurs;
3° Les passages inférieurs;
4° Les ponts et viaducs;
5° Les souterrains ou tunnels;
6° Les gares.

I. — Passages a niveau.

Soient XY la coupe du terrain le long de la barrière (*fig.* 121),

Fig. 121.

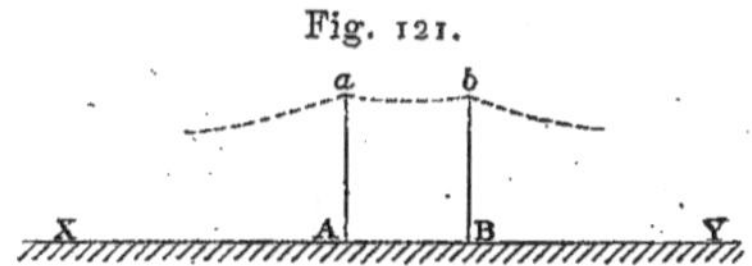

qui est notre ligne de tracé, et AB la largeur de la route. On place deux poteaux d'exhaussement Aa et Bb, un de chaque côté de la route. Ces poteaux sont pourvus d'isolateurs à arrêt double cloche sur lesquels les fils sont arrêtés invariablement. En raison de la hauteur des poteaux et de la flèche à peu près nulle due à la petite longueur de la portée AB, les fils auront au-dessus de la route la hauteur nécessaire pour ne pas gêner la circulation. On pourra d'ailleurs, s'il est nécessaire, diminuer l'écart des isolateurs sur les poteaux d'exhaussement. Cette hauteur, comme on l'a déjà dit, doit être de $6^m,50$. En second lieu, les fils, étant solidement arrêtés en *a* et *b*, ne risquent pas de tomber en travers de la route dans le cas d'accident ou de rupture en un point voisin de la ligne.

Il est entendu qu'avant le poteau A*a* et B*b*, on fera soit la portée différentielle normale pour la différence de hauteur des points d'attache, soit, en cas de difficulté, une portée différentielle réduite sans cependant descendre jamais au-dessous du minimum qui est $2\sqrt{\frac{2}{Mn}}\sqrt{m}$ ou, en pratique, $38,6\sqrt{m}$.

Pour les passages à niveau affectés à des chemins secondaires, on se contente de placer un seul poteau d'exhaussement A*a* (*fig.* 124) sur l'un des côtés du passage. Le correspondant *cd* est

Fig. 122.

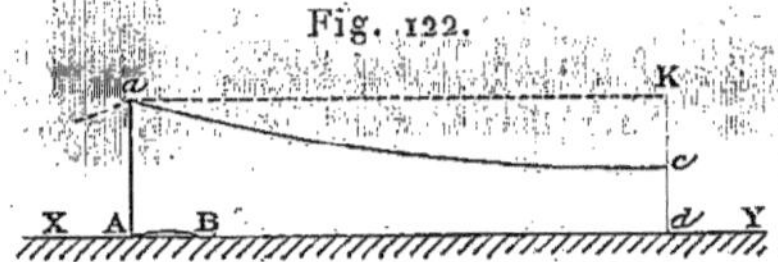

planté à une distance A*d*, égale à la portée différentielle normale pour la différence *c*K des points d'attache. Le fil se trouve suffisamment exhaussé par le seul poteau A*a*. On arrête les fils aux points *a* et *c* pour les mêmes motifs que précédemment.

II. — Passages supérieurs.

Soient

XY (*fig.* 123) la voie;
HN la barrière sur le terrain naturel;
M le pont qui constitue le passage.

On encadre la route comme précédemment au moyen de deux

Fig. 123.

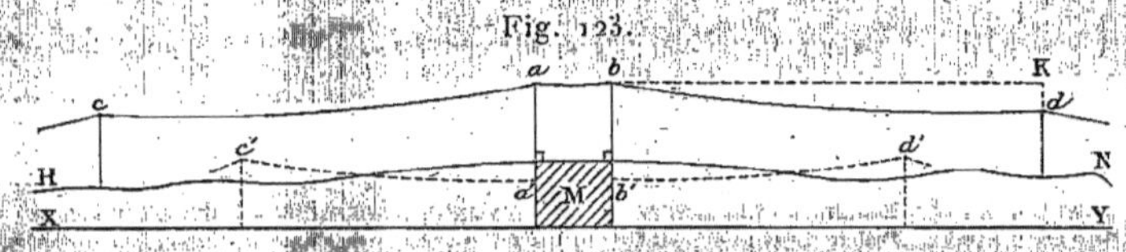

poteaux d'exhaussement *a* et *b* sur lesquels on arrête solidement les fils. Les poteaux correspondants c et d sont, autant que possible, à une distance égale à la portée différentielle normale pour la différence de niveau dK des deux points d'attache. En cas de difficulté, on pourra à la rigueur faire une portée différentielle réduite ; mais, en tout cas, il faudra bien se garder de descendre au-dessous du minimum qui, je le rappelle, est $2\sqrt{\frac{2}{\mathrm{M}n}}\sqrt{m}$, et, en pratique, $36,8\sqrt{m}$, sous peine de commettre la faute de planter un poteau tirant sur les fils.

III. — Passages inférieurs.

Soient

XY (*fig.* 124) la voie ;
HN la barrière sur le terrain naturel ;
M le pont.

Dans le tracé par la voie, on n'aurait pas à tenir compte du pont (*voir* tracé pointillé) ; mais il est préférable de procéder,

Fig. 124.

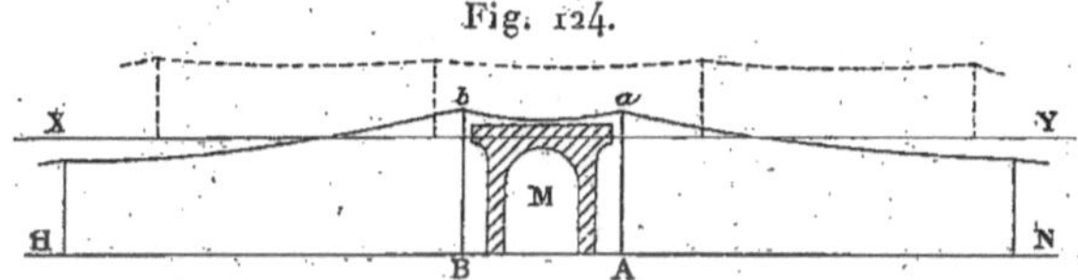

comme précédemment, en encadrant le passage entre deux poteaux d'exhaussement Aa et Bb sur lesquels les *fils seront arrêtés.*

IV. — Ponts et viaducs.

Le cas de ponts ou viaducs, sur lesquels la voie ferrée traverse des cours d'eau ou des vallées, étant le même que pour les lignes sur route, sera examiné à l'occasion de ces dernières.

V. — Souterrains ou tunnels.

Il y a ici deux manières d'opérer :

1° Passer dans l'intérieur du tunnel ;
2° Passer par-dessus.

Dans le premier cas, il ne faut pas penser à placer les fils le long de la voûte du tunnel. Leur isolement serait impossible à maintenir en raison de l'humidité qui suinte dans la plupart des souterrains. En outre, on ne verrait pas les fils. On a donc été conduit à adopter pour franchir entièrement les tunnels l'emploi de câbles souterrains. Ce procédé exige des guérites ou des boîtes de raccordement aux deux têtes du tunnel.

Dans le second cas, on continue la ligne aérienne par-dessus le tunnel, et l'on rentre alors, pour cette partie, dans la construction des lignes sur route dont nous nous occuperons bientôt.

Chaque procédé a ses inconvénients et ses avantages.

D'abord, au point de vue de la visibilité de la ligne par un *surveillant en wagon*, les deux procédés se trouvent dans le même cas, puisque, ni dans l'un, ni dans l'autre, cet agent ne peut voir la ligne; mais alors que, dans le premier, le surveillant ne peut voir les fils, même dans un parcours à pied, il peut, au contraire, les voir dans le second. Si un dérangement se produit dans la traversée du tunnel, il faudra, dans le premier cas, un temps assez long pour faire une coupure, tandis que, dans le second, l'agent verra le dérangement et le relèvera promptement.

D'un autre côté, la ligne souterraine est soustraite à beaucoup d'actions climatériques qui s'exercent sur la ligne aérienne.

Tout considéré, nous admettrons que, à moins que le tracé par-dessus le tunnel n'offre des difficultés très grandes, il est préférable d'éviter la ligne souterraine.

VI. — Gares.

Par application du principe en vertu duquel on a adopté comme ligne de tracé la barrière, les gares seront complètement contournées en continuant à suivre lesdites barrières.

Les gares ont toutes, en général, la forme suivante : Un grand rectangle *abcd* (*fig.* 125) terminé par deux passages à niveau A et B. Au milieu, le bâtiment des voyageurs C et celui des marchandises D.

On adoptera un tracé dans ce genre. On quitte la voie avant le passage A sur un poteau consolidé; on traverse le chemin en ligne droite; on reprend la barrière au moyen d'un appui consolidé; on suit la barrière jusqu'à l'autre extrémité où on la quitte pour regagner la voie par un tracé symétrique de celui adopté pour l'entrée.

Par ce mode de tracé, on évitera de planter dans l'intérieur même de la gare des poteaux qui, malgré tout le soin qu'on peut

Fig. 125.

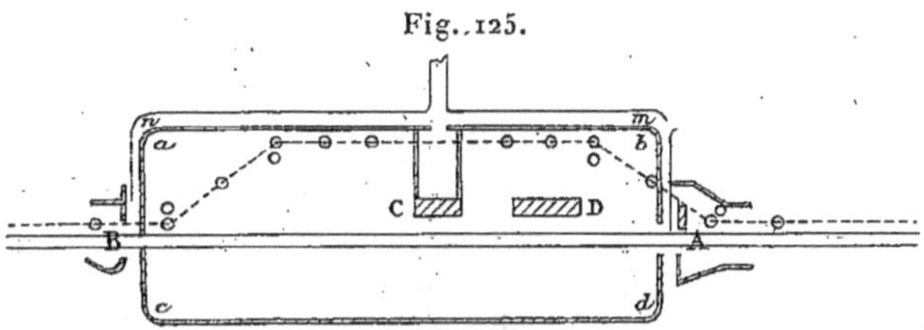

apporter à en choisir l'emplacement, resteront toujours exposés. On y trouvera, en outre, un grand avantage au point de vue des élagages que l'établissement de la ligne rendra nécessaires.

VII. — Traversées de voies ferrées.

Dans une ligne sur chemin de fer, on doit toujours suivre le même côté de la voie, afin d'éviter de traverser cette voie, sauf aux points de croisement où il n'est pas possible de l'éviter et dans des cas exceptionnels où toutes ces traversées, en raison même du danger qu'elles offrent, doivent être l'objet de soins tout particuliers. Les fils doivent toujours être solidement arrêtés des deux côtés de la voie, et les appuis qui comprennent la traversée, choisis parmi les plus solides. On les consolide au besoin. Lorsque cela est possible, il ne faut pas manquer de profiter, pour ces traversées, de toutes les circonstances locales particulières, telles que pont supérieur, tranchée profonde, de nature à diminuer les chances de chute sur la voie du matériel de la ligne. En tout cas, on doit traverser dans les gares ou très près, c'est-à-dire dans les endroits où les trains n'ont jamais toute leur vitesse, et en un point surveillé, passage à niveau, poste d'aiguilleur, etc. Les fils doivent avoir au-dessus des voies une hauteur minima de $5^{m},50$.

DIX-HUITIÈME LEÇON.

SOMMAIRE.

Tracé des lignes sur route. — Choix de la route et du côté de la route à suivre. — Classification des routes. — Routes en terrain plat ou peu accidenté. — Limites de la zone d'écart. — Difficultés spéciales inhérentes à la courbe concave vers la route. — Agrandissement de l'écart par l'établissement de poteaux dans les propriétés riveraines de la route. — Précautions spéciales à observer. — Routes en terrain accidenté ou en pays de montagnes. — Classement des routes à considérer. — Indications générales sur le tracé dans les divers cas de courbure de la route. — Tournant concave. — Tournant convexe. — Tournants contraires successifs. — Accouplements contrariés. — Lignes sur tunnel ou de raccordement des gares aux localités. — Points remarquables des lignes sur route. — Routes transversales. — Ponts et viaducs. — Villes et villages. — Utilisation des murs. — Brides ou colliers. — Potelets avec tiges ou consoles. — Tracé des lignes urbaines.

PRINCIPES GÉNÉRAUX RELATIFS AUX LIGNES SUR ROUTES.

208. **Lignes sur route.** — Alors que l'établissement des lignes sur chemin de fer n'exige, comme on l'a vu, qu'un petit nombre de recherches préliminaires et nécessite le seul emploi de quelques règles assez simples, le tracé sur route demande, au contraire, des études réelles et attentives.

209. Dans la plupart des cas, il y aura tout d'abord à résoudre la question *du choix de la route à suivre*. Il est rare, en effet, qu'en l'état actuel de la vicinalité en France on ne puisse se rendre d'un point à un autre par plus d'un chemin.

En ce qui concerne le choix de la route, on peut être guidé par des considérations assez nombreuses et assez variées. On pourra bien se livrer à un premier examen au moyen d'une carte (celle de l'État-Major ou bien les cartes départementales qu'on trouve dans le commerce), mais le parcours à pied de la ligne entière par les diverses voies est *seul* susceptible de fournir, par l'examen approfondi des lieux et des difficultés de toute nature qu'ils présentent, les éléments d'une appréciation exacte. D'une manière générale, on devra préférer les routes :

1° *Les plus courtes :* la raison de ce choix est évidente;

2° *Les plus droites :* on aura ainsi le moins grand nombre possible de courbes et par suite de consolidations;

3° *Celles qui traversent le moins souvent des terrains peu stables et marécageux :* on obtiendra par là plus de solidité et une plus grande durée des poteaux;

4° *Les plus découvertes et les moins plantées :* on réduira de cette manière au minimum possible l'effet nuisible du contact des fils avec les corps en relation directe avec la terre, et on réalisera des économies dans la construction et l'entretien;

5° *Celles qui offrent le plus de facilités pour les transports et les travaux :* question d'économie.

210. Choix du côté de la route. — Une fois la route fixée, il reste à choisir le côté à suivre. On tiendra compte pour cela :

1° De ce que le meilleur tracé est celui qui portera le moins souvent possible les fils sur la route, c'est-à-dire qui présentera le plus petit nombre de courbes concaves sur la voie;

2° De la direction des vents régnants que l'inclinaison générale des arbres indique toujours; ce qui portera à préférer, toutes choses égales d'ailleurs, le côté de la route par lequel n'arrivent pas les vents dont il s'agit.

Mais cette étude, qui doit d'ailleurs se faire en même temps que la précédente, n'a plus la même importance que pour les chemins de fer, attendu qu'ici on n'aura plus à s'imposer la condition absolue de ne pas changer de côté. On pourra traverser la route lorsqu'on y trouvera un avantage réel et que la traversée pourra s'effectuer dans de bonnes conditions, c'est-à-dire :

1° Dans une direction sensiblement normale à la route;

2° A une hauteur grandement suffisante;

3° De manière qu'en cas de dérangement les fils ne puissent causer un accident par leur chute sur la route.

Nous allons même voir dans un instant qu'il y a des cas où, si l'on ne voulait pas user de la faculté de traverser la route, on serait conduit à des tracés impossibles.

211. Classification des routes. — Nous avons à distinguer deux espèces de routes qui doivent être traitées de deux manières distinctes :

1° Les routes en terrain plat ou peu accidenté ;

2° Les routes en terrain fortement accidenté ou en pays de montagnes.

ROUTES EN TERRAIN PLAT OU PEU ACCIDENTÉ.

Ces routes, en ce qui concerne le tracé de la ligne, se rapprochent des chemins de fer et l'on doit, en conséquence, appliquer les mêmes règles.

212. Limites de la zone d'écart. — Les deux limites de la zone d'écart seront ici représentées : la limite intérieure par l'arête extérieure de la chaussée qui est aussi l'arête intérieure du fossé *a* (*fig.* 126) et la limite extérieure par l'arête extérieure du fossé *b*. L'écart n'aura donc ici que la largeur du fossé.

Fig. 126.

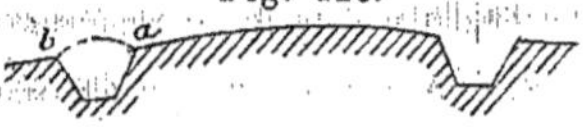

Il est vrai que dans le cas d'un déblai, l'écart s'agrandira et de-

Fig. 127.

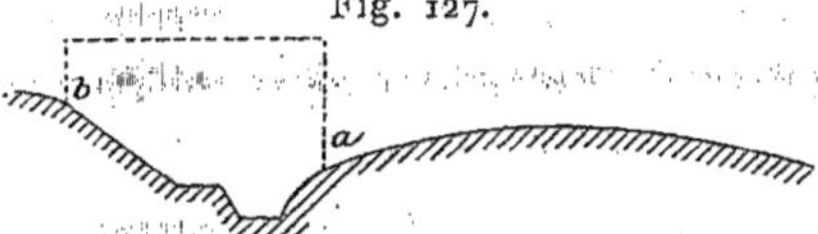

meurera *ab* (*fig.* 127) et que dans le cas d'un remblai il s'agrandira également et deviendra *a'b'* (*fig.* 128) ; mais comme, dans le cas

Fig. 128.

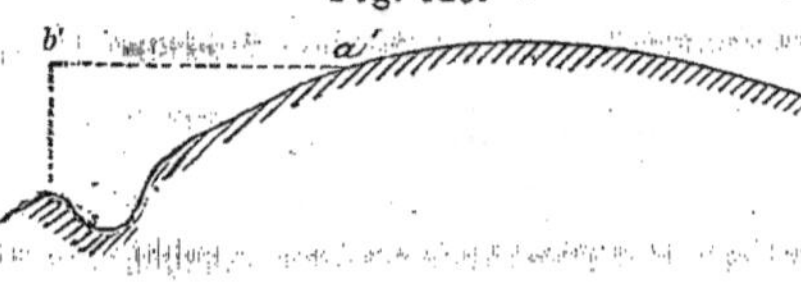

dont nous nous occupons, les déblais et remblais seront de faible hauteur, l'agrandissement dont il s'agit ne sera pas considérable.

On peut donc dire qu'en général on ne disposera que d'un écart assez faible.

Si donc nous nous reportons aux considérations développées dans la leçon précédente (nº 204), nous voyons que fréquemment, dans le cas de la courbe concave du côté de la route, l'écart ne sera pas suffisant pour permettre de tracer la ligne, sans être exposé à ce que les fils empiètent sur la route. On sera alors obligé de changer de côté.

213. Agrandissement de l'écart par l'établissement de poteaux dans les propriétés privées. — Précautions nécessaires. — Des diverses considérations qui précèdent, il résulte que, sur les routes dont nous nous occupons, on sera souvent gêné par l'étroitesse de la zone d'écart. Quelquefois des circonstances particulières (on en a déjà cité quelques-unes) permettront de se procurer l'écart utile ; mais il est un moyen auquel on pourra recourir dans les cas d'absolue nécessité. Ce moyen consiste à planter des poteaux sur les propriétés riveraines de la route.

La loi du 28 juillet 1885, art. 3, autorise, en effet, la plantation d'appuis sur le sol des propriétés non bâties qui ne sont pas fermées de murs ou autre clôture équivalente, et, pour ce fait, il n'est dû au propriétaire d'autre indemnité que celle du préjudice résultant des travaux de construction de la ligne ou de son entretien (art. 10).

Cette indemnité se règle à l'amiable ou, en cas de difficultés, devant le conseil de Préfecture. L'arrangement intervenu est consacré par une convention sous seing privé, et il convient de faire accepter au propriétaire une somme payée une fois pour toutes.

Il faudra donc rechercher une disposition des appuis, telle que le préjudice causé soit nul ou aussi faible que possible. On fixera de préférence l'emplacement des poteaux au bord des murs de clôture, des chemins, des ruisseaux, des séparations de champs, etc. On aura soin de se mettre en rapport avec l'intéressé, de lui faire comprendre qu'aucune gêne, aucun préjudice ne lui seront causés ni par la construction ni par l'entretien de la ligne, et, dans ces conditions, on obtiendra généralement l'autorisation à titre gracieux.

En tout cas, on ne devra user de la faculté de passer à travers champs qu'avec une grande discrétion. Il ne s'agit pas ici d'abandonner la route, mais seulement de s'en écarter dans des cas particuliers où cela est indispensable pour un bon tracé, et cela sous les réserves suivantes :

1° Que tout poteau reste visible de la route;

2° Qu'il soit facilement accessible à un surveillant qui suit cette même route.

ROUTES EN TERRAIN ACCIDENTÉ OU EN PAYS DE MONTAGNES.

214. Considérations générales. — Passons maintenant au cas d'une ligne sur route en *terrain accidenté* ou en *pays de montagnes.*

Ici on rencontrera des reliefs du sol très accusés, des ravins, des points culminants, des lacets fréquents et des courbes de très petit rayon. On devra donc faire appel à tous les moyens que peut fournir l'intelligente application des principes précédemment exposés. Le tracé comportera, en général, des solutions tellement variées qu'il exigera des études attentives et patientes.

En ne perdant pas de vue le principe fondamental que la ligne doit être un polygone à sommets consolidés et ayant les côtés rectilignes les plus longs possibles ; en admettant, en outre, et cela dans les conditions et sous les réserves déjà indiquées :

1° La faculté de traverser la route tant qu'il est utile ;

2° L'établissement de grandes portées ;

3° La plantation accidentelle d'appuis dans les terrains avoisinant la route ;

on pourra presque toujours arriver à faire une ligne solide, ayant le plus petit nombre possible d'isolateurs, et dont le prix de revient ne sera pas élevé.

215. Classement des routes à considérer. — Autrefois les ingénieurs qui construisaient les routes se préoccupaient avant tout, dans le tracé, de rechercher la ligne droite. Il existe encore quelques routes de cette nature. Ce sont là, en quelque sorte, des desiderata pour la télégraphie. Dans ce cas, il n'y a qu'à les suivre fidèlement. Aujourd'hui, les ingénieurs ont surtout en vue de réduire les pentes et les rampes. Pour cela ils suivent généralement les vallées. Lorsque les vallées sont étroites, ils sont amenés à tracer des routes en corniche sur le flanc même des coteaux ou montagnes. On rencontre alors des tournants nombreux et souvent très accentués.

Les dispositions topographiques qui peuvent s'offrir dans ce cas sont, pour ainsi dire, innombrables; aussi serait-il impossible de donner des règles précises. On ne peut que se borner à des indications générales.

216. Modes de tracé suivant la topographie de la route. — Nous distinguerons deux espèces de tournants de route :

1° Les tournants dans lesquels la courbe que fait la route présente sa concavité du côté du ravin et par suite sa convexité du côté de la montagne : ce sont les tournants concaves vers le ravin;

2° Les tournants dans lesquels la route présente, au contraire, sa convexité du côté du ravin, et par suite sa concavité du côté de la montagne. Ce sont les tournants concaves vers le ravin

Cela posé, nous allons examiner d'abord le cas élémentaire d'un seul tournant entre deux lignes droites, puis nous passerons à celui de deux ou plusieurs tournants successifs.

I. — Tournant concave vers le ravin.

Soit M (*fig.* 129) un tournant concave vers le ravin et situé entre deux parties droites N et K; on trace, je suppose, en allant de N vers K : d'abord, par application de la règle qui consiste à fuir dans le tracé la courbe concave, on devra se poser pour objectif d'établir la ligne, dans le tournant, sur la droite de la route, c'est-à-dire du côté du ravin.

Si l'on est déjà sur ce côté dans la ligne droite N qui précède la courbe, une fois qu'on sera arrivé à l'origine A du tournant, on essayera d'aller en ligne droite à l'autre extrémité du tournant, soit de A en A′, soit de A en A″, selon que l'on aura intérêt à rester sur la droite ou à passer sur la gauche dans la partie K. Cette solution est à rechercher, fallût-il pour cela placer un ou deux poteaux hors la route entre A et les points A′ ou A″. C'est là un des cas où l'établissement de poteaux dans les propriétés privées serait le mieux justifié.

Si l'on se trouvait du côté gauche dans la ligne droite N, on

Fig. 129.

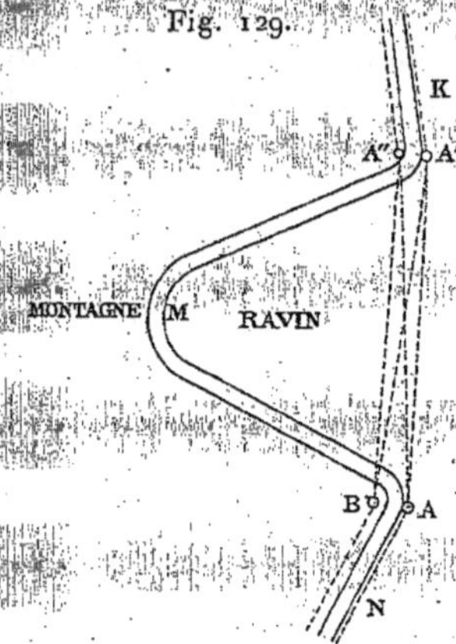

traverserait la route en B pour aller de là en A′ ou en A″, comme précédemment.

Dans le cas où il serait impossible d'adopter ces tracés, on devrait se résigner à suivre la route; mais, comme on sera du côté droit, on évitera toujours pour la ligne le tracé concave vers la route.

II. — Tournant convexe vers le ravin.

Soit M (*fig.* 130) un tournant convexe vers le ravin et situé entre deux parties droites N et K; on trace, je suppose, de N vers K.

D'abord, pour *fuir la courbe concave*, on se proposera pour objectif de suivre le côté gauche de la route, c'est-à-dire le *côté de la montagne*. Si l'on est déjà sur ce côté dans la ligne droite N, on essayera d'aller en ligne droite par-dessus la montagne de A en A′ ou en A″ selon qu'on aura intérêt à rester sur la gauche ou à passer sur la droite vers la partie K.

Si dans la partie N on se trouve sur la droite de la route, on la traversera en B et l'on ira de B en A′ ou de B en A″, comme précédemment. Dans le cas où il serait impossible ou dangereux de passer par-dessus la croupe de la montagne, ou bien encore s'il fallait pour cela s'écarter par trop de la route, on serait réduit à se rapprocher du sommet du tournant. On quitterait alors la route en un point L ou L′ avant d'arriver à l'origine du tournant et on la rejoindrait en un point H ou H′ situé à une certaine distance de la fin de ce même tournant. Dans l'intervalle, on toucherait vers le milieu de la courbe en essayant de la franchir au moyen d'un seul poteau consolidé; on obtiendrait ainsi, soit le tracé LL′*b*H′H, soit le tracé LL′*a*H′H.

Fig. 130.

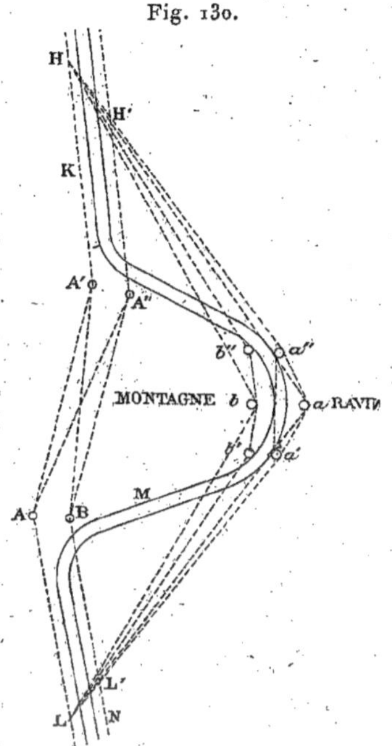

Si la courbe ne pouvait être franchie avec un seul appui consolidé, on en mettrait deux ou trois, et l'on aurait des tracés comme LL′*b*′*bb*″H′H ou LL′*a*′*aa*″H′H.

Remarquer que les tracés qui passent à gauche du tournant selon *b*′, *b*, *b*″ sont meilleurs que ceux qui passent selon *a*′, *a*, *a*″ à droite puisqu'ils évitent le tracé concave vers la route.

De plus, ce ne sera pas sans difficulté qu'il sera possible, dans la plupart des cas, de suivre la droite du tournant et de placer des poteaux en des points tels que *a*, *a*′ et *a*″. On aura en effet, alors, tous les inconvénients du tracé concave qui portera les fils sur la route avec cette circonstance aggravante que l'écart sera très petit et souvent même absolument nul.

Le cas échéant, on pourra essayer de couper le tournant en traversant deux fois la route et aller par exemple directement de *a*′ en *a*″ (*fig.* 130); mais le mieux sera toujours d'essayer de passer sur la montagne.

Remarquer encore que dans les divers tracés qui viennent d'être indiqués comme devant être essayés sur le côté de la montagne, les traversées de route se feront dans de très bonnes conditions, à cause de l'élévation que donne aux appuis le seul fait de les placer sur un terrain qui domine la route. Les accouplements, placés ainsi sur des points élevés, devront, bien entendu, être très solides. Au besoin, on mettrait trois poteaux. Enfin, si aucun des tracés ci-dessus indiqués n'est possible, il faudra se résigner à suivre toute la courbe; mais, comme on se trouvera du côté gauche, on évitera toujours pour la ligne le tracé concave vers la voie.

III. — Tournants contraires successifs.

Examinons maintenant le cas général dans lequel les tournants se succèdent tout en étant alternativement concaves et convexes.

Soient M, N, P, Q (*fig.* 131) plusieurs tournants successifs

Fig. 131.

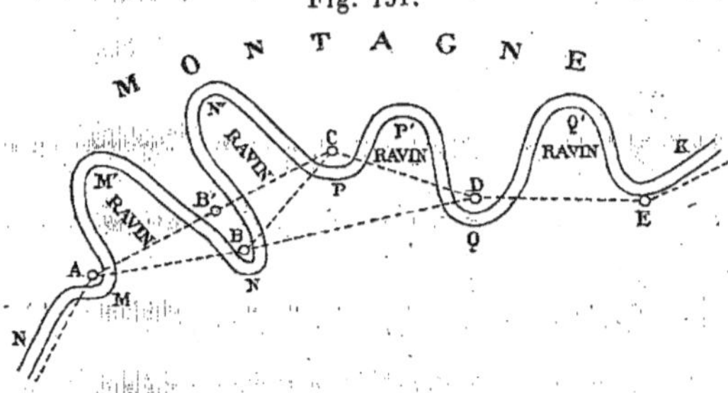

convexes compris entre deux parties droites N et K, et alternant avec les tournants concaves M', N', P', Q'; on trace en allant de N vers Q. Par application des règles précédemment exposées, on se proposera pour objectif de franchir les tournants concaves en une seule portée établie au-dessus du ravin et de passer les tournants convexes au moyen d'un seul appui planté sur le versant de la montagne au-dessus de la route.

On sera ainsi conduit à un tracé dans le genre de celui qui est indiqué en A, B, C, D, E.

Il va sans dire qu'on ne sera pas obligé de toucher à tous les tournants convexes et que si, par exemple, une fois arrivé en B, on pouvait aller de B en D, il ne faudrait pas passer en C. De même, si on pouvait aller directement de A en C avec un poteau en B sur la montagne, il n'y aurait pas lieu de se détourner pour passer en B au bord même de la route.

Ainsi qu'il a été déjà expliqué, si les ravins n'étaient pas assez profonds pour les franchir en une portée, on mettrait des poteaux intermédiaires dans le bas-fond, et si les tournants convexes n'étaient pas assez courts pour être passés au moyen d'un seul appui, on se résignerait à en mettre un plus grand nombre sur le versant de la montagne et autant que possible au bord de la route.

Accouplements contrariés.

Il convient dans les tracés d'éviter de placer deux accouplements successifs de sens contraire à moins que les angles *b* et *c* ne soient très grands. Une telle disposition produit, en effet, un très mauvais effet. Ainsi un tracé comme *abcd* (*fig.* 132) serait mauvais. Dans les cas de l'espèce, on accouple *a* et *d*, et l'on va en ligne droite de *a* en *d*, en traversant la route au moyen d'un poteau d'exhaussement en *e*.

Fig. 132.

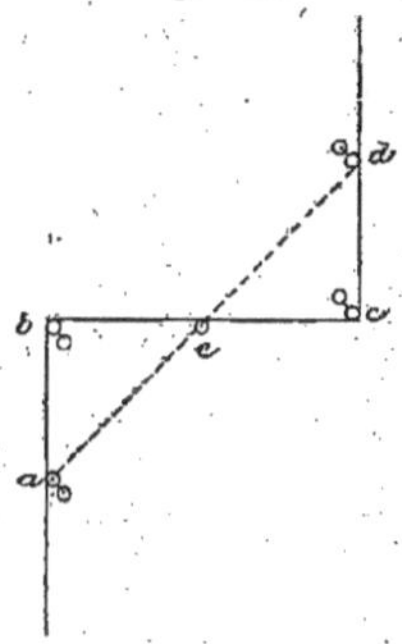

En somme, une étude attentive permet généralement d'arriver à déterminer un bon tracé; il peut se faire cependant que l'on rencontre une route très étroite par elle-même, avec une zone d'écart insignifiante, et dans des conditions telles que la plantation d'appuis en dehors de la route ne soit pas possible, et dans un pareil cas, il faut se résigner à adopter un tracé défectueux.

217. Les points remarquables que l'on rencontre dans le tracé des lignes sur route sont :

1° Les routes transversales;
2° Les ponts ou viaducs;
3° Les villes et villages.

218. Routes transversales. — La solution est la même que celle qui a été donnée à propos des passages à niveau des chemins de fer.

219. Ponts et viaducs. — On plante les poteaux dans les élargissements qui correspondent aux piles du pont : les fils sont ainsi écartés de la voie ; ou bien on scelle des potelets sur le revêtement extérieur de l'ouvrage. Si ce dernier est en fer, on emploiera exclusivement des potelets en fer boulonnés sur les poutres-maîtresses de l'ouvrage ; il sera d'ailleurs toujours nécessaire de s'entendre avec les ingénieurs de la voie et pour la forme et pour l'emplacement de ces appuis. Il convient, en tout cas, de s'attacher à ce que les fils soient visibles des voitures circulant sur la voie ; mais il sera souvent difficile de placer les fils à une hauteur suffisante au-dessus du parapet ; pour réaliser cette condition, on réduira alors les portées pour avoir des flèches faibles et diminuer les chances de dérangement.

Parfois, il sera préférable de franchir le vallon en une seule portée. La solution est possible lorsque le fil ne descend pas au-dessous des arches du pont, ou est à une hauteur de 3^m au-dessus du sol suivant qu'il s'agit d'un pont ou d'un viaduc. La formule $f = \frac{a^2 M n}{8}$, qui donne la flèche en fonction de la portée, permet de trancher la question.

Lorsqu'on adopte cette solution, on doit écarter suffisamment la ligne du pont pour que, sous l'action du vent qui peut rapprocher la nappe des fils de toute la hauteur de la flèche, ceux-ci ne viennent jamais en contact avec les piles de l'ouvrage.

Enfin, ces diverses solutions peuvent ne pas être pratiques, et alors on devra descendre avec des appuis dans le fond du vallon ou franchir le cours d'eau en immergeant un câble.

220. Traversée des villes et villages. — La traversée des villes et villages est une des principales difficultés du tracé des lignes sur route.

En principe, moins on pénétrera dans l'intérieur de la ville ou du village, et mieux cela vaudra. Lors donc que les circonstances locales le permettront, on évitera complètement d'y entrer.

Voici deux exemples de cette solution :

1° On a une ville bâtie sur le versant d'une sorte de cône couronné par une plate-forme A (*fig.* 133). Pyramide triangulaire de trois poteaux sur la plate-forme. De chaque côté deux portées, l'une de 450^m et l'autre de 550^m ;

2° Village bâti sur le bord d'une rivière contre un escarpement

Fig. 133.

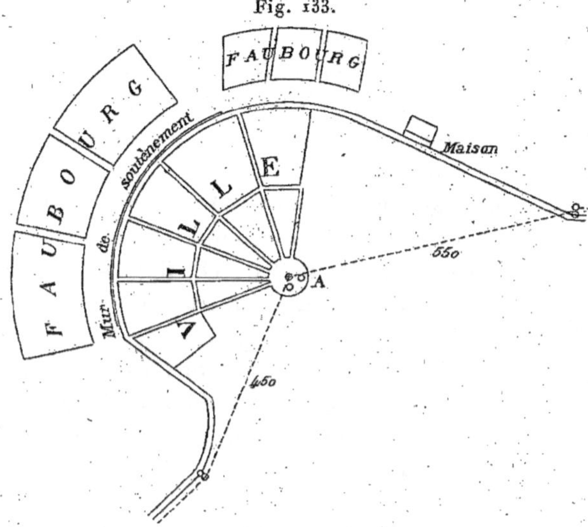

dominé par une esplanade A (*fig.* 134) à laquelle on accède par un escalier *m*. La ligne arrive en ligne droite le long de la route

Fig. 134.

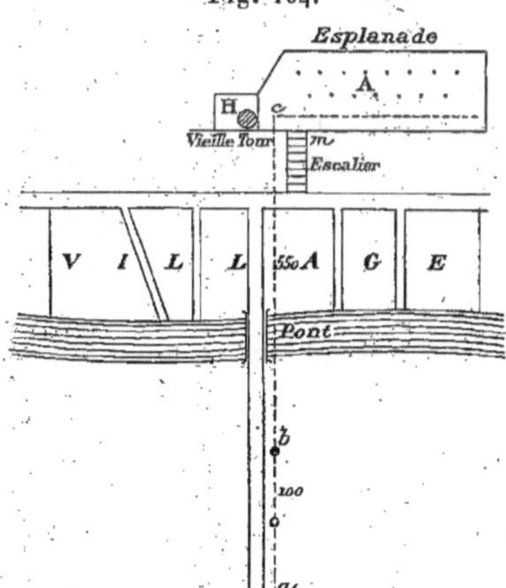

selon *ab* et par une portée de 550m franchit tout le village en allant du poteau *b* à une console *c* scellée contre une vieille tour H.

221. Emploi des consoles et potelets. — Mais, dans la plupart des cas, on ne peut adopter une solution aussi radicale ; on essaye alors de profiter des chemins qui peuvent tourner le village. Enfin, s'il faut y entrer, on utilisera les murs des maisons pour supporter les appuis. En ce qui concerne cette utilisation, il y a deux cas à distinguer : 1° la ligne côtoie simplement les murs ; 2° elle s'appuie sur le mur lui-même.

Dans le premier cas, on ne peut généralement planter les poteaux contre la maçonnerie, car les fondations auraient à en souffrir. On fixe alors les poteaux contre le mur à l'aide de brides ou colliers à scellement en fer (*fig.* 135) ; l'un de ces colliers est fixé le plus bas possible, l'autre à 3^m de hauteur environ au-dessus du sol. Pour effectuer le scellement, on commence par pratiquer dans la pierre un trou de 15^{cm} à 20^{cm} de profondeur ; on introduit ensuite la tige en fer dans ce trou, puis on remplit le trou de plâtre. La tige est terminée par une petite fourche afin d'augmenter la résistance du scellement.

Fig. 135.

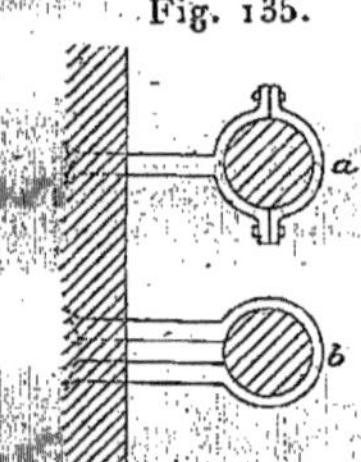

Lorsqu'on emploie des poteaux scellés aux murs ou des potelets avec tiges ou consoles (*fig.* 136), les actions des fils se transmettent aux colliers, aux tiges, aux scellements et finalement aux murs eux-mêmes qui doivent être susceptibles de résister.

Fig. 136.

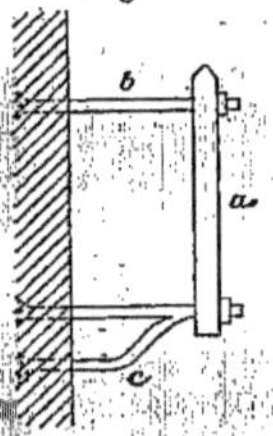

A ce point de vue, il faut déterminer avec discernement les points sur lesquels on veut faire des scellements, ne choisir que des murs ou des encoignures en pierre de taille et se méfier des murs ou angles en maçonnerie de moellons ou de briques ou enfin des tuyaux de cheminées.

222. Tracé des lignes urbaines. — En traçant une ligne dans l'intérieur d'un village ou d'une ville, on doit se proposer deux conditions principales ; savoir :

1° *D'éloigner les fils des fenêtres à une distance suffisante pour qu'on ne puisse les prendre à la main.* La longueur de tige de $1^m,20$ suffit en général pour remplir cette première condition ;

2° *De ne gêner ni les habitants ni la circulation.* A cet effet, on évitera autant que possible les voies très habitées ; on suivra de préférence les rues secondaires dans lesquelles il ne se trouve que des immeubles de peu d'importance, des murs de clôture ou des établissements publics tels que casernes, hôpitaux, églises, collèges, usines, etc., sur lesquels on pourra s'appuyer sans crainte de déranger les habitants et qui offriront en général des points d'appui solides. On évitera avec soin les dispositions susceptibles de nuire à l'aspect des monuments ou des promenades publiques. On recherchera tous les moyens propres à donner aux fils la plus grande hauteur possible au-dessus de la chaussée. On tâchera de faire passer les nappes de fils entre deux étages de manière à dégager les fenêtres ; enfin on évitera avec soin de placer des scellements sur des points capables d'entrer en vibration, comme des pièces de charpente par exemple. Sans cela, le bruit des fils peut acquérir une intensité telle qu'il rende l'immeuble inhabitable.

Les changements de direction au croisement de deux rues s'opèrent soit au moyen de deux potelets placés en P et en P′ de

Fig. 137.

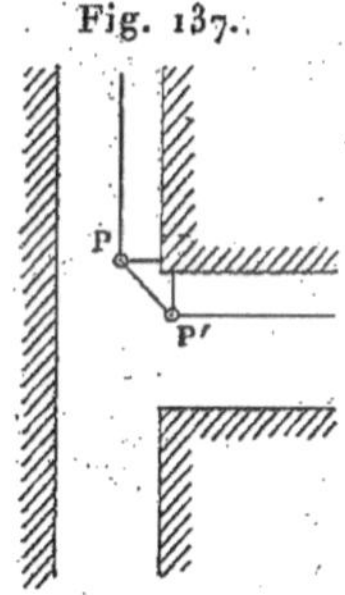

chaque côté de l'angle de la maison (*fig.* 137), soit au moyen d'un

Fig. 138.

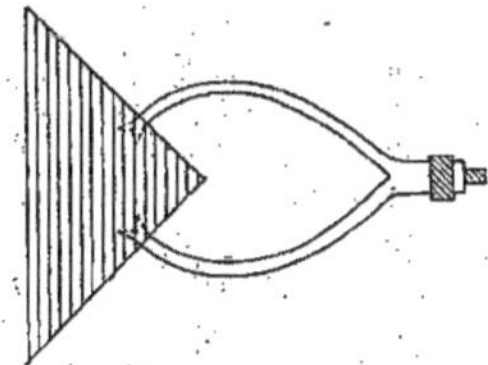

seul potelet muni d'un ferrement spécial (*fig.* 138).

Il est souvent avantageux dans une traversée de village, quand la nappe de fil n'est pas importante, de ne pas maintenir les fils

Fig. 139.

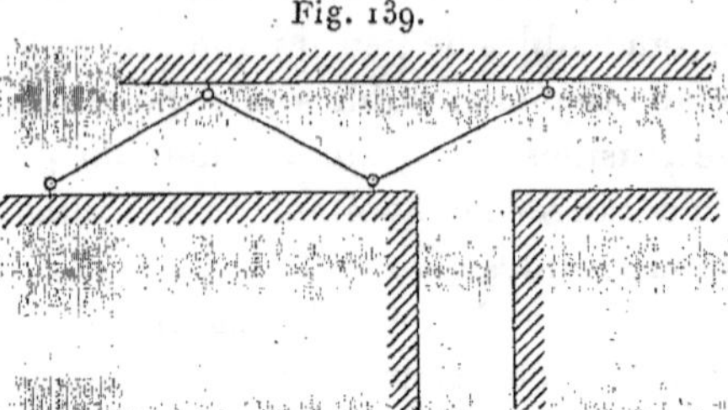

sur un même côté de la route, mais de placer des appuis successivement sur les deux côtés de celle-ci (*fig.* 139); la construction est beaucoup plus facile, et les chances de dérangement sont diminuées dans une forte proportion.

DIX-NEUVIÈME LEÇON.

SOMMAIRE.

Examen de la loi du 28 juillet 1885. — Construction des lignes. — Étude sommaire de la ligne. — Projet définitif. — Étude sur le terrain. — État descriptif. — Élagage des plantations. — Devis. — Demandes de matériel. — Conférences avec les services publics. — Conventions avec les particuliers. — Date du commencement des travaux.

Après avoir exposé dans les précédentes Leçons les principes généraux relatifs à la construction des lignes télégraphiques, nous allons passer à la mise en pratique de ces principes et étudier les différentes phases que présente la construction d'une ligne télégraphique.

Examen de la loi du 28 juillet 1885. — Il convient auparavant d'examiner rapidement quelques-unes des conséquences de la loi du 28 juillet 1885, relative à l'établissement, à l'entretien et au fonctionnement des lignes télégraphiques et téléphoniques, au point de vue de l'exécution des travaux.

Art. III. — L'État a le droit d'établir des supports, soit à l'extérieur des murs ou façades donnant sur la voie publique, soit même sur les toits et terrasses des bâtiments, à la condition qu'on y puisse accéder par l'extérieur.

Il a enfin également le droit d'établir des conduits ou supports sur le sol ou sous le sol des propriétés non bâties, qui ne sont pas fermées de murs ou autre clôture équivalente.

L'Administration des Télégraphes peut donc établir des supports sur des immeubles appartenant à des particuliers.

L'obligation de n'y pénétrer que par l'extérieur complique singulièrement la construction des lignes sur les toits (réseaux téléphoniques). La stricte exécution de cette clause nécessite, en effet, l'emploi d'échelles qui ont jusqu'à 17 et 20 mètres, et rendent le travail dispendieux.

ART. V. — Lorsque, pour l'étude des projets d'établissement de lignes, l'introduction des agents de l'administration dans les propriétés privées sera nécessaire, elle sera autorisée par un arrêté préfectoral.

On a rarement à faire usage de cette disposition, et l'on évite tout retard dans l'étude de la ligne en s'entendant directement avec le locataire ou le propriétaire, qui ne refuse généralement pas l'autorisation demandée.

ART. VI. — Avant toute exécution, un tracé de la ligne projetée indiquant les propriétés privées où il doit être placé des supports ou des conduits sera déposé pendant trois jours à la mairie de la commune où ces propriétés sont situées.

Ce délai de trois jours courra à dater de l'avertissement, qui sera donné aux parties intéressées, de prendre communication du tracé déposé à la mairie.

Cet avertissement sera affiché à la porte de la maison commune et inséré dans l'un des journaux publiés dans l'arrondissement.

Le tracé de la ligne dans les localités (tracé que l'on doit déposer à la mairie) est avantageusement établi au moyen d'extraits des plans cadastraux avec indication des noms des propriétaires ou locataires des immeubles sur lesquels s'appuie la ligne.

ART. VII. — Le maire ouvrira un procès-verbal pour recevoir les observations ou réclamations. A l'expiration du délai, il transmettra ce procès-verbal au préfet, qui arrêtera le tracé définitif et autorisera toutes les opérations que comporteront l'établissement, l'entretien et la surveillance de la ligne.

Il est préférable de prier les maires de transmettre les procès-verbaux d'enquête par l'intermédiaire du service des lignes télégraphiques; le chef de ce service peut, en effet, prendre connaissance des observations insérées au procès-verbal, y répondre, ou modifier ses propositions et transmettre ainsi, en toute connaissance de cause, avec le dossier, le projet d'arrêté pour la construction de la ligne.

Enfin rappelons que l'article X spécifie nettement que, lorsqu'un appui est placé dans une propriété, il n'est dû au propriétaire d'autre indemnité que celle résultant des travaux de construction de la ligne ou de son entretien, et qu'il n'y a lieu d'admettre aucune réclamation sous le prétexte d'une location consentie ou d'une servitude subie.

En ce qui concerne les réseaux téléphoniques urbains sur lesquels les travaux sont continuels, les formalités de la loi du 28 juillet 1885 peuvent être simplifiées, après entente avec l'autorité préfectorale. Il suffit de s'adresser au préalable aux propriétaires des immeubles sur lesquels on doit poser des appuis et de leur faire signer une autorisation approuvant la pose projetée ; puis, à des époques fixes, tous les six mois ou tous les ans, on réunit ces autorisations et on les soumet au préfet avec un projet d'arrêté de régularisation pour tous les travaux exécutés pendant la période qui vient de s'écouler.

CONSTRUCTION DES LIGNES.

La construction d'une ligne télégraphique comporte trois phases :

1° Étude de la ligne,
2° Opérations préparatoires,
3° Exécution des travaux.

224. Étude sommaire de la ligne. — Une première étude sommaire est résumée dans un avant-projet envoyé à l'administration, et qui indique, s'il y a lieu, les diverses solutions en présence, les avantages et les inconvénients de chacune d'elles tant au point de vue des dépenses que des facilités de construction ou d'entretien. L'administration fait connaître la solution qu'elle choisit et l'on procède alors à la rédaction du projet définitif.

225. Projet définitif. — Le projet définitif comprend un rapport avec plans, le devis des dépenses à faire, l'état du matériel à employer, et, s'il y a lieu, les procès-verbaux de conférences avec les services publics, les conventions avec les particuliers pour les indemnités, et les projets de cahier des charges ou de marché.

Pour constituer ce dossier, le chef de service parcourt à pied la future ligne, accompagné du chef surveillant, du surveillant chargé des fouilles et des ouvriers nécessaires.

226. Étude sur le terrain. — La ligne à tracer se subdivise en sections dont les extrémités sont déterminées par les points fixes, à l'emplacement desquels un poteau doit nécessairement être planté, pont, monticule, angle, etc. Ce sont ces points que l'on s'efforce de relier par des portées de 75 mètres, ou à peu près, suivant la distance qui les sépare; l'écartement des appuis dans cette étude se mesure, au pas, au rail, et on contrôle les mesures au moyen des bornes kilométriques et hectométriques.

On se rend compte, chemin faisant, de la constitution du terrain par la coupe des tranchées, les renseignements demandés aux agents de la voie ou aux cantonniers chargés de l'entretien de la route, et enfin au besoin par des sondages pratiqués par les ouvriers d'équipe.

On s'attache à déterminer d'une manière précise les dispositions à prendre pour franchir les passages particuliers, on arrête notamment tous les détails de construction et on fixe l'emplacement exact des appuis, dans les courbes, et la traversée des villes, villages et propriétés particulières. Aux abords des gares, on veille à ce que les conditions de visibilité des signaux ne soient pas modifiées par la plantation des poteaux. Enfin, on recueille tous les renseignements nécessaires à l'établissement du plan et des documents utiles pour l'enquête prescrite par la loi du 28 juillet 1885.

227. État descriptif. — Toutes ces observations, qui seront plus tard traduites sur le terrain par des piquets indiquant aux ouvriers l'emplacement exact des appuis, sont consignées sur un état descriptif, auquel on joint au besoin des croquis, et qui permettra aux agents d'exécution de faire le piquetage sans erreur ni hésitation. Tous les passages délicats étant arrêtés, les agents n'auront plus dès lors qu'à raccorder ces passages par des alignements ou des lignes courbes courantes.

L'état descriptif comporte notamment les neuf colonnes suivantes :

La première et la dernière colonne sont affectées aux numéros des appuis, on les porte à gauche ou à droite de la feuille suivant que la ligne suit la gauche ou la droite de la voie de communication.

La deuxième colonne porte l'indication des angles figurés par un signe graphique et l'évaluation du tirage en mètres 1,50>, <2,25.

La troisième donne l'écartement des appuis. Le chiffre est inscrit sur l'interligne.

La quatrième indique le nombre et la nature des appuis; elle se subdivise en plusieurs sous-colonnes, poteaux de 8^{m}, 10^{m}, potelets, etc.

Les cinquième et sixième, subdivisées également, sont réservées aux isolateurs et aux ferrements.

La septième spécifie la nature du terrain, et dans la huitième, on consigne les observations. On y mentionnera notamment les bornes kilométriques, les traversées de route, les passages, les ponts, les élagages, les noms des personnes sur la propriété desquelles on placera l'appui et tous les renseignements qui pourront plus tard être utilisés.

C'est dans cette étude que l'on règle, s'il y a lieu, les conventions avec les particuliers pour les indemnités ainsi que la question de l'élagage des plantations appartenant aux riverains. Cet élagage ne sera fait par les ouvriers qu'en cas de refus par les intéressés d'y procéder eux-mêmes.

228. Élagage des plantations. — Les plantations doivent être élaguées à $1^{m},50$ de chaque côté des fils et ces élagages doivent être maintenus ultérieurement.

Le long des routes, on peut exiger que les riverains élaguent, sans indemnité, toutes les branches en saillie sur l'arête extérieure du fossé. En dehors de la route on a encore le droit de faire élaguer, sauf à indemniser le propriétaire, mais il ne faut user de ce droit qu'en cas de nécessité, se détourner d'un bel arbre si l'on peut, et au besoin se contenter de creuser une sorte de tunnel dans le dôme de verdure.

L'élagage des plantations sur route appartenant à l'État donne lieu, conformément à une circulaire ministérielle de 1856, à un accord avec le service des Ponts et Chaussées, qui se charge du travail moyennant un prix convenu à l'avance.

229. **Devis.** — Le devis est l'évaluation des dépenses en deniers qu'entraînera la construction de la ligne.

Il comporte cinq divisions principales :

1° Frais d'étude et d'enquête;

2° Acquisition du matériel qui n'est pas fourni par l'administration, réparation d'outils, consolidation spéciale de certains appuis, menues dépenses de peinture, charbon, etc.;

3° Frais de transport et de distribution à pied d'œuvre du matériel nécessaire à la construction de la ligne;

4° Frais de plantation et de scellement des appuis, frais de pose des isolateurs et du fil;

5° Frais de direction et de surveillance des travaux.

Ces dépenses sont portées dans une colonne intitulée *Dépenses prévues* et subdivisée en autant de parties qu'il y a de lignes du budget sur lesquelles ces crédits sont demandés; deux autres colonnes sont réservées pour les observations, et les dépenses arrêtées après règlement.

Les devis sont toujours majorés de 5 pour 100 à titre d'imprévu.

230. **Demandes de matériel.** — Sur la demande de matériel figure tout le matériel qui est fourni par l'administration et n'est pas acheté directement par le service local. L'état spécifie le matériel qui est nécessaire ainsi que sa valeur; il indique les quantités disponibles dans le département, ou celles qu'il y a lieu d'expédier des dépôts; des colonnes sont également réservées pour les observations et le compte rendu après règlement.

Il convient, en prévision de bris, de pertes, ou de légères modifications de tracé en cours d'exécution, de majorer légèrement sur la demande de matériel les chiffres fournis par l'état descriptif.

231. **Conférences avec les services publics.** — Des conférences sont tenues avec les représentants des services publics que l'établissement de la ligne peut intéresser, avec les ingénieurs des

Ponts et Chaussées ou les agents voyers pour les lignes sur route, avec les maires pour les voies dépendant de la petite voirie (il y a lieu dans ce cas de provoquer un arrêté municipal), avec les officiers du génie pour les zones et les bâtiments militaires, avec les ingénieurs du contrôle et des compagnies pour les voies ferrées, etc.; le plus souvent, dans la pratique, on peut se contenter, sauf pour les arrêtés municipaux, d'un simple accord avec les services intéressés.

232. **Conventions avec les particuliers.** — Les conventions avec les particuliers pour les indemnités à leur allouer sont établies sur papier timbré et dans les formes prescrites par les règlements; elles ne sont valables qu'après approbation ministérielle.

233. **Date du commencement des travaux.** — Lorsque les devis sont approuvés et les crédits ouverts, on procède aux formalités administratives, enquêtes, demandes d'arrêtés, etc. Toutefois, pour les lignes sur chemins de fer, l'arrêté est inutile, l'autorisation de la Compagnie suffit, puisqu'on s'établit sur son propre terrain.

Il convient d'ailleurs de se rappeler que les travaux doivent être commencés dans les six mois qui suivent la date de l'arrêté préfectoral, 3 jours au moins et 15 jours au plus après l'avertissement remis aux propriétaires intéressés.

VINGTIÈME LEÇON.

SOMMAIRE.

Opérations préparatoires. — Piquetage de la ligne. — Réception et préparation du matériel. — Distribution du matériel sur voie ferrée et sur route. — Organisation des ateliers. — Exécution des travaux. — Ouverture des fouilles. — Armement. — Accouplement. — Jumelage. — Plantation des appuis. — Examen de quelques cas spéciaux.

OPÉRATIONS PRÉPARATOIRES.

Les formalités administratives étant remplies, on procède aux opérations préparatoires à l'exécution des travaux, à savoir : le piquetage de la ligne ; la réception, la préparation et la distribution du matériel.

234. **Piquetage.** — La première opération est un piquetage définitif de la ligne, exécuté par le chef surveillant ayant en main l'état descriptif. Ce sous-agent est assisté du surveillant chargé de la plantation et d'ouvriers munis de décamètres, perches, jalons et piquets en quantité suffisante.

Le piquetage consiste à indiquer sur le terrain par des piquets ou, exceptionnellement, par des marques fixes ou apparentes qui doivent persister jusqu'au moment de l'exécution, le tracé de la ligne et la place exacte ainsi que la nature de chaque appui.

Il constitue la partie la plus importante des opérations préparatoires, car ce n'est qu'avec un piquetage bien fait qu'on peut construire au mieux et obtenir une ligne présentant toutes les garanties désirables de solidité.

Cette opération doit être faite immédiatement avant l'exécution des travaux, afin d'éviter que les piquets et marques ne soient déplacés ou ne disparaissent.

La place de chaque appui (pied droit ou jambe de force) est marquée par un piquet dès qu'elle a été déterminée.

Lorsqu'il s'agit d'un poteau-couple, le plan des axes des deux poteaux assemblés est placé suivant la bissectrice de l'angle formé par les fils.

Pour tracer cette bissectrice sur le terrain, on porte sur chacun des alignements du sommet de l'angle aux appuis voisins, deux longueurs égales AM et AN (*fig.* 140). En M et en N, on plante deux piquets auxquels on attache les deux extrémités d'une corde

Fig. 140.

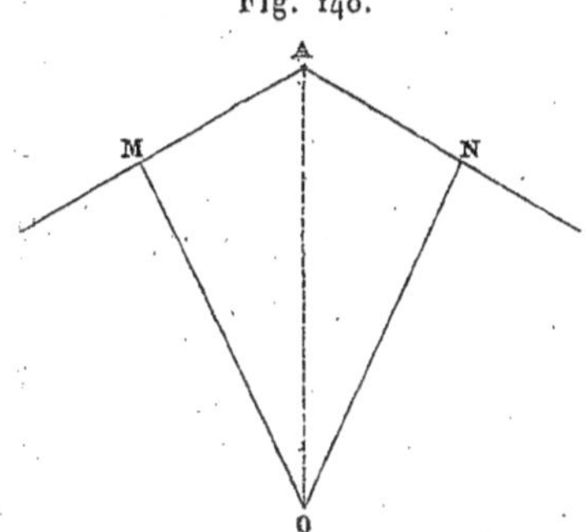

dont le milieu est marqué d'un point de repère, puis, prenant la corde par son milieu, on la tend; la ligne OA qui joint le milieu de la corde au sommet de l'angle est la bissectrice de cet angle.

235. Réception et préparation du matériel. — Le matériel à employer pour la construction de la ligne provient du dépôt départemental, du dépôt central, d'un dépôt régional, ou des lieux de commande directe.

Ce matériel est d'abord réuni en un ou plusieurs points pour être vérifié, puis réexpédié aux lieux d'emploi. Pour une ligne de 75^{km} et au-dessous, on se contente d'un point de réception placé en tête de la ligne; pour une ligne plus longue, il est bon d'installer un point de réception tous les 50^{km}.

Le transport et la distribution du matériel s'effectuent dans des conditions différentes suivant que la ligne à construire est sur chemin de fer ou sur route.

236. **Distribution sur voie ferrée.** — La distribution s'opère au moyen d'un train spécial servant à établir les dépôts partiels, puis au moyen de wagonnets amenant le matériel des dépôts partiels à pied d'œuvre.

En vue de faciliter la manœuvre du wagonnet, les dépôts partiels sont établis, autant que possible, aux points culminants, et alimentent la ligne de part et d'autre de ces points; dans le cas d'une pente régulière, au contraire, le matériel est puisé toujours au dépôt immédiatement supérieur.

Le fil et le matériel, placé dans des caisses, sont chargés sur des wagons ouverts ou des fourgons, et les dépôts partiels sont constitués d'après les indications d'un relevé établi au moyen de l'état descriptif.

Pour les poteaux, on peut employer deux systèmes qui ont leurs avantages et leurs inconvénients :

1° On place sur une même plate-forme les poteaux destinés à un même dépôt partiel, en distinguant les arbres destinés à chaque dépôt par une marque de couleur spéciale. Il est certainement plus difficile d'effectuer un chargement sur une même plate-forme avec des brins de dimensions variées; mais, d'une part, le déchargement s'effectue plus rapidement et, d'autre part, lorsque la ligne est un peu accidentée, on peut arrêter le wagon exactement devant le point choisi pour le dépôt partiel et déposer par suite les appuis sur un terrain propice; on n'est pas dès lors exposé à les voir rouler au pied d'un remblai ou encombrer une tranchée.

2° On charge les poteaux de même catégorie sur des plates-formes sur lesquelles on puisera le nombre d'appuis indiqués pour chaque dépôt : les chargements sont plus simples et plus solides. Avec ce mode de distribution, on peut même se dispenser de toute manipulation de poteaux au point de réception et éviter des frais de manutention assez élevés. Il suffit, en effet, de s'entendre avec le dépôt régional expéditeur, pour que celui-ci expédie les poteaux suivant un chargement déterminé et de façon que les wagons arrivent au lieu de réception au jour fixé pour le départ du train de distribution. Le train se trouve dès lors constitué par ces wagons et par ceux sur lesquels on vient de répartir le fil et les isolateurs.

La marche du train spécial est réglée après entente avec l'inspecteur principal de la Compagnie et est surveillée par ses agents qui en demeurent responsables. Le chef de service des Postes et Télégraphes doit monter dans le train et diriger lui-même les opérations de déchargement qui sont exécutées par les équipes, renforcées d'ouvriers temporaires en nombre suffisant.

On doit se munir, pour décharger les poteaux, de deux traverses à crochet placées aux deux extrémités du wagon, et qui facilitent le glissement des brins.

Si le matériel à distribuer n'est pas assez important pour constituer un train spécial, on profite d'un train de marchandises régulier et, après entente avec la Compagnie, on dépose le matériel dans les gares pendant les arrêts réglementaires, en employant, à cet effet, en nombre suffisant, des ouvriers qui prennent place dans le train.

La distribution à pied d'œuvre entre les dépôts partiels, ou les gares, s'effectue au wagonnet. Cette opération nécessite le concours de deux agents de la Compagnie, si l'on est sur une voie double, et, dans ce cas, l'on marche à contre-voie, ou de trois agents sur les voies uniques. Ces agents sont seuls responsables de la manœuvre du wagonnet. L'équipe qui pousse le wagonnet doit être assez forte pour le faire dérailler au premier avis, quelle que soit sa charge.

237. **Distribution sur route.** — Dans la construction d'une ligne sur route, on n'établit pas de dépôts partiels. Le matériel est centralisé au point de réception; les poteaux sont ensuite distribués à pied d'œuvre par des charrettes, sur lesquelles ils sont disposés dans l'ordre de la distribution. Les couronnes de fils et les isolateurs ne sauraient être abandonnés sur une route en dehors de toute surveillance; on profite, pour entreposer ce matériel, des maisons que l'on rencontre le long de la route ou à proximité, et ce n'est qu'au moment de son emploi que l'équipe le reprend, soit à dos d'homme, soit sur une voiture à bras.

238. **Organisation des ateliers.** — La ligne, suivant son impor-

tance et suivant l'urgence, peut être divisée en plusieurs sections qui sont construites par des groupes distincts.

Dans chaque section, le travail est subdivisé en plusieurs parties.

1° Distribution à pied d'œuvre;

2° Ouverture des fouilles; armement, accouplement et plantation des appuis;

3° Déroulement, soudure, montage, réglage et arrêtage des fils.

Ces diverses opérations se font successivement par une seule équipe, ou simultanément par plusieurs équipes encadrant un nombre convenable d'ouvriers temporaires; et cela, suivant les difficultés de la plantation, le nombre des fils à poser et les délais assignés pour l'achèvement des travaux.

EXÉCUTION DES TRAVAUX.

239. **Distribution à pied d'œuvre.** — Nous avons indiqué (§§ 235 et 236) comment s'opérait la distribution à pied d'œuvre.

240. **Ouverture des fouilles.** — L'ouverture de la fouille ne saurait être laissée à l'initiative de l'ouvrier terrassier. Le point précis où le trou doit être pratiqué lui est indiqué par le chef de

Fig. 141. Fig. 142.

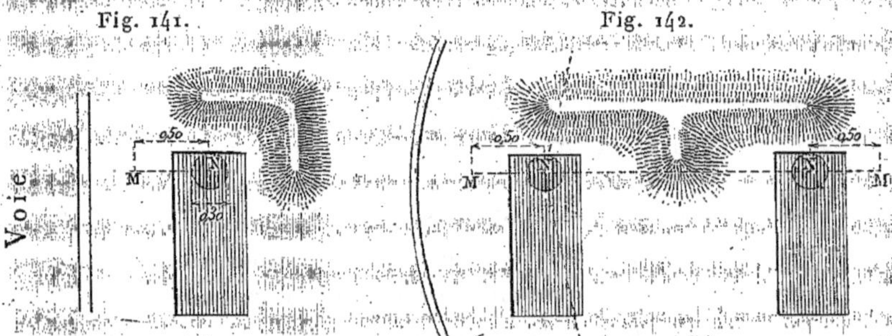

chantier qui reconnaît préalablement les piquets et vérifie qu'ils n'ont pas été déplacés.

Le chef de chantier devra déplacer de $0^m,50$, dans le sens perpendiculaire à la voie et en le rapprochant de celle-ci, le piquet qui indique l'emplacement d'un poteau simple afin qu'il reste apparent pendant la durée de la fouille (*fig.* 141).

Pour la même raison, les piquets qui indiquent les points où doivent être plantés les poteaux d'angle seront éloignés chacun de $0^m,50$ de leur centre primitif et dans le sens de la bissectrice de l'angle (*fig.* 142).

Dans le cas de la plantation d'une ligne double, il sera bon de

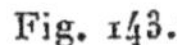

Fig. 143.

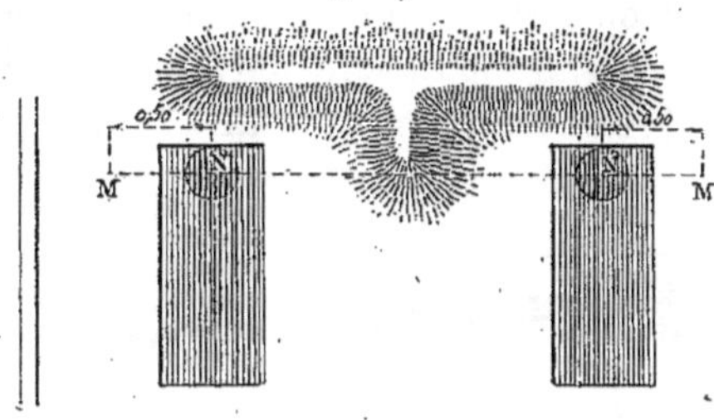

placer deux piquets dans la direction perpendiculaire à la voie, comme l'indique la *fig.* 143.

Il est évident que moins le sol sera remué aux alentours d'un

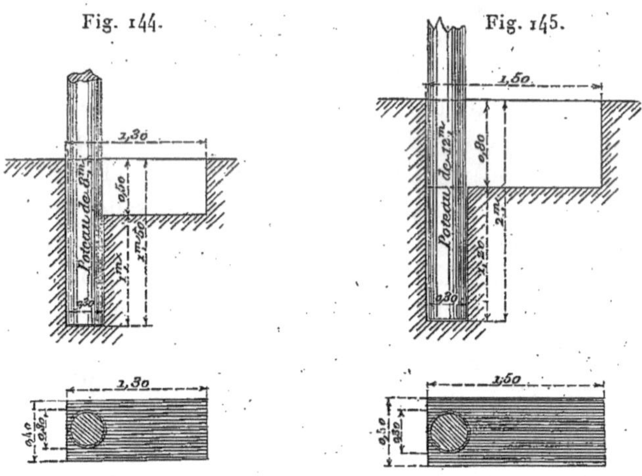

poteau, plus celui-ci présentera de stabilité. On se contente dès lors de creuser un avant-trou peu profond et de terminer la fouille en pratiquant à la barre à mine et à la pelle-curette une cheminée de $0^m,30$ de diamètre qui recevra le poteau.

Pour un poteau planté à $1^{m},50$, en terrain ordinaire, le type de la fouille peut être représenté de la manière ci-dessus (*fig.* 144).

Pour une fouille à 2^{m} de profondeur, la disposition à adopter est celle de la *fig.* 145.

Une fouille ainsi pratiquée déplace le minimum de terrain et, par suite, donne le maximum d'économie et de résistance.

Le cube déplacé est, en nombre rond, de $0^{mc},700$ pour une fouille de 2^{m} et de $0^{mc},360$ pour une fouille de $1^{m},50$.

Les parois des trous, et surtout les parois de la cheminée, pour un poteau simple ou un pied droit, doivent être bien verticales.

Les barres à mine ont une longueur de $2^{m},25$ et un diamètre de

Fig. 146.

$0^{m},027$. Leurs deux extrémités sont aciérées; l'une est taillée en pointe de diamant, l'autre à double biseau.

La pelle-curette a la forme d'un pochon et est munie d'un long manche de plus de 2^{m} (*fig.* 146).

Si la fouille doit être exécutée dans le rocher, soit à la pince, soit à la poudre, il faut prendre toutes les précautions possibles pour réduire au minimum les dimensions de cette fouille.

Les trous de mine ont de $0^{m},20$ à $0^{m},30$ de profondeur au plus. Avant de tracer un trou à faire dans le rocher, le chef de chantier étudie, dans le voisinage, la direction et la puissance des couches ou lits de la roche.

La poudre n'est employée qu'à la dernière extrémité et lorsque la barre à mine, les pics et les coins restent sans effet. Il vaut mieux mettre quelques heures de plus en taillant la roche ou même en la pulvérisant, que de la faire sauter avec la mine.

Fig. 147.

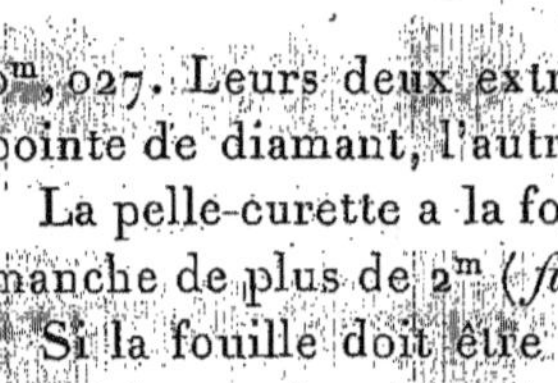

A cet effet, avec la pointe diamantée de la barre à mine soigneusement entretenue et fréquemment envoyée à la forge, on creuse autour de la cheminée à forer une rigole de $0^{m},04$ à $0^{m},05$ de profondeur qui dégage un champignon que l'on fait sauter à coups de barre à mine, et l'on recommence les mêmes opérations jusqu'à ce que l'on ait atteint la profondeur voulue (*fig.* 147).

Dans la roche dure, la profondeur de la plantation peut être réduite de 2^m à $1^m,50$ et même à la rigueur à $0^m,60$. On remplace souvent, dans ce cas, les poteaux par des brins de la dimension immédiatement inférieure. On doit alors consolider soigneusement le pied du poteau préalablement goudronné, soit en coulant un béton de chaux hydraulique ou de ciment prompt dans la cheminée pratiquée pour le recevoir, soit en profitant des matériaux fournis par la fouille pour le garnir d'un bloc de maçonnerie avec mortier à la chaux hydraulique. On fera bien, en outre, de consolider l'appui, quand les circonstances locales le permettront, dans une tranchée par exemple, au moyen d'une tige en fer à collier, scellée dans le rocher.

241. Armement des poteaux. — Les poteaux sont garnis d'isolateurs ou *armés* avant d'être plantés. La pose des isolateurs se fait ainsi plus facilement et plus régulièrement.

Chaque poteau, déposé près du lieu de plantation, est appuyé sur un chevalet, de manière à dégager du sol la partie supérieure.

On indique ensuite l'alignement des vis par des traits longitudinaux obtenus à l'aide d'un cordeau coloré, et l'on marque sur ces lignes les points où devront être percés les trous. L'atelier est pourvu à cet effet d'un double mètre en bois. On pourrait commettre de fâcheuses erreurs si l'on se contentait de faire ce travail à l'estime.

La théorie qui tend à prévaloir actuellement consiste à armer les appuis en commençant par le sommet avec des consoles alternativement courtes et longues.

Le premier isolateur est placé sur la face de l'appui qui regarde la voie, il doit toujours être à console courte; sa vis supérieure est enfoncée à $0^m,20$ de la base du cône par lequel on termine l'appui.

Les isolateurs sont fixés deux par deux, de telle sorte que, à chaque rang, ils soient en regard l'un sur console courte, l'autre sur console longue; l'intervalle entre les vis similaires de la même face est toujours le même, $0^m,50$ sur les lignes principales. Toutefois il convient de ne pas disposer exactement au même niveau les vis similaires d'isolateurs opposés, car avec des poteaux minces, et surtout au sommet, elles risqueraient de se rencontrer. On descend alors de 3^{cm} environ les isolateurs placés sur la face extérieure (côté opposé à la voie).

Des règles particulières sont observées pour les distances d'armement dans certains cas particuliers, pour la traversée des passages à niveau par exemple, où la distance verticale entre les fils doit être réduite pour atteindre la hauteur réglementaire de $6^{m},50$ au-dessus de la route pour la septième rangée d'isolateurs.

Sur les lignes supportant des circuits téléphoniques, les poteaux de croisement sont armés d'une manière spéciale, ainsi qu'on le verra plus loin.

Les trous destinés à recevoir les vis sont percés au vilebrequin ; le travail à la vrille est moins rapide et plus fatigant.

Pendant que le poteau est sur le chevalet, on taille la pointe en cône régulier au moyen d'une plane, et on recouvre le cône d'une couche de peinture descendant jusqu'à 10^{cm} au-dessous de la base du cône.

On trace également au pinceau une marque témoin à 3^{m} du pied pour permettre de contrôler la profondeur de la plantation.

242. Accouplements. — Nous avons vu qu'on accouple les poteaux d'angle en plaçant une jambe de force suivant la direction de la bissectrice. Autrefois, on réunissait par un boulon de tête le pied droit et la jambe de force en entaillant légèrement les têtes, de façon à les appliquer bien l'une sur l'autre (*fig.* 148). Ce mode d'accouplement est simple et robuste; mais il a le grave inconvénient de ne pas permettre un armement uniforme, surtout avec l'emploi des consoles longues.

Fig. 148.

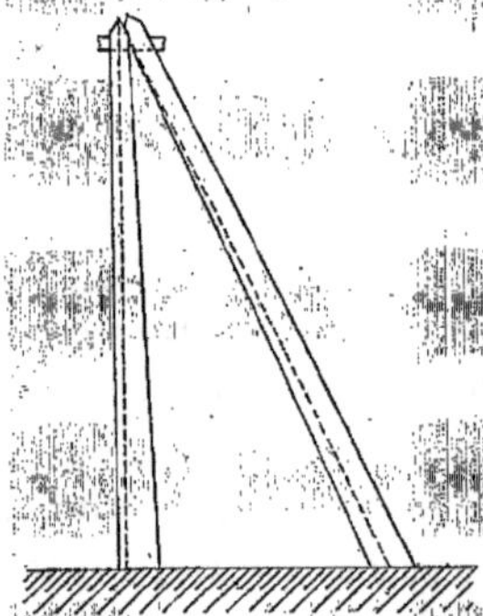

La tendance actuelle, en vue de réaliser cet armement uniforme, est d'écarter la jambe de force du pied droit, de la maintenir à 50^{cm} de celui-ci à la tête et de lui donner une inclinaison de 10^{cm} par mètre. De nombreux types ont été proposés pour servir d'entretoises de tête.

La première entretoise et l'une des meilleures est due à M. Schœffer.

Cette entretoise se compose de deux fers méplats rivés l'un à l'autre (*fig.* 149) : le fer supérieur ABC courbé en A se termine en C par une tige filetée qui pénètre dans le pied droit et maintient ce dernier à l'aide d'un écrou avec embase circulaire ; le second fer A', B', C' présente deux courbures venant s'adapter aux faces internes du pied droit et de la jambe de force. Des boulons maintiennent l'assemblage en A, A' et C' avec des colliers semi-circulaires épousant la forme des poteaux.

Fig. 149.

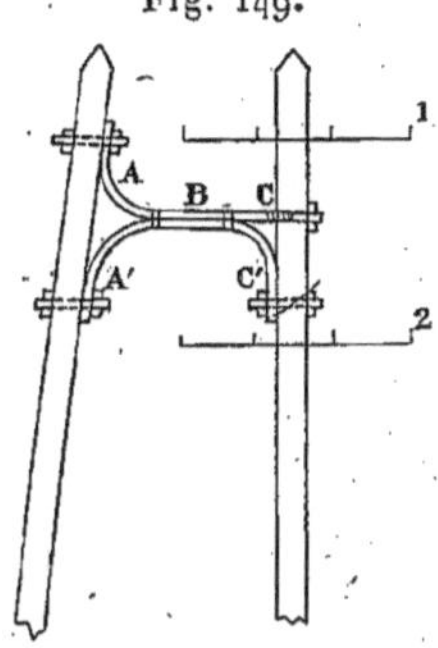

Ce type est fort bien étudié. On peut lui reprocher la nécessité de rapporter la tige filetée sur le fer méplat AB.

L'administration a fixé son choix sur une entretoise un peu plus robuste (*fig.* 150).

Elle se compose de deux fers en U recourbés et rivés l'un à

Fig. 150.

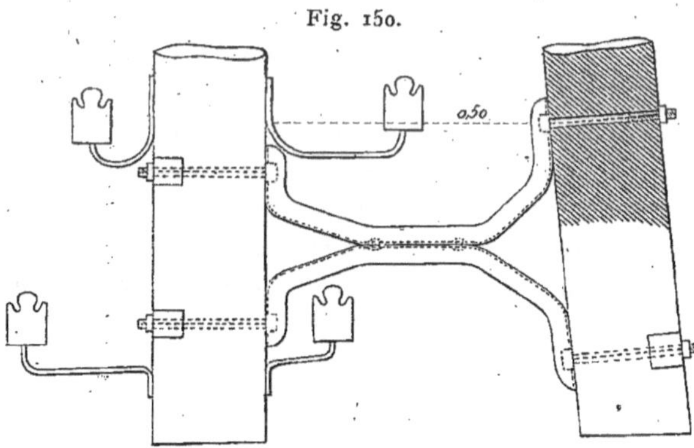

l'autre, et est fixée aux appuis par quatre boulons. Ce type est plus solide que le précédent ; il ne contient pas de pièces rapportées. Il exige, il est vrai, l'emploi de consoles en U pour les deux isolateurs supérieurs ; mais il convient de remarquer que cette forme de consoles est déjà admise pour les isolateurs petit modèle. Suivant la valeur des angles et la hauteur des poteaux auxquels elles sont destinées, ces entretoises sont constituées par des fers en U de *trois modèles différents*.

L'accouplement est complété par une entretoise droite, placée avec l'armement à $0^m,50$, à $3^m,40$ de la base du cône pour les poteaux de 8^m, et à $4^m,40$ pour les poteaux de 10^m.

Ces entretoises se composent (*fig.* 151) d'un fer rond de 26^{mm} de diamètre terminé, d'une part, par une tige filetée à deux écrous traversant la jambe de force, et, d'autre part, par un collier embrassant le pied droit. Ce modèle, d'une pose plus facile que l'entretoise terminée par deux parties filetées, assure mieux l'accouplement qu'une entretoise à double collier.

Fig. 151.

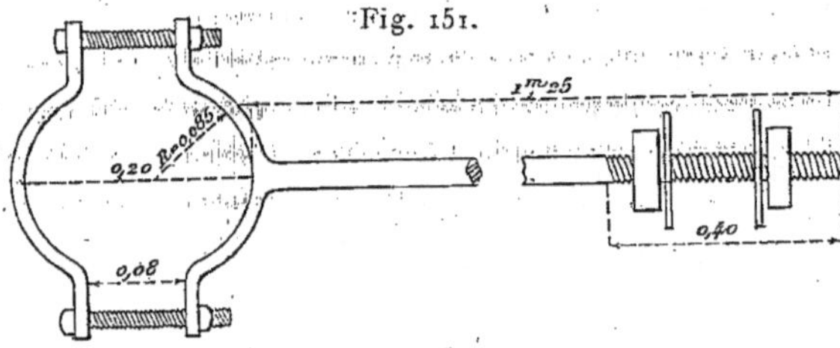

Les accouplements sont faits au moment de la plantation des appuis, et les trous pour les boulons percés avec des tarières correspondant exactement au diamètre des boulons employés.

Les poteaux à accoupler doivent être choisis avec soin parmi les plus forts, notamment pour la jambe de force. En outre, ils ne doivent présenter aucune courbure dans les deux mètres voisins du sommet pour faciliter la mise en place de l'entretoise de tête.

243. Jumelages. — Les deux poteaux parallèles constituant la ligne double sont réunis, d'une part, en tête par une entretoise à double collier, et, d'autre part, par une entretoise mixte, à collier et à deux écrous, analogue à l'entretoise d'accouplement, et placée à 3^m de la première pour les poteaux de 8^m, et à 4^m pour les poteaux de 10^m.

244. Plantation des appuis. — La fouille étant pratiquée, et le poteau armé, on plaque contre la paroi verticale de la cheminée deux fouloirs (*fig.* 152).

Ce sont des barres de fer de $1^m,50$ de long, et de $0^m,035$ de diamètre, terminées à une extrémité par une tête ronde qui sert à frapper et à damer, et à l'autre par une pince en pied de biche.

Le poteau est présenté dans l'avant-trou ; un homme pèse sur le pied du poteau pendant que d'autres soulèvent la partie supérieure de l'appui, lequel glisse sur les deux fouloirs et descend dans la cheminée.

On opère de la même façon pour un accouplement, sauf à évaser légèrement les parois de la cheminée de la jambe de force.

Fig. 152.

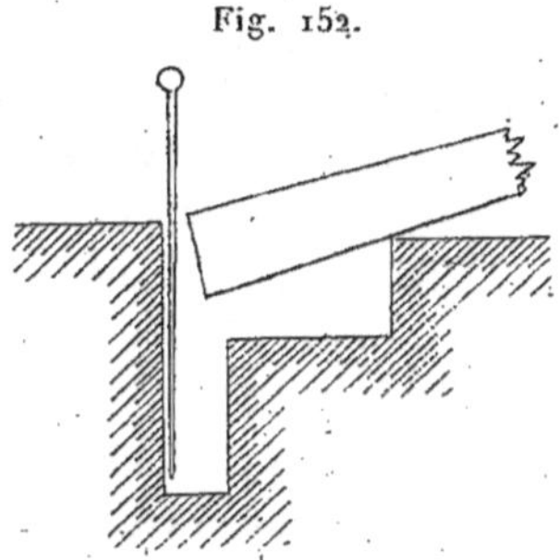

Puis on remblaie la fouille, en pilonnant la terre par couches de 15 à 20^{cm} avec le fouloir ; on consolide l'appui au moyen de pierres provenant de la fouille, ou que l'on ramasse dans le voisinage, et que l'on bourre dans la cheminée avec le fouloir.

Dans un accouplement, le pied droit est particulièrement calé et serré dans la cheminée, puisque la tension des fils tend à l'arracher ; pour la jambe de force qui tend à s'enfoncer dans le sol, on dame et on empierre le fond du trou. Dans les courbes, le tirage des fils a souvent pour effet de faire incliner dans les premiers jours l'assemblage du côté de la jambe de force : il est donc bon de lui donner une légère inclinaison en sens inverse ; mais en aucun cas la tête du pied droit ne doit être écartée à plus de 30^{cm} de la verticale passant par le pied de cet appui.

245. Examen de quelques cas spéciaux. — Dans un terrain

sablonneux on ne saurait creuser un trou qui se comblerait par le glissement des sables au fur et à mesure qu'on l'approfondirait; on peut, dans ce cas, faire usage de quatre panneaux assemblés que l'on enfonce dans le sol, et dont on déblaie l'intérieur; on introduit ensuite le poteau dans le trou ainsi creusé, et on retire les quatre panneaux un à un.

Fig. 153.

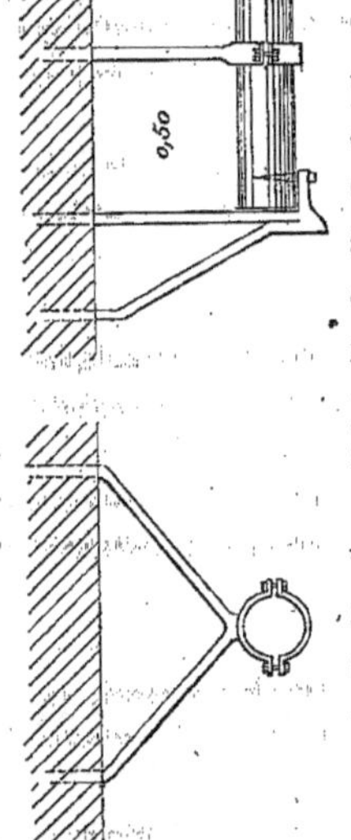

Si la plantation se fait en terrain marécageux, on est souvent obligé d'encastrer le poteau, préalablement goudronné, dans un bloc de maçonnerie, de chaux hydraulique ou de ciment prompt. Il importe de pousser la maçonnerie assez haut pour soustraire le pied du poteau aux variations d'humidité et de sécheresse.

L'attention doit également se porter sur la plantation des poteaux dans les talus très inclinés et, particulièrement, dans les remblais. On veille à ce que chaque poteau soit planté à la profondeur réglementaire. On peut ainsi être conduit soit à planter plus profondément l'appui supérieur, soit à prendre comme poteau inférieur un appui de plus grande dimension.

Lorsque le poteau doit être fixé après un ouvrage de maçonnerie, pont, viaduc, mur de soutènement, on le fait reposer par sa base sur une tige à arc-boutant (*fig.* 153), on place une tige à un collier et à un scellement à $0^m,50$ de la base et une tige à collier et à deux scellements à $1^m,50$ de cette même base. Le poteau se remplace dès lors facilement, et, en outre, se trouve placé dans les meilleures conditions de conservation.

VINGT ET UNIÈME LEÇON.

SOMMAIRE.

Déroulement. — Soudure. — Montage sur les appuis. — Tension du fil. — Raccord des fils de fer et de cuivre. — Ramassage du matériel. — Établissement de l'inventaire. — Revision de la ligne. — Réglage définitif et arrêtage des fils.

POSE DU FIL.

246. Déroulement. — Les couronnes de fil sont déroulées en évitant rigoureusement toute production de coques. On emploie, à cet effet, divers procédés : l'ouvrier tient en main la botte, il dégage successivement chaque spire et retourne chaque fois la botte, ou bien il place la couronne en bandoulière sur son épaule droite et avance en valsant le long de la ligne. Ces deux procédés sont défectueux : dans le premier cas, l'ouvrier oublie à un moment donné de retourner sa couronne ou laisse échapper plusieurs spires à la fois; dans le second, la manœuvre est des plus fatigantes, et même impraticable sur un terrain qui n'est pas bien uni.

Il est indispensable de placer la couronne sur un tambour vertical installé sur une civière portée par deux ouvriers; un frein à ressort manœuvré par l'un d'eux permet de régler à volonté le déroulement du fil.

Les fils, éloignés de part et d'autre des poteaux, ne doivent pas toucher les appuis, mais être placés, autant que possible, sur la projection de leur direction définitive.

Ils ne sont déroulés que le jour même où ils doivent être montés, afin qu'ils ne séjournent pas sur le sol. On évite, surtout pour le cuivre, de marcher sur le fil qu'il ne faut pas froisser.

247. Soudure. — Deux couronnes consécutives sont reliées entre elles au moyen d'un manchon que l'on remplit ensuite de soudure (*fig.* 154).

Fig. 154.

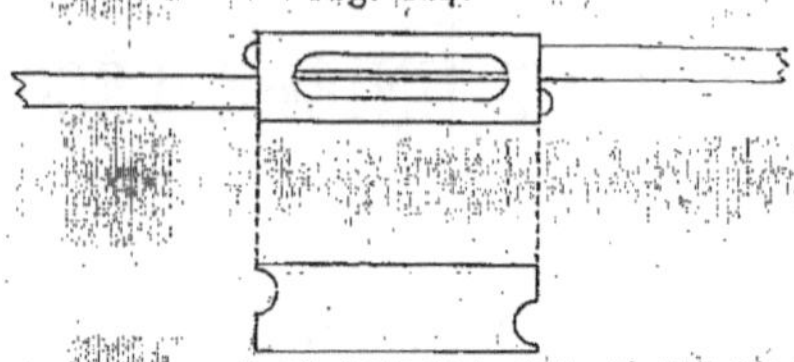

Ce manchon est un cylindre creux à section aplatie, il est évidé sur une de ses faces et porte deux encoches à ses extrémités.

Les deux fils à raccorder sont introduits respectivement par les deux extrémités du manchon et placés côte à côte. Le tout est noyé avec de la soudure.

Les manchons sont du même métal que le fil (fer ou cuivre), et de dimensions correspondant à son diamètre.

La soudure en ligne exige le concours de deux ouvriers, elle est confiée à un sous-agent éprouvé, assisté d'un aide.

Voici le détail des opérations pour la soudure de deux fils de fer :

On introduit les deux bouts à réunir dans le manchon, et on les recourbe dans les encoches après avoir enlevé les parties détériorées qui se trouvent souvent aux extrémités des couronnes; on coupe les crochets formés avec un tiers-point, de façon qu'ils ne dépassent le manchon que de $0^{cm},5$; puis, avec un pinceau, on décape le manchon et le fil à l'acide chlorhydrique étendu. Le manchon est ensuite réchauffé avec un fer à souder de fortes dimensions, chauffé dans un réchaud de charbon de bois; l'aide maintient le manchon dans sa main avec une poignée de chiffons, et le soudeur, après avoir décapé et étamé la masse de cuivre qui termine son fer, en la frottant sur une pierre de chlorhydrate d'ammoniaque et sur la soudure, fait couler vivement la soudure avec le fer, de façon qu'elle remplisse bien le manchon et déborde; le chiffon ferme les extrémités du manchon et empêche la soudure de ne faire que le traverser. On laisse refroidir lentement, puis on lave avec une éponge imbibée d'eau pour enlever toute trace d'acide, et on gratte le tout avec une lime tiers-point pour faire disparaître les bavures et les parties de soudure en excès.

La soudure employée se compose de $\frac{1}{3}$ d'étain et $\frac{2}{3}$ de plomb.

Pour les fils de cuivre, on procède de la même manière, sauf sur les points suivants :

Le manchon de cuivre est étamé, la soudure y prenant mieux.

Pour les fils de 3^{mm} et au-dessous, qui n'ont pas la rigidité des fils de fer, le bout n'est pas recourbé dans l'encoche, mais enroulé en torsade sur l'autre fil; les spires formées ne sont pas recouvertes de soudure : en chauffant le fil, on risquerait d'altérer sa résistance mécanique.

Le fil est décapé au chlorure de zinc (acide chlorhydrique décomposé par du zinc maintenu en excès dans l'acide).

Enfin on emploie une soudure plus fusible ($\frac{2}{3}$ d'étain et $\frac{1}{3}$ de plomb), et l'on se sert d'un fer beaucoup plus petit pour ne pas trop élever la température du manchon.

On préconise aussi, pour la soudure des fils de cuivre, le procédé de soudure « à la cuillère » qui dispense de l'emploi du fer et donne la certitude de ne pas avoir une température trop élevée. Un récipient contient de la soudure en fusion; on y maintient un peu de soudure à l'état solide pour être sûr que la température de fusion n'est pas dépassée, et, avec une cuillère, on puise dans le récipient la soudure que l'on fait couler sur le manchon.

248. Montage du fil. — Le fil ayant été déroulé et soudé, on le monte successivement à tous les poteaux au moyen d'échelles, par section de 500^m; on le place, dans les alignements droits, dans la gorge de l'isolateur du côté du poteau, et dans les courbes on le dispose de manière que le tirage ait lieu sur le champignon et non sur l'oreille. On n'a plus alors qu'à le tirer par une de ses extrémités pour l'enlever sur toute la section et lui donner la tension voulue.

249. Tension du fil. — Pour opérer cette traction, on se sert d'une paire de moufles et d'une mâchoire à tendre (*fig.* 155).

Le fil est pincé par la mâchoire à tendre, dans l'anneau de laquelle est engagé le crochet d'une des moufles; le crochet de la deuxième moufle est relié à un point fixe, le pied du poteau suivant par exemple.

Les moufles sont à trois poulies et réduisent, par suite, l'effort à $\frac{1}{6}$.

Nous avons vu combien il est important de tendre le fil au degré

Fig. 155.

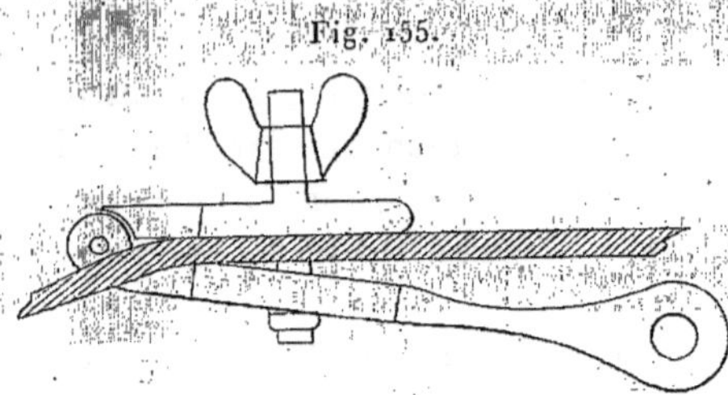

voulu et en tenant compte de la température. On ne saurait donc se contenter d'apprécier à la main la tension à adopter pour chaque tirage, ou de l'estimer par l'aspect de la flèche que prend le fil, cette tension variant suivant la température et le diamètre du fil, et il est nécessaire de se servir d'un dynamomètre.

Le dynamomètre employé généralement est le peson. Ce peson doit être approprié au fil à poser. Il serait mauvais d'en prendre un allant jusqu'à 200^{kg} pour le fil de 2^{mm}, car les divisions seraient trop voisines et il y aurait incertitude dans les lectures. Comme on pose rarement des fils lorsque la température est inférieure à 0°, on prend trois pesons :

De	0^{kg}	à	50^{kg}	pour les fils	légers de.........	2 et 2,5
»	0	à	100	»	intermédiaires de..	3 et 3,5
»	0	à	200	»	lourds de.........	4, 5,5 et 5

Le peson D se place entre la mâchoire à tendre T et la première moufle M (*fig.* 156).

On tire sur le cordage des moufles jusqu'à dépasser légèrement la tension fixée. On laisse ensuite glisser jusqu'à ce que le peson marque exactement la tension voulue, et l'on arrête solidement le fil sur l'isolateur.

Il arrive, très fréquemment, que le dernier isolateur sur lequel se fait cet arrêtage ne résiste pas à la traction du fil; s'il s'agit d'un isolateur sur console longue notamment, les vis s'arrachent parfois. Il convient, pour prévenir cet accident, de fixer le fil au poteau lui-même à l'aide d'une « mâchoire de retenue » R, reliée

Fig. 156.

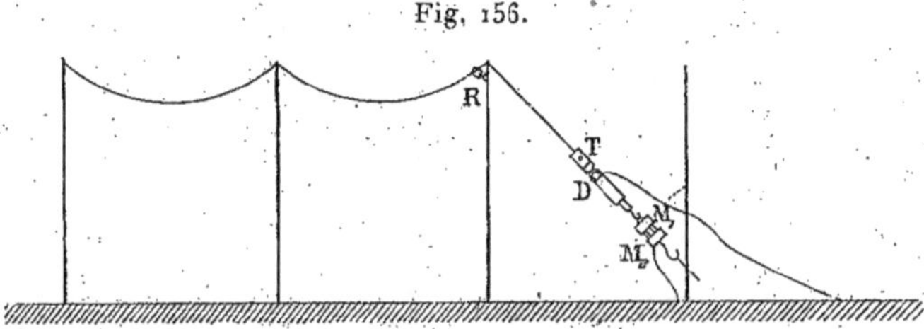

au poteau par une corde solide, et qui, serrée à $0^m,20$ ou $0^m,30$ de l'isolateur sur le fil de ligne, en supporte seule la traction.

Cette mâchoire spéciale est enlevée dès que le tirage suivant est terminé et que la « mâchoire de retenue » que comporte ce nouveau tirage est mise en place.

La mâchoire à tendre en fer du modèle ordinaire, employée pour les fils de fer, est remplacée, pour les fils de cuivre, par une mâchoire en bois dur ou par une mâchoire ordinaire, dont les pinces ont été doublées préalablement de lames de cuivre rivées ou brasées sur le fer; on se sert aussi de plaques de cuir fixées entre les mâchoires en fer ordinaire. On évite ainsi de blesser le fil de cuivre et de le rendre cassant.

Fig. 157.

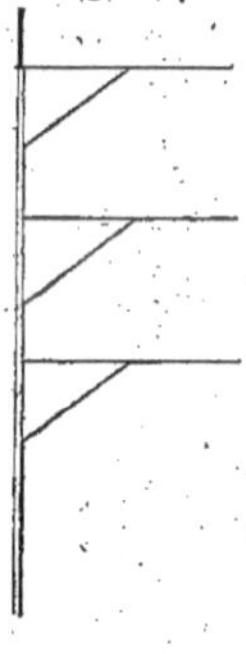

La tension n'est mesurée que pour le fil supérieur; lorsqu'il est tendu et réglé, on tire ceux qui sont placés au-dessous, de telle sorte qu'ils restent parallèles au premier. Une légère perche portant des bras horizontaux, présentant entre eux la distance adoptée pour les isolateurs, permet de régler rapidement et rigoureusement ce parallélisme (*fig.* 157).

250. Raccord des fils de fer et de cuivre. — La traversée d'une ville ou d'une gare importante se fait souvent avec des fils de cuivre; au poteau de raccordement des fils de fer et de cuivre, on prend certaines précautions, les fils à raccorder étant de nature et de sections différentes.

Le poteau de jonction est armé avec des isolateurs doubles; on arrête solidement sur un des isolateurs le fil de fer dont on laisse un bout libre; même opération pour le fil de cuivre, mais le bout libre est plus long et tourné en spirale, ce qui permettra ultérieurement de couper et de rétablir facilement le fil en ce point (*fig.* 158). Puis on introduit les extrémités des fils de fer

Fig. 158.

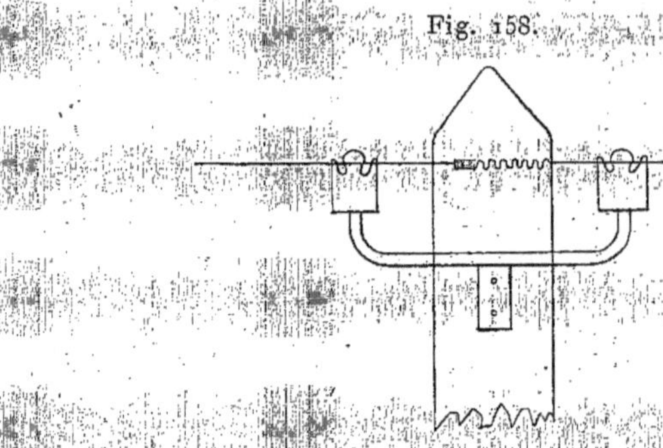

et de cuivre dans un manchon en fer du type correspondant au fil de fer, on engage dans la cavité du manchon une baguette de fil de fer d'un diamètre suffisant pour amener le contact entre les fils, et on soude le tout avec les précautions recommandées pour les fils de cuivre.

Les fils de fer de 4^{mm} et 5^{mm} sont prolongés respectivement par des fils de cuivre de 2^{mm} et de $2^{mm},5$, les isolateurs et le poteau de jonction sont donc soumis à un effort de traction considérable provenant de l'excès de tension des fils de fer; il convient dès lors, d'une part, de placer une jambe de force dans le sens de la ligne du côté des fils de fer, et, d'autre part, de fixer les isolateurs par des boulons au lieu de vis.

251. Ramassage du matériel et établissement de l'inventaire. — Lorsque la pose des fils est terminée, on procède à l'établissement de l'inventaire de la ligne, au numérotage des poteaux et au ramassage des caisses vides et du matériel sans emploi.

252. Revision de la ligne, réglage définitif et arrêtage des fils. — La ligne est revisée huit ou quinze jours après la pose du fil, de façon à laisser celui-ci produire ses effets de traction;

pendant cette revision, on s'assure que les poteaux sont bien plantés, les alignements bien droits, les accouplements bien orientés et les élagages bien exécutés. On a eu soin, lors de la pose du fil, de mettre les intéressés en demeure d'effectuer eux-mêmes les élagages dans la huitaine; si cette mise en demeure est restée sans effet, les ouvriers d'équipe procèdent eux-mêmes aux élagages pendant cette revision.

Enfin on règle définitivement les fils, on les arrête à fond tous les 500^{m}, et à tous les points particuliers, angles vifs, traversées des voies, points de croisement téléphonique, etc., etc. On fait usage, à cet effet, de câbles formés de fils de 1^{mm}, de même métal et en nombre variable suivant le diamètre du fil à ligaturer. Le câble, contournant le champignon de l'isolateur, est tordu avec force sur le fil de ligne de part et d'autre de l'isolateur. Pour les fils de cuivre, on a soin de faire recuire les brins employés. Ce n'est qu'exceptionnellement qu'on utilise, pour arrêter, des fils de 2^{mm} ou 3^{mm}.

Sur les isolateurs intermédiaires, le fil est seulement maintenu par une ligature *lâche* qui l'empêche de sortir de la gorge, mais permet, dans une certaine mesure, un glissement longitudinal. On remédie ainsi aux changements de position des supports, par suite de torsion ou d'inclinaison d'appuis, et le réglage se maintient mieux.

Pendant cet achèvement des travaux, le chef de service parcourt une dernière fois la ligne pour s'assurer qu'elle est établie dans de bonnes conditions, vérifier la profondeur de plantation au moyen de la marque-témoin et profiter de la présence des ouvriers pour remédier aux défectuosités constatées.

Enfin il est bon, lorsque les circonstances le permettent et avant de livrer la ligne à l'exploitation, de procéder à des essais électriques de résistance et d'isolement des conducteurs.

VINGT-DEUXIÈME LEÇON.

SOMMAIRE.

Entrées de poste. — Boîtes de coupure. — Guérites de raccordement de lignes aériennes et souterraines. — Anti-induction des circuits téléphoniques interurbains.

253. Entrées de poste. — On s'est longtemps servi, pour toutes les entrées de poste, d'un dispositif dont voici le principe :

Les conducteurs sortent en câble du bureau et, traversant le mur de façade, s'épanouissent dans l'intérieur d'une boîte accolée audit mur; chaque brin est continué par un fil nu qui sort de la boîte, en traversant un tube de porcelaine coudé et obturé par un tube de caoutchouc, et vient se fixer sur un isolateur d'entrée de poste, sur lequel arrive, d'autre part, le fil de ligne (*fig.* 159).

Fig. 159.

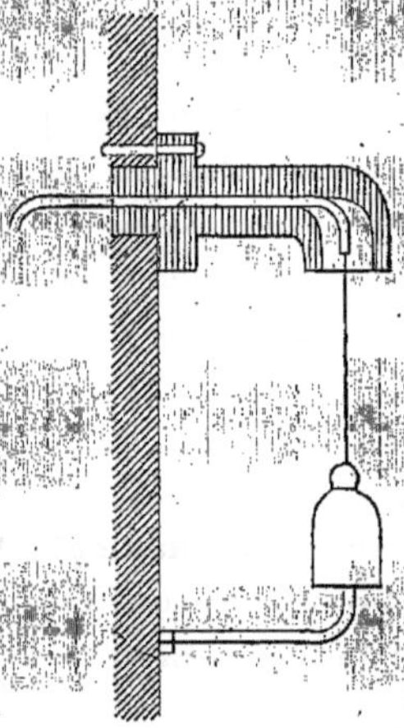

La forme de la boîte varie avec le nombre des fils arrivant au bureau.

L'isolateur d'entrée de poste ne devant être soumis à aucun effort de traction, on prend la précaution d'arrêter solidement le fil de ligne sur un poteau ou un potelet d'arrêt, à 2^{mm} ou 3^{mm} de la boîte d'entrée de poste.

On a utilisé également, pour les entrées de poste, des potelets en fer zorès, qui servent en même temps de boîte d'entrée et de potelet d'arrêt.

Ces potelets se composent d'un fer zorès tronqué, fermé sur sa longueur par des portes en tôle (*fig.* 160).

Les câbles pénètrent par derrière et se relient aux fils aériens

Fig. 160.

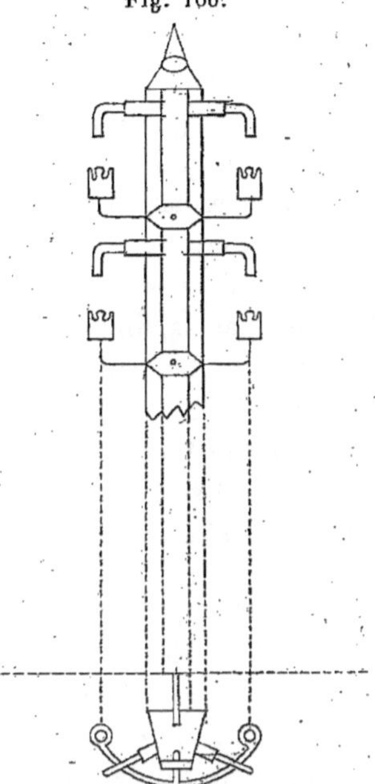

Fig. 161.

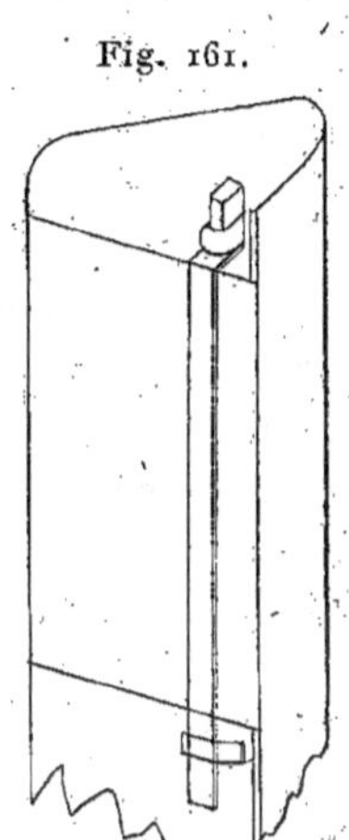

en traversant la paroi du fer dans des tubes en porcelaine. Pour

Fig. 162.

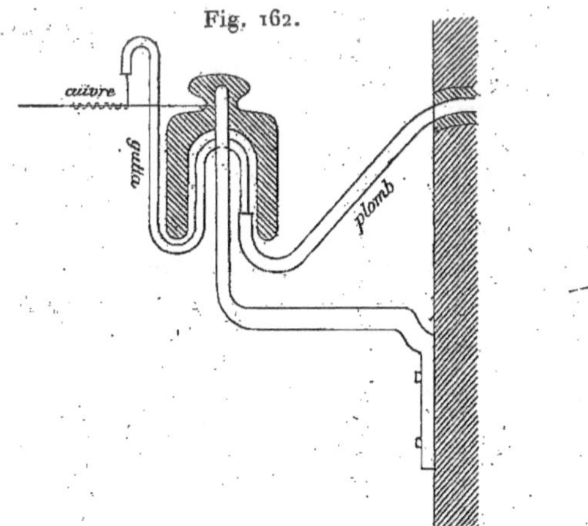

Fig. 163.

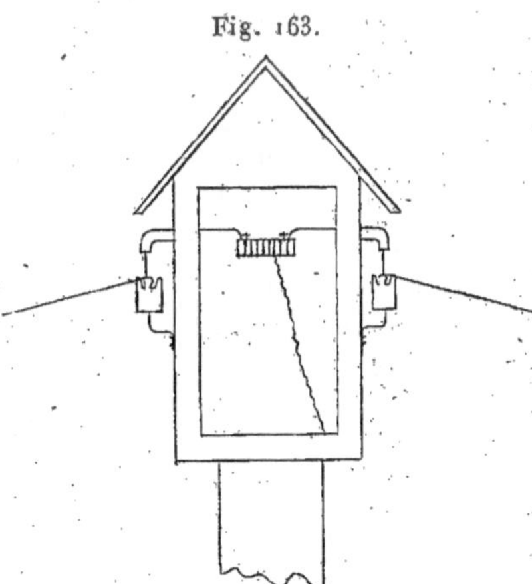

fermer les portes qui permettent d'arriver dans l'intérieur du potelet, on emploie une tige en fer engagée entre deux ferrures et formant ressort (*fig.* 161).

On peut préconiser également un système beaucoup plus simple. On fait arriver le câble sous plomb à la tête du potelet d'arrêt, on le fait descendre le long du potelet, on dégage de l'enveloppe de plomb les différents brins recouverts de gutta, et on les attache sur le fil aérien après les avoir fait pénétrer dans l'intérieur de la cloche de l'isolateur, de façon à avoir toujours une section de gutta à l'abri de l'humidité et d'éviter ainsi les dérivations par l'appui (*fig.* 162). Ce système s'impose par sa simplicité pour les entrées des postes peu importants, tels que bureaux municipaux, postes d'abonnés dans le service téléphonique, etc. Il est indispensable de l'employer pour les entrées de postes centraux téléphoniques, lorsque les fils de ligne aboutissent soit à un potelet fixé sur le toit ou sur la façade, soit à une tourelle centrale.

254. **Boîtes de coupure.** — On ne saurait poser un fil de plus de 100^{km} entre deux localités, sans se réserver la possibilité de sectionner ce conducteur et de localiser, le cas échéant, un dérangement entre deux points de coupure relativement peu éloignés. Lorsque la coupure ne peut se faire dans un bureau intermédiaire où pénètrent les fils, on installe en pleine ligne une boîte de coupure. Les deux côtés d'un même fil pénètrent de part et d'autre dans cette boîte, comme dans une boîte d'entrée de poste, au moyen de tubes en porcelaine (*fig.* 163). Ils sont reliés entre eux par l'intermédiaire d'un paratonnerre Bertsch.

La boîte de coupure est placée à proximité d'un bureau auquel on la relie par deux fils de service : le premier sert à renvoyer l'un ou l'autre côté d'un fil quelconque au bureau, l'autre établit une communication téléphonique entre le bureau et le facteur qui fait les manœuvres à la boîte.

Les paratonnerres Bertsch sont placés de profil, de façon à être facilement examinés à travers la glace et vérifiés. Le fil de terre doit être amené sur chacun d'eux : ce serait une erreur que de se contenter, comme on l'a fait longtemps, de fixer les paratonnerres sur une plaque de tôle galvanisée en communication avec la terre.

La boîte de coupure est installée entre deux poteaux d'arrêt distants d'une dizaine de mètres et rendus solidaires par un ou deux tirants (*fig.* 164).

Fig. 164.

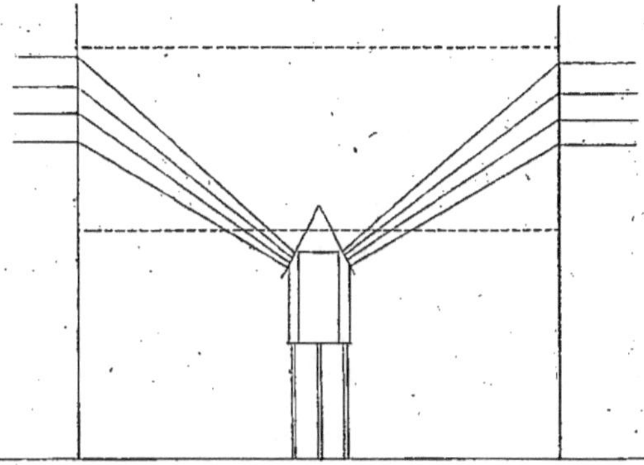

On a également utilisé à cet effet des poteaux métalliques creux (poteau Desgoffes ou poteau en fer zorès) : le poteau sert en même temps d'arrêt et de boîte de coupure.

Fig. 165.

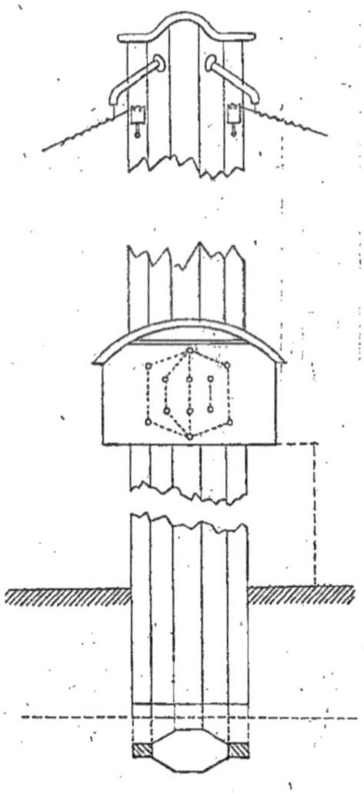

Les conducteurs pénètrent dans le poteau par des tubes en porcelaine, et descendent en fil recouvert jusque dans une boîte métallique placée sur le poteau à $1^{m},50$ du sol (*fig.* 165).

Lorsque le nombre des fils à couper est un peu considérable, on remplace la boîte par une guérite de coupure, dont l'installation est analogue à celle des guérites de raccordement.

255. Guérites de raccordement de lignes aériennes et de lignes souterraines. — Dès que le nombre des fils télégraphiques transitant par un bureau, ou le desservant, est un peu considérable, il convient de pénétrer en ville, non plus par une ligne aérienne, mais par une ligne souterraine; la jonction de la ligne aérienne et de la ligne souterraine qui la continue se fait dans une guérite dite *de raccordement.*

Les fils de fer sont arrêtés solidement sur des appuis, d'où partent, sans tension aucune, des fils de cuivre aboutissant à des isolateurs d'entrée de poste; de là des fils recouverts de gutta, sur lesquels sont intercalés des paratonnerres Bertsch, pénètrent à travers des tubes en porcelaine dans la guérite, pour s'arrêter sur les bornes d'une rosace à laquelle arrivent les différents brins de la ligne souterraine.

Le système des appuis d'arrêt doit être solide. On emploie avec succès le fer et les haubans fixés dans des blocs de maçonnerie

Fig. 166.

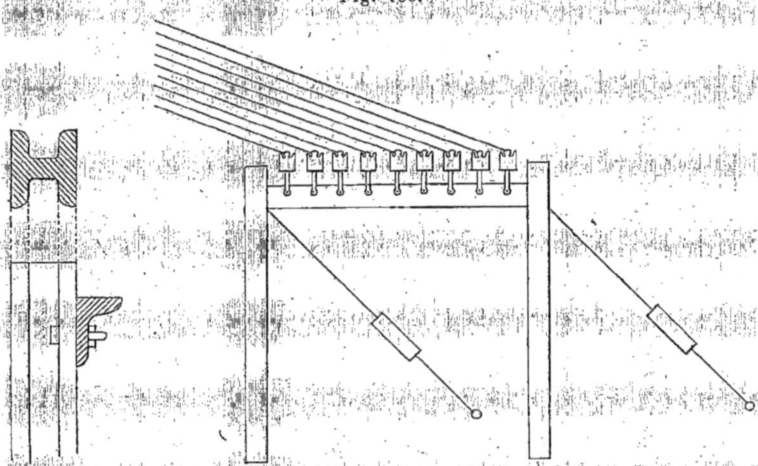

(*fig.* 166). Avant de faire pénétrer les conducteurs dans la guérite, on ramène généralement les nappes de fils, qui s'étalaient verticalement le long des poteaux, à être horizontales, en leur faisant décrire un paraboloïde de révolution.

La guérite est construite le plus souvent en bois. Elle doit être assez grande pour que l'on y puisse procéder à des mesures; on la surélève sur des dés en pierre pour éviter la pourriture : une ouverture grillagée dans le bas et une cheminée d'appel dans le toit donnent une circulation d'air qui chasse l'humidité et ne laisse pas la température s'élever trop haut. L'installation des fils, paratonnerres, commutateurs, etc., doit être aussi claire et méthodique que possible; des fiches et des indications sur chaque fil, un plan général de l'installation collé sur la porte de la guérite, etc., permettront à un agent quelconque de s'y retrouver immédiatement, et de procéder, le cas échéant, sans hésitations ni tâtonnements, aux mesures ou remaniements dont il serait chargé.

Dans cet ordre d'idées, on peut prendre maintes dispositions, qui sont laissées au choix du constructeur.

256. **Poteaux de raccordement.** — Les poteaux métalliques sont employés pour les raccordements, surtout lorsque l'on dispose d'un espace insuffisant pour installer une guérite; leur principal inconvénient est de ne pas se prêter facilement aux manipulations de fil et à la recherche d'un dérangement intérieur.

Fig. 167.

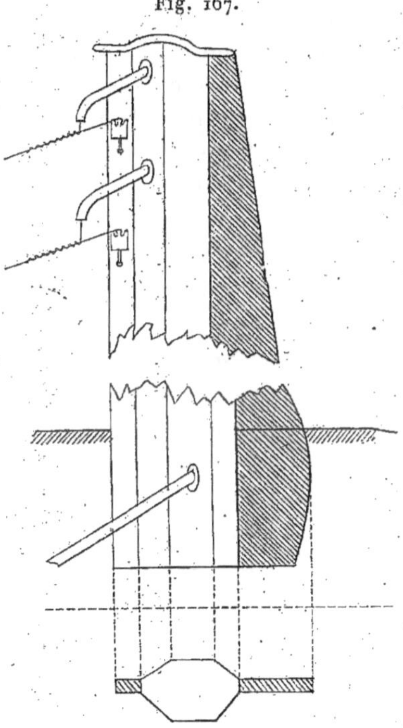

De nombreux poteaux de raccordement, système Desgoffes,

sont en usage dans les environs de Paris : depuis un poteau de 9^m à Asnières jusqu'à un poteau de 25^m à Andrésy (*fig.* 167). Nous parlerons de ce système dans la prochaine Leçon. Dans l'intérieur du poteau, sont disposés de petits paratonnerres à stries pour protéger les fils souterrains contre les décharges atmosphériques arrivant par les fils aériens.

Le fer zorès et le fer zorès tronqué ont été également employés pour constituer des poteaux métalliques de raccordement.

257. Anti-induction des circuits téléphoniques interurbains. — Un grand nombre de réseaux téléphoniques urbains sont encore construits à simple fil, bien que l'emploi du double fil tende à se généraliser de plus en plus; mais, dans les communications téléphoniques interurbaines, le double fil est employé exclusivement; on évite ainsi les perturbations causées par les courants telluriques et la polarisation des plaques de terre; l'induction, provenant des fils voisins télégraphiques et téléphoniques, est également atténuée : ce n'est plus que la différence des effets d'induction sur chacun des deux fils, inégalement distants du fil inducteur, qui intervient; mais cette action est cependant encore suffisante pour empêcher toute conversation pratique, et il a fallu remédier à cet inconvénient capital.

Le procédé consiste, en principe, à placer les deux fils induits dans les mêmes conditions de distance par rapport aux fils inducteurs; et, à cet effet, il suffit de diviser la ligne en sections, et à permuter dans chaque section les deux fils (*fig.* 168), de façon que, dans deux sections consécutives, chaque fil vienne respectivement prendre la place de l'autre; dès lors, chacun des deux fils sera dans chaque section plus ou moins induit, mais la somme des inductions dans l'ensemble des sections sera la même sur chaque fil, et ces effets égaux et contraires s'annuleront dans le récepteur placé à l'extrémité de la ligne.

Fig. 168.

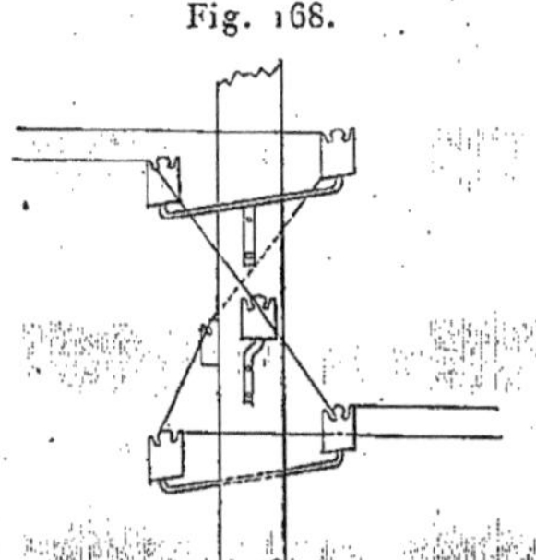

Pour opérer cette permutation, on a d'abord, tous les kilomètres, armé un poteau au moyen de deux isolateurs doubles et de deux isolateurs simples (*fig.* 168). Le circuit Paris-Marseille, par exemple, a été ainsi disposé. Mais cette méthode a l'inconvénient de multiplier le nombre des isolateurs, trois isolateurs sur

Fig. 169.

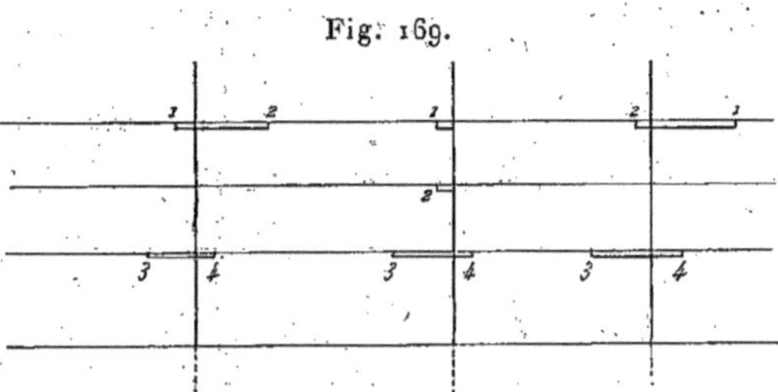

les poteaux de croisement au lieu d'un, d'accroître par conséquent de près de $\frac{1}{6}$ les pertes par isolateurs, et d'augmenter, en outre, dans une forte proportion, en raison de l'emploi des isolateurs doubles, les dérivations des deux fils du circuit l'un sur l'autre.

Fig. 170.

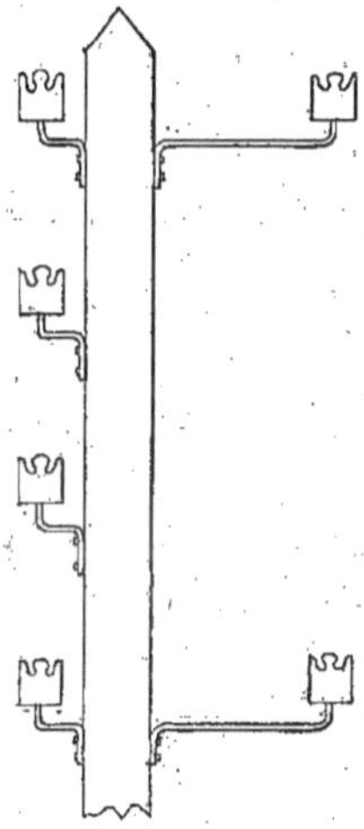

Le système le plus généralement adopté en France actuellement est le suivant : le circuit téléphonique repose en ligne courante sur deux isolateurs situés à la même hauteur; la demi-rotation s'opère sur trois appuis consécutifs; les croisements de fils se font sur les appuis, ce qui évite les chances de mélange; l'armement est peu changé et le nombre des isolateurs n'est pas augmenté (*fig.* 169).

Les appuis présentent l'aspect indiqué à la *fig.* 170.

Lorsque plusieurs circuits suivent la même ligne, le premier est croisé à tous les kilomètres, le deuxième tous les 750^{m}, le troisième tous les 500^{m}, puis on recommence la série; le quatrième est croisé tous les kilomètres comme le premier; ces deux circuits sont sans action l'un sur l'autre, séparés qu'ils sont par deux autres circuits (1). Dans le cas où la ligne ne supporte

(1) Il suffirait d'ailleurs de quelques croisements supplémentaires sur les très longs circuits, pour éviter, si elle se produisait, toute influence du premier circuit sur le quatrième.

que des lignes téléphoniques, on peut même ajouter à chaque série un circuit sans croisement, et la ligne et les poteaux de croisement se comportent comme il est indiqué à la *fig.* 171.

D'autres dispositions sont encore possibles. On peut armer le

Fig. 171.

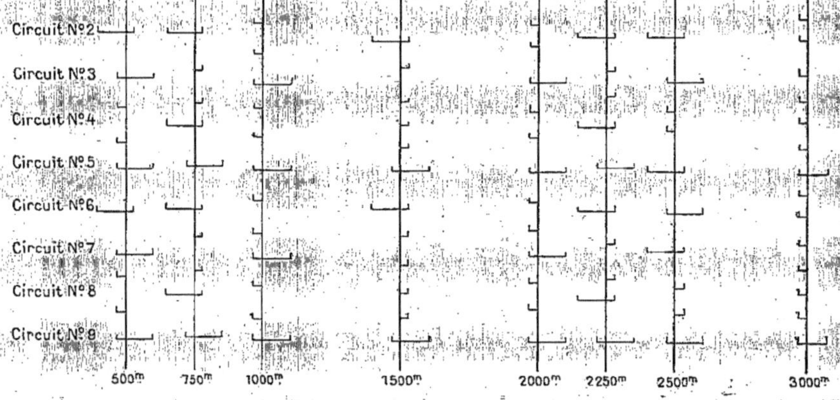

poteau de façon que les isolateurs consécutifs soient les sommets d'un losange, et placer les deux fils d'un même circuit aux sommets opposés du losange : les deux circuits, étant dans des plans perpendiculaires, ne s'influencent pas; puis, pour soustraire chacun de ces circuits à l'influence des fils voisins, on les fait tourner en hélice au moyen d'une permutation circulaire de leurs emplacements sur les poteaux consécutifs; sur le deuxième poteau, le fil 1 vient à la place du fil 4, et chaque circuit présente ainsi l'aspect d'une surface hélicoïdale, ayant un pas embrassant quatre poteaux consécutifs; si la ligne comporte un troisième et quatrième circuits, on les dispose de la même façon, mais avec un pas double; les cinquième et sixième circuits auraient le même pas que les premier et deuxième, etc.

On reproche à ce mode d'anti-induction de donner des croisements en pleine portée, et d'occasionner, sous l'action du vent, des contacts de fil à fil; on pense également qu'il n'est pas facile de découvrir, en cas de dérangements, un mélange dans cet ensemble de fils, qui, en tournant, se projettent les uns sur les autres; mais il a l'avantage de ne modifier en rien l'armement des appuis et de donner une anti-induction parfaite, tandis qu'il suffit d'une erreur dans les croisements opérés sur certains poteaux seulement pour que l'anti-induction soit insuffisante.

VINGT-TROISIÈME LEÇON.

SOMMAIRE.

Poteaux en fonte. — Poteaux en fer. — Poteaux : Oppermann, de la Taille, Lourme, Lemasson, Siemens. — Poteaux Loir en fer zorès. — Poteaux en tôle Desgoffes. — Emploi restreint des poteaux métalliques. — Poteaux métalliques. — Potelets métalliques. — Potelets : Schæffer, O. André.

POTEAUX MÉTALLIQUES.

On a essayé à diverses reprises de remplacer, en ligne courante, les poteaux en bois par des poteaux métalliques, dont la durée est beaucoup plus longue. Mais les modèles proposés jusqu'ici sont restés toujours inférieurs au simple poteau de bois; le prix des appuis métalliques, la difficulté de leur plantation, le peu de latitude qu'ils présentent pour des remaniements ultérieurs, font que le poteau en bois est toujours et incontestablement le seul poteau pratique en ligne courante.

Nous allons examiner un certain nombre des tentatives qui ont été faites, et nous verrons que l'emploi des poteaux métalliques ne se justifie que dans certains cas particuliers.

Le seul métal employé pour les poteaux métalliques est le fer sous forme de fonte, d'acier, de fers proprement dits, de tôle, etc., etc.

258. **Poteaux en fonte.** — L'emploi de la fonte a été assez restreint; on s'en est servi surtout pour former des socles à des poteaux en tôle, la fonte résistant mieux que la tôle au contact avec le sol, ou bien, comme motif de décoration, pour supporter des potelets en bois dans la traversée de Paris, sur les boulevards de la rive gauche, en 1853. On rencontre aussi quelques appuis de cette nature, le long de la Seine, près du pont Bineau.

259. Poteaux en fer. — Les fers du commerce affectent principalement les formes suivantes :

Fer cornières, fers à T et à double T, fers carrés, méplats, ronds, en croix, en U, fers zorès, fers tubulaires, etc., etc.

La plupart de ces formes, obtenues à bas prix par le laminage, ont été préconisées par les divers inventeurs.

260. Poteaux Oppermann. — Ils sont constitués par des fers à T; les isolateurs sont fixés au moyen de trous sur le plat du fer,

Fig. 172. Fig. 173.

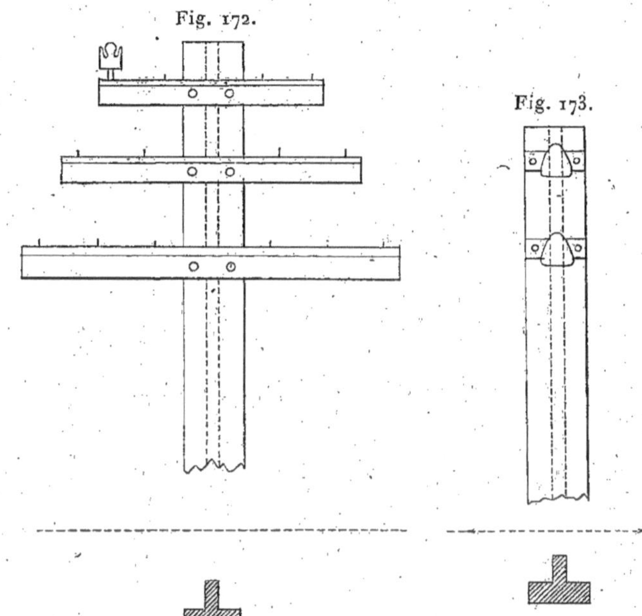

ou supportés par des fers cornières, fixés eux-mêmes sur le plat du fer à T. Les fers sont enfoncés simplement dans le sol (*fig.* 172, 173).

261. Poteaux de la Taille. — Ce sont encore des fers à T, enfoncés dans un bloc carré en béton. Le bloc a $0^m,80$ de haut et $0^m,30$ de côté, et pèse 60^{kg}; il préserve le fer de l'oxydation dans sa partie enterrée, et donne de la stabilité à l'ensemble; les isolateurs sur consoles sont boulonnés sur la nervure percée à l'avance des trous nécessaires. Les poteaux d'angle sont constitués par deux fers à T réunis par leurs plats, l'un coudé et formant jambe de force.

Fig. 174.

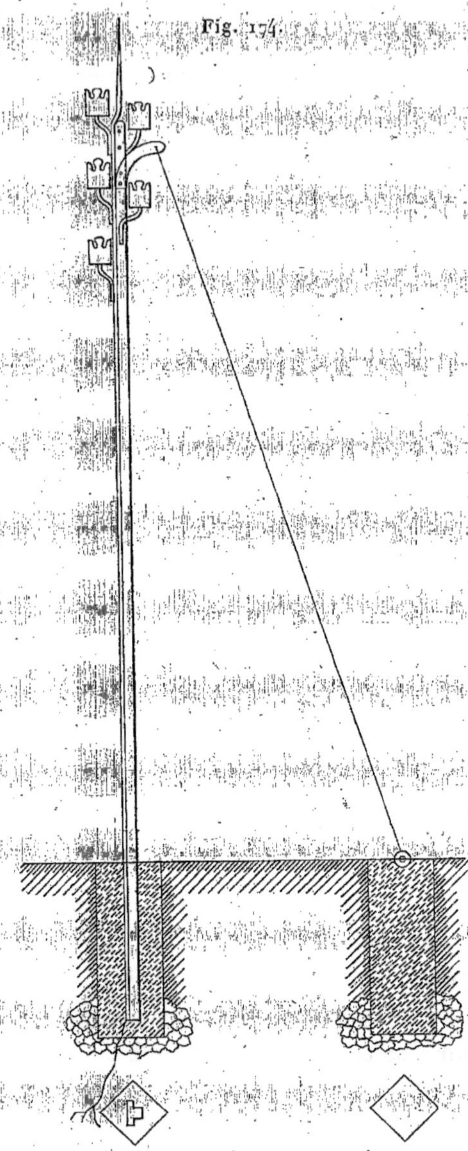

262. Poteaux Lourme. — M. Lourme a aussi utilisé le fer à T, en Cochinchine, pour la construction des lignes. Les fers s'enfoncent dans des blocs en béton. Les isolateurs sont placés sur le plat, soit du côté de la nervure, soit sur le côté extérieur. Aux angles, le fer est doublé d'une jambe de force ou consolidé par un hauban au moyen d'une ferrure spéciale (*fig.* 174).

Fig. 175.

En Bavière, on a employé des fers **I** avec traverses en cornières pour recevoir les isolateurs.

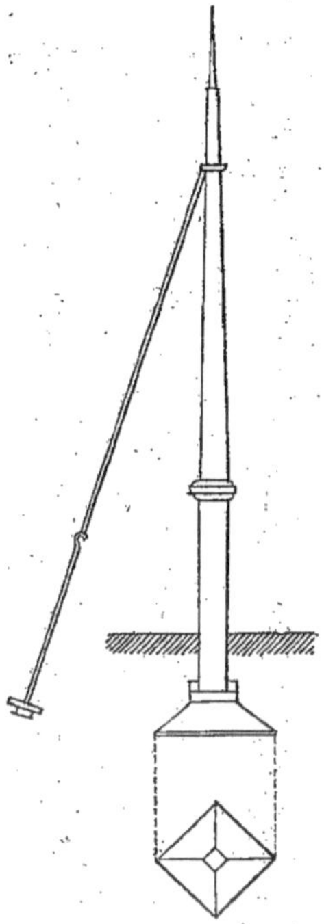

263. **Poteaux Lemasson.** — M. Lemasson a essayé des poteaux tubulaires de 4^{m} ou 6^{m} de haut, formés de deux ou trois tubes assemblés par des colliers de serrage et pouvant rentrer les uns dans les autres. La plantation est très rapide; on fore, au moyen d'une masse et d'un piquet en fer avec tourne à gauche, un trou dans lequel on introduit le poteau.

264. **Poteau Siemens.** — C'est également un poteau tubulaire; il est très employé dans les colonies anglaises. Il se compose d'un tube en fonte, surmonté d'un deuxième tube en acier et fixé sur un socle en fonte qui donne de la stabilité à l'ensemble, sans exiger une profondeur de plantation de plus de $0^{m},80$ (*fig.* 175).

265. **Poteaux en fer zorès de M. Loir.** — Deux fers zorès sont rivés l'un à l'autre par leurs bords plats, et sont surmontés par un chapeau qui épouse la forme des fers et les termine. Les isolateurs sont placés sur des consoles en forme de collier qui embrassent le poteau, et sont réunies par des boulons (*fig.* 176 et 177).

M. Loir a employé aussi un seul fer zorès tronqué; des consoles doubles, boulonnées sur les bords plats, supportent les isolateurs, des entretoises rivées assurent la rigidité du système (*fig.* 178).

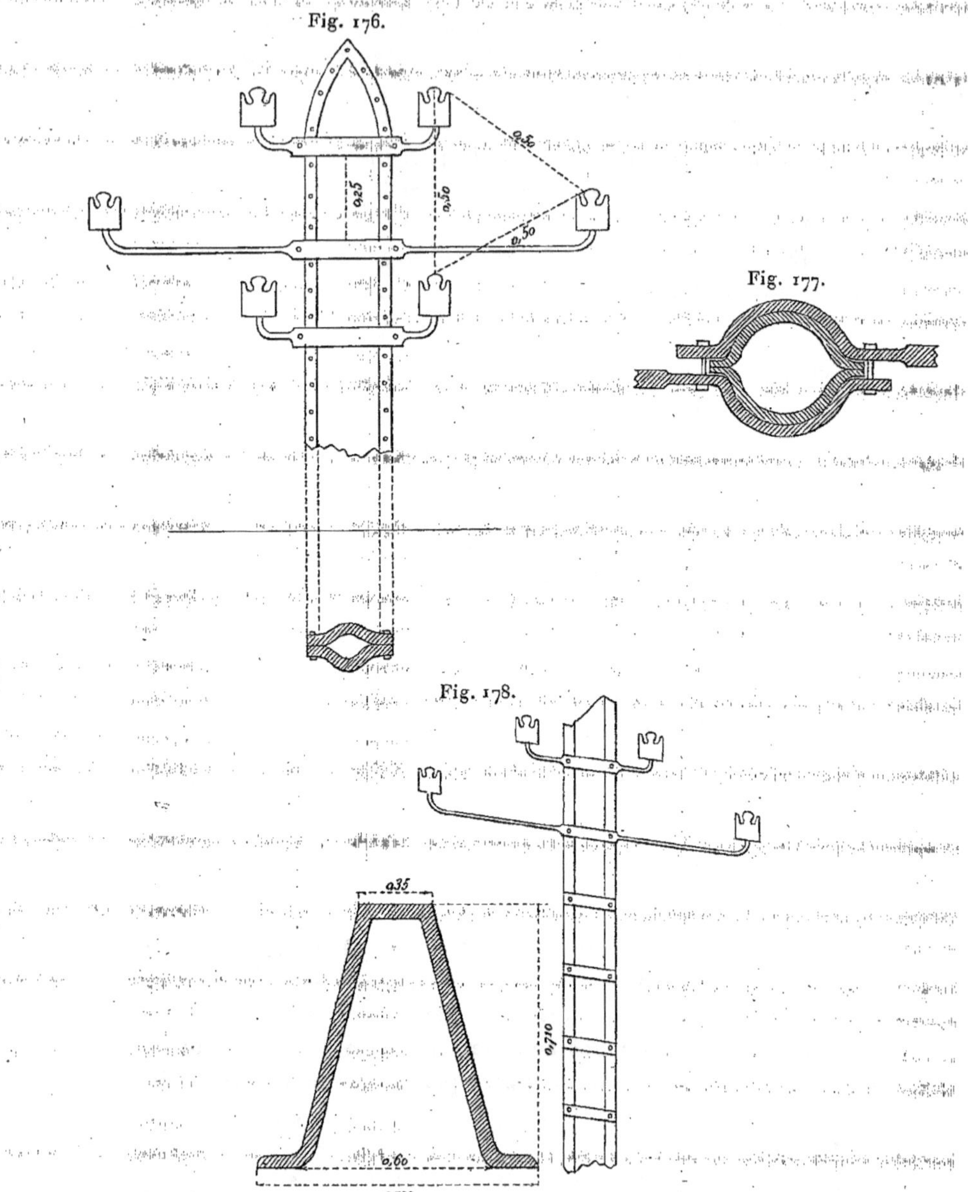

Fig. 176.

Fig. 177.

Fig. 178.

Des fers cornières ont été également essayés, associés ou non avec des fers méplats (poteaux Lemasson, poteaux de la Ribaud Company sur la ligne d'Orsay).

266. Poteaux en tôle. — M. Desgoffes, en 1872, a breveté un système de poteaux en tôle.

Fig. 179.

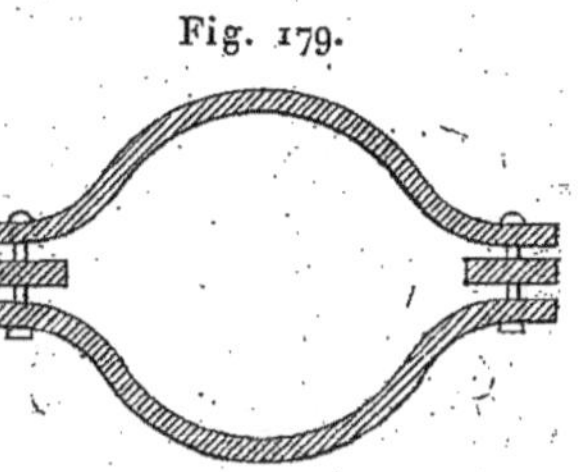

Le poteau est constitué par une série de cylindres s'emboîtant les uns dans les autres et composés chacun de deux feuilles en tôle. Deux bandes de fers méplats sont boulonnées tout le long du poteau entre les bords plats des tôles et donnent plus de rigidité à l'appui (*fig.* 179); à la partie supérieure du poteau sont placés des fers méplats horizontaux terminés par des consoles qui reçoivent les isolateurs. Les poteaux sont encastrés dans une embase en fonte, ou mieux dans une embase en béton. Une section de ligne courante construite uniquement avec ce genre d'appui existe près de Paris, à Juvisy.

Fig. 180.

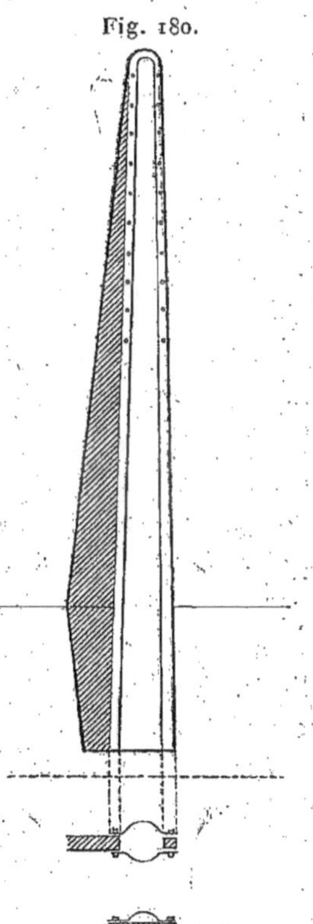

Dans les angles, le côté opposé à celui du tirage porte une nervure saillante de forme tronconique et d'un poids allant jusqu'à 200^{kg} et 300^{kg} pour s'opposer au renversement. On a remplacé aussi cette nervure par une lame unique placée entre les deux tôles; mais la première solution est préférable (*fig.* 180).

267. Emploi restreint des poteaux métalliques. — Chaque jour de nouvelles propositions sont faites pour la substitution des poteaux métalliques aux poteaux en bois; mais, si l'on tient compte du prix de revient, de la moindre facilité offerte pour des remaniements de ligne, des difficultés spéciales inhérentes à une plantation qui nécessite presque toujours un socle en béton ou en fonte, etc., etc., on voit que tous ces inconvénients compensent, et au delà, le seul avantage que présentent les appuis en fer sur les appuis en bois, c'est-à-dire la durée; et l'appui métallique ne paraît pas encore devoir remplacer l'appui en bois sur les lignes courantes, en France tout au moins. Mais dans les pays chauds, aux colonies, les conditions ne sont plus les mêmes, les poteaux en bois sont détruits très rapidement, de sorte que, même au point de vue purement économique, le métal est supérieur. On évite en outre les dérangements de ligne provenant d'appuis en mauvais état, et qui sont surtout à éviter dans des pays où les communications ne sont pas rapides; aussi l'emploi exclusif du fer ou de l'acier s'impose-t-il absolument.

Dans certains cas particuliers, il est également avantageux d'employer des appuis métalliques, comme poteaux d'exhaussement par exemple.

Dans cet ordre d'idées, on peut indiquer les poteaux Desgoffes à Juvisy 13^{m} et 14^{m}, à Toury 18^{m}. Un poteau de 18^{m} a été également construit par M. Oppermann, à Château-Thierry.

C'est un pylône constitué par des fers à T et des fers méplats.

Au Tonkin, M. Lourme a établi, entre autres, un pylône de 46^{m} pour franchir le Mékong en une portée de 933^{m}. C'est une pyramide quadrangulaire avec arêtes en fers double T, réunis par des croisillons et des étrésillons, et reposant sur un massif de béton de 3^{m} de profondeur; l'ensemble est haubanné comme un mât de vaisseau.

Enfin nous avons vu que les poteaux métalliques s'emploient, comme poteaux de raccordement, quand on ne peut pas disposer d'une place suffisante pour installer une guérite, ou comme poteaux de coupure; les poteaux Desgoffes et les poteaux en fer zorès sont alors tout indiqués.

POTELETS MÉTALLIQUES.

268. La difficulté que l'on rencontre pour pouvoir planter solidement et économiquement les poteaux métalliques est un des

principaux inconvénients de ce système d'appuis, et une des causes qui lui font préférer le poteau en bois.

Cette infériorité n'existe plus lorsqu'il s'agit de potelets à fixer sur un mur ou une façade de maison; aussi le potelet en fer pris en lui-même, coûtant moins cher que le potelet en bois, étant d'un aspect plus satisfaisant et d'une durée plus longue, doit-il avantageusement remplacer ce dernier.

Les différentes dispositions que nous avons indiquées pour les poteaux métalliques peuvent être adoptées pour la confection de potelets métalliques; nous n'y reviendrons pas et nous nous contenterons d'indiquer quelques dispositions spéciales.

269. Potelets Schæffer. — En 1888, M. Schæffer, ingénieur de l'administration, proposa un système qui se recommande par sa simplicité et sa facilité de construction. Le potelet se compose d'un fer méplat de $0^m,05$ de large et de $0^m,01$ d'épaisseur sur lequel on boulonne les isolateurs. Le fer est courbé suivant la

Fig. 181.

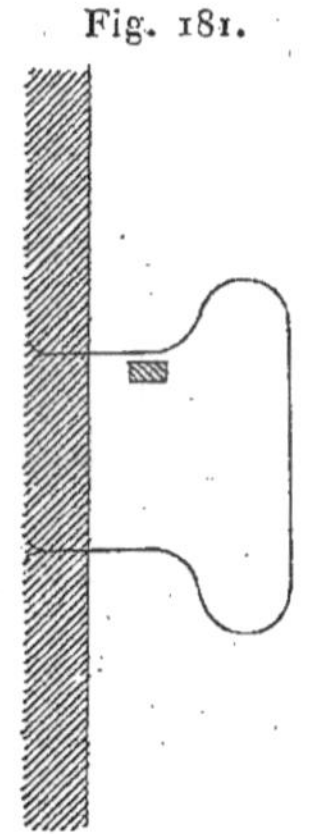

forme indiquée (*fig.* 181), et se termine par deux pattes que l'on scelle dans la maçonnerie.

Les potelets d'angle (*fig.* 182) sont munis de pattes à œilletons, qui s'appliquent contre l'angle du mur, et y sont fixés au moyen de goujons taraudés préalablement scellés, sur lesquels on visse un écrou.

Si le potelet doit supporter un effort un peu considérable, on le renforce dans sa partie droite par un fer en U accolé au fer méplat.

L'emploi de ce genre de potelet permet en outre de franchir

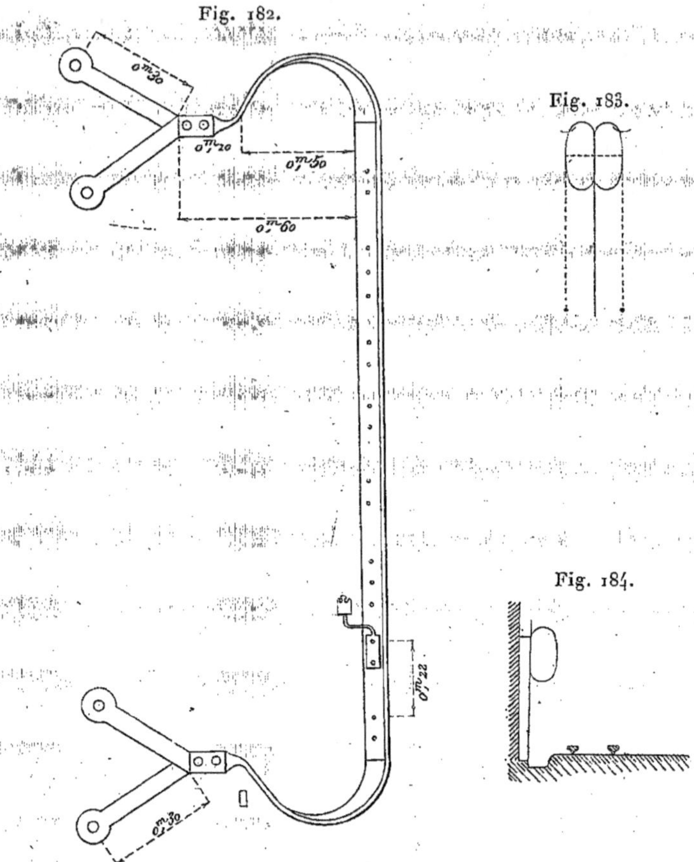

Fig. 182.

Fig. 183.

Fig. 184.

des passages resserrés, et dans lesquels on ne dispose pas d'un espace suffisant pour continuer le mode de construction courant de la ligne : par exemple, dans le cas d'une tranchée où le poteau doit être contre le talus ; ou dans celui où il faut se contenter d'un seul appui planté dans une haie pour continuer une ligne double (*fig.* 183, 184).

270. Potelets André. — Le système de potelets en fer, qui semble devoir être préférable, est le suivant, dont le principe est dû à M. O. André, constructeur.

Fig. 185. Fig. 186.

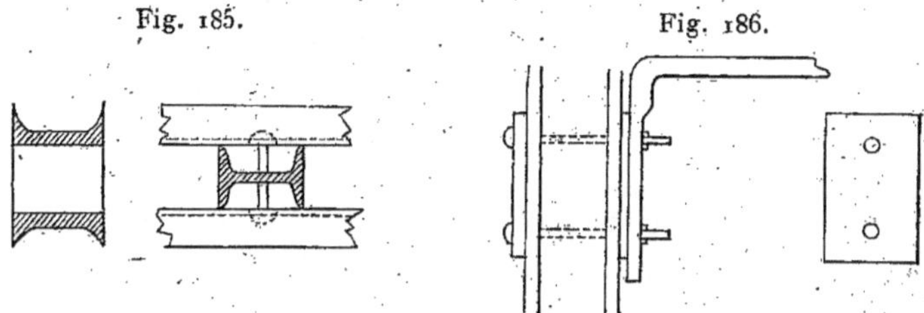

Le potelet est formé de deux fers en U, séparés par des entretoises en fer à double T (*fig.* 185). Les fers sont d'un modèle

Fig. 187.

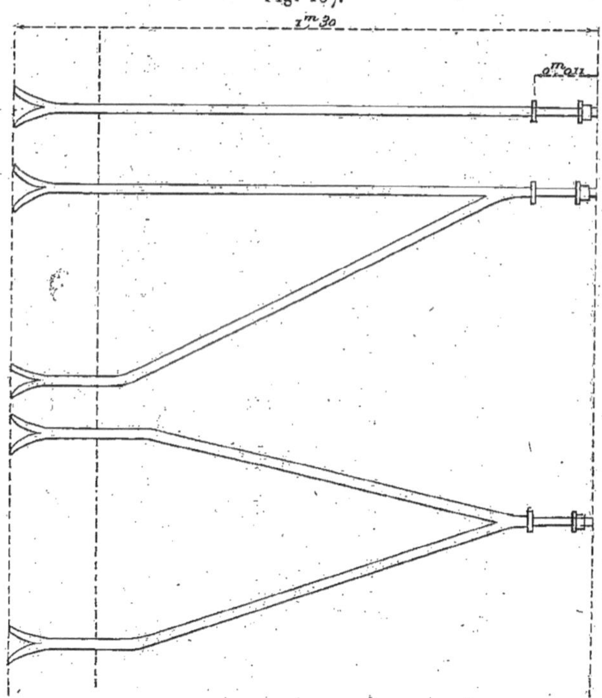

plus ou moins fort, suivant que l'on est en angle ou en ligne courante.

Ce type ne nécessite le percement d'aucun trou ni pour le placement des consoles, ni pour celui des tiges à scellement qui le supportent. Le fer n'est donc pas affaibli, et le potelet se prête à des remaniements et modifications d'armement et de pose.

On utilise pour l'armement les isolateurs sur consoles en S et en U de l'administration; il suffit de placer à cheval sur les deux fers des plaques réunies par des boulons qui maintiennent plaques et consoles serrées ensemble sur les montants (*fig.* 186).

Pour fixer les potelets après les murs, on se sert de tiges à scellement terminées à une de leurs extrémités par une partie filetée avec épaulement; la partie filetée s'engage entre les deux fers, qui sont serrés entre l'épaulement et l'écrou. Les tiges sont droites, ou à consoles, ou à deux branches dans les angles de maisons (*fig.* 187). Chaque potelet comporte au moins deux tiges dont une à console; il convient d'espacer les tiges de $1^m,40$ à $1^m,45$. On arme les potelets en consoles courtes et longues; les consoles longues sont toutes placées sur la rue, les courtes sont du côté de la maison, de façon à pouvoir diminuer la distance entre le potelet et le mur, et par suite la longueur des tiges. On peut alors se contenter de donner à la tige droite une longueur totale de $1^m,30$.

VINGT-QUATRIÈME LEÇON.

SOMMAIRE.

Réseaux aériens et souterrains. — Bureau central. — Étude d'un réseau. — Conducteurs. — Appuis. — Tourelles et entrées de bureaux centraux. — Armement. — Pose du fil. — Entrées de postes d'abonnés. — Sourdines.

RÉSEAUX TÉLÉPHONIQUES URBAINS.

271. **Réseaux aériens et souterrains.** — Les réseaux téléphoniques sont soit aériens, soit souterrains. Les réseaux aériens présentent le double avantage d'être plus économiques et de mieux se prêter à la transmission de la parole que les réseaux souterrains. Comme inconvénients, leurs nappes sillonnent les villes de tous les côtés d'une façon souvent désagréable à l'œil; ils empruntent les toits des maisons dans lesquelles on ne peut accéder que de l'extérieur, ce qui ne laisse pas que d'apporter certaines complications dans les travaux, enfin ils ne comportent pas une grande extension en raison de l'impossibilité où l'on se trouverait d'amener un très grand nombre de fils aériens en un même point.

Les réseaux aériens sont à simple fil ou à double fil.

Le simple fil est moins dispendieux et encombre moins les appuis; mais, si les effets d'induction d'un fil sur l'autre ne sont pas sensibles dans les nappes un peu importantes, en raison des réactions réciproques des fils entre eux, il est nécessaire, dans le cas de petits réseaux où trois ou quatre circuits seulement se trouvent parfois avoir un parcours commun assez étendu, d'employer le double fil, et d'anti-inducter par des croisements ces circuits. Le double fil doit aussi être adopté lorsque la ville est dotée d'un réseau de traction électrique avec retour par la terre.

Les réseaux souterrains s'imposent dans les grandes villes tant à cause de la hauteur des maisons et du luxe des promenades et des bâtiments, que du grand nombre des abonnés.

Le système très complet d'égouts qu'on y rencontre généralement facilite d'ailleurs singulièrement l'établissement d'un tel réseau qui est toujours à double fil.

272. **Bureau central.** — Les lignes d'abonnés doivent être aussi courtes que possible : le bureau central sera donc choisi près du centre commercial de la localité. En raison des troubles qu'apporterait dans le service un déplacement du bureau central et des frais qu'il occasionnerait, il conviendra d'éviter de déplacer ce bureau.

Pour ces deux raisons, le Bureau des postes et télégraphes conviendra parfaitement. En outre, on a l'avantage d'installer le service dans les étages supérieurs d'un immeuble dont le rez-de-chaussée et deux étages sont déjà la plupart du temps occupés par la poste, le télégraphe et l'appartement du receveur, et d'avoir ainsi une maison complètement utilisée, ne renfermant aucun locataire étranger à l'administration, et dans laquelle poste, télégraphe et téléphones sont réunis sous une même surveillance.

273. **Étude d'un réseau.** — Pour étudier la création d'un réseau aérien, on porte les abonnés de la première heure, sur un plan à grande échelle de la localité, on recueille tous les renseignements possibles sur l'extension probable du réseau, on ajoute sur le plan l'emplacement des abonnés probables, et de l'examen du plan ainsi annoté, on déduit les directions des grandes artères du réseau.

Les appuis se placent généralement sur les toits, surtout si ces derniers ne sont pas trop élevés, et si les abonnés sont un peu nombreux; les potelets en façade, d'un accès plus facile, ne peuvent convenir que si l'on n'a pas plus d'une douzaine de fils à prévoir sur l'artère.

L'étude de détail pour chaque artère se fait ensuite en jalonnant avec des lattes les immeubles occupés par les futurs abonnés, en montant sur les toits les plus élevés et en choisissant pour y installer des appuis ceux qui permettent de dériver le plus facilement les fils des abonnés.

274. Conducteurs. — On a toujours recherché pour les fils des réseaux urbains une grande résistance mécanique et de la légèreté, fût-ce aux dépens de la résistance électrique.

On a d'abord pris du fil d'acier de 2^{mm}, mais ce fil, exposé sur les toits aux vapeurs et aux gaz qui s'échappent des cheminées, s'oxyde très rapidement, et il fallait le remplacer très fréquemment.

On a ensuite employé du fil de bronze silicieux de $\frac{11}{10}$ de millimètre, qui avait une résistance électrique analogue à celle du fil d'acier de 2^{mm}, offrait une résistance à la traction de plus de 72^{kg} par millimètre carré, et ne se détériorait pas sous l'action des fumées et vapeurs. L'extension des communications interurbaines a toutefois montré les inconvénients qu'il y a à ajouter à une ligne interurbaine des conducteurs présentant une résistance électrique de plus de 40^{ω} au kilomètre, et le type adopté est actuellement du fil de bronze de $\frac{15}{10}$ de millimètre ayant une conductibilité variant suivant les fournisseurs de 35 à 52 pour 100 du cuivre pur, et une résistance à la traction de 75^{kg} par millimètre carré.

Dès aujourd'hui, l'on peut prévoir que la conductibilité ne descendra pas au-dessous de 50 pour 100.

Enfin, en ce moment, on tend à employer du fil bi-métallique (âme d'acier avec chemise de cuivre). Ce fil peut avoir les mêmes constantes que le fil de bronze au point de vue électrique et mécanique, et son prix est moins élevé, ainsi qu'il ressort du Tableau ci-dessous, provenant de fournitures livrées en 1892.

	RÉSISTANCE		PRIX du kilogramme de fil.
	en ω.	à la traction.	
Fil de $\frac{11}{10}$ bronze	45,5	73	fr 18,05
Fil de $\frac{11}{10}$ bi-métallique	32,5	92	15,00
Fil de $\frac{15}{10}$ bronze	15,2	126	40,60
Fil de $\frac{15}{10}$ bi-métallique	14,0	112	28,70

Toutefois, les progrès que l'on réalise dans la fabrication du bronze modifieront probablement ces chiffres à l'avantage du bronze.

275. Appuis. — On a commencé par employer le bois pour supporter les fils; mais de tels appuis sont lourds, disgracieux; leur durée ne dépasse pas une dizaine d'années; enfin les poteaux sont sujets à se voiler et à se crevasser, et l'on s'est promptement arrêté à l'emploi exclusif du fer.

Quant à la forme des appuis à placer sur les toits, on a débuté en France, par des herses, puis on a continué par l'emploi simultané de la herse et du potelet, et enfin on semble s'en tenir aujourd'hui uniquement au potelet, quitte à rassembler plusieurs potelets côte à côte et à les rendre solidaires entre eux.

Les avantages du potelet sur la herse sont les suivants :

Un toit étant imposé par sa situation pour recevoir un appui, la pose d'une herse n'est pas toujours facile; elle nécessite souvent, par suite de la disposition du faîtage ou du pignon, des montants d'une hauteur exagérée, ou bien oblige à donner aux traverses une orientation s'écartant beaucoup de la position à prendre naturellement par rapport aux nappes de fils; le poteau, au contraire, qui prend un seul point d'appui sur le toit ou le pignon, peut, à volonté, être tourné de façon que les isolateurs se trouvent dans le plan bissecteur des nappes aboutissant à l'appui, et, de plus, profiter d'un point saillant, sur lequel il serait matériellement impossible d'installer une herse.

Sur une herse, le faisceau des fils s'augmente par une série de nappes horizontales, tandis que pour le poteau on procède par une série de nappes verticales; il en résulte qu'un faisceau de quinze fils, aussi bien qu'un de trente-cinq, prend un développement de $2^m,50$ sur des herses, alors que sur poteaux ce développement n'est que de $0^m,35$ ou $0^m,80$. On passera donc bien plus facilement avec des poteaux au milieu du dédale des cheminées et des girouettes qui se dressent entre deux appuis consécutifs.

Avec des poteaux, on multiplie le nombre des faisceaux qui partent du poste central; on dessert, par suite, les abonnés avec des lignes de moindre longueur, et surtout les dérivations allant chez chacun d'eux sont moins importantes; si d'ailleurs, dans une direction donnée, la multiplicité des points d'appuis est, pour une cause ou une autre, un inconvénient, en accouplant les poteaux, comme il a été dit, on se trouvera dans les conditions d'installation des herses.

Sur un poteau, les remaniements de fils sont plus aisés que sur une herse.

Enfin, depuis la tourelle jusqu'aux extrémités du réseau, dans le cas de l'adoption exclusive des poteaux, les faisceaux de fils sont toujours composés de nappes qui peuvent conserver la forme de plans verticaux, et ne sont pas obligées d'affecter celle de surfaces gauches, ainsi que cela se produit avec l'emploi simultané de la herse et du poteau, lorsque l'on passe d'une traverse horizontale de herse à un potelet vertical ou réciproquement.

Un des modèles de potelet le plus employé est le potelet André dont nous avons parlé à propos des potelets en façade.

Fig. 188.

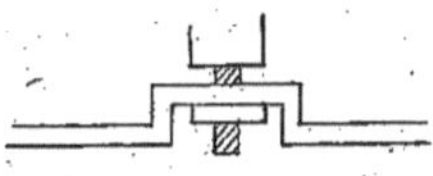

L'appui est boulonné sur un éperon scellé dans le mur, ou bien fixé par des tire-fonds sur la charpente (*fig.* 189); le remplacement d'un potelet de moindre hauteur par un potelet plus élevé se fait avec la plus grande facilité sans qu'on ait à toucher à l'éperon.

Sur un faîtage, on peut boulonner le poteau sur une fourrure

Fig. 189.

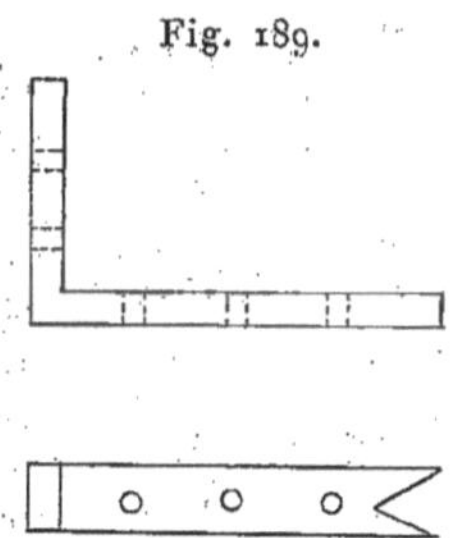

terminée par une tige filetée, que l'on fixe par un écrou sur une semelle (*fig.* 188).

Le potelet est toujours haubanné, des fils de fer avec un tendeur à lanterne constituent le hauban le plus pratique et le plus économique.

Enfin, si la charpente n'est pas solide, on peut se contenter de placer le potelet sur une selle et de le maintenir par quatre haubans en fils de fer (*fig.* 190).

On a également remplacé les deux fers en U par des fers à T

Fig. 190.

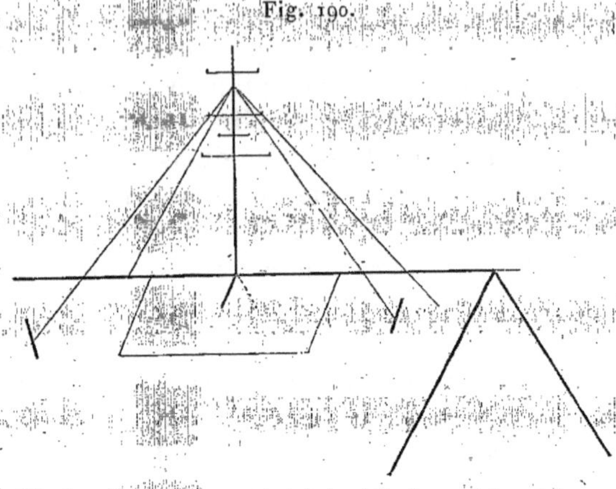

(*fig.* 191) et fait usage de quatre fers cornières de $0^m,025$ sur $0^m,025$, espacés de $0^m,012$; le poids de ces derniers, à résistance égale, n'est que la moitié de celui de deux fers en U, $4^{kg},400$ le mètre au lieu de $8^{kg},400$; de plus, ils ne nécessitent le percement d'aucun trou, même pour leur fixation sur les toits.

Fig. 191.

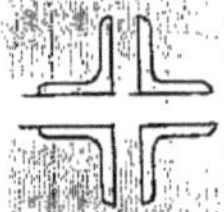

276. Tourelles et entrées de bureaux centraux. — La tourelle est le point de concentration de toutes les artères qui amènent les fils des abonnés au bureau central. Elle peut être considérée comme formée d'appuis aussi rapprochés que possible et rendus solidaires les uns des autres.

Son mode de construction et sa forme varient donc avec le type d'appuis employés, et avec la disposition des artères des réseaux.

Si le réseau est peu important, trois ou quatre potelets solidarisés constitueront la tourelle; les fils sont raccordés à des câbles sous plomb, comme on l'a indiqué pour les entrées de postes municipaux. Le câble sous plomb descend dans la cavité que présentent les fers, et se rend dans le bureau par un caniveau disposé de façon à éviter toute infiltration d'eau au moyen d'un dispositif (*fig.* 192) qui ne permet pas à l'eau d'arriver dans le caniveau en glissant sur le câble sous plomb.

Fig. 192.

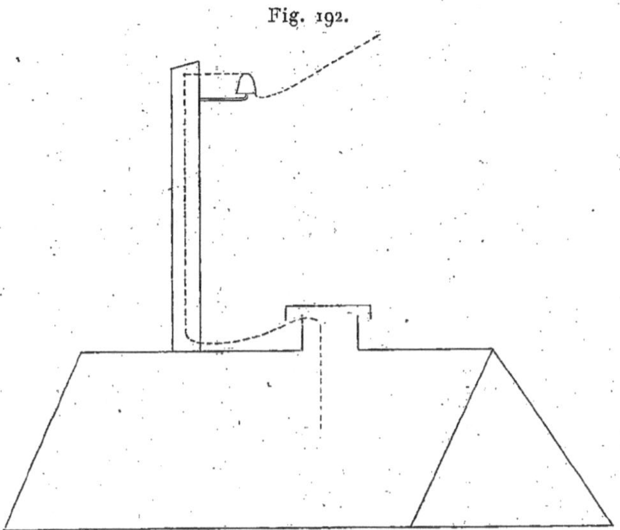

277. Armement. — Les potelets sont armés avec des isolateurs petit modèle sur consoles longues et courtes (*fig.* 193). Il convient d'adopter l'armement alternatif avec un écartement de $0^m,25$ pour les isolateurs; les fils sont dès lors à $0^m,29$ et $0^m,35$ les uns des autres.

Fig. 193.

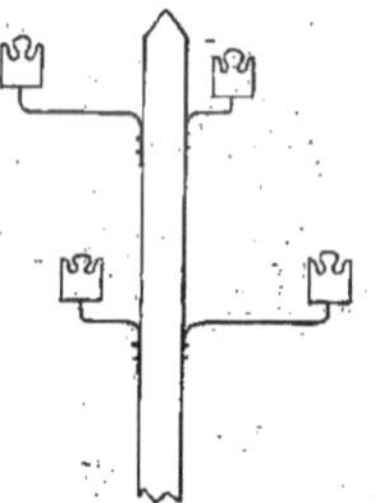

278. Pose du fil. — Au moment de la construction d'une artère, on commence par passer une corde entre deux appuis consécutifs; c'est une opération parfois assez longue, car la corde doit être lancée de proche en proche par-dessus les toits de toutes les maisons qui séparent les deux appuis; on donne à la corde une longueur double de la distance des deux appuis; on la monte sur deux poulies à manivelle que l'on installe sur les appuis; et rien n'est dès lors plus facile que de passer le nombre de fils voulu (*fig.* 194).

En vue des poses ultérieures de fils, on a soin, dans cette première opération de poser un fil d'acier de 2^{mm} entre les pieds des

Fig. 194.

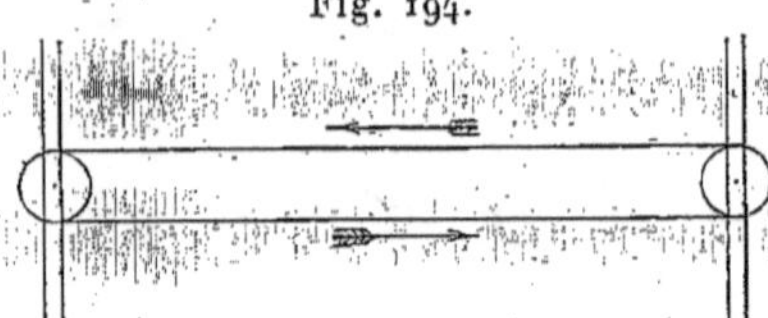

poteaux consécutifs. Si l'on a alors à poser de nouveaux fils, on lance sur le fil d'acier un appareil appelé *oiseau*. Cet appareil se

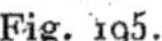

Fig. 195.

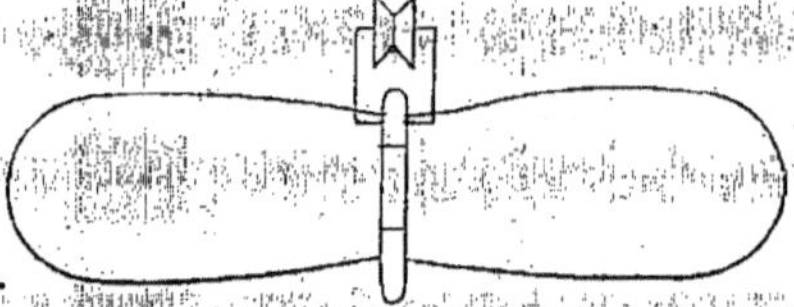

compose d'une planchette mince, munie de deux ailes légères que l'on peut orienter à volonté; deux poulies roulant sur le fil et sup-

Fig. 196.

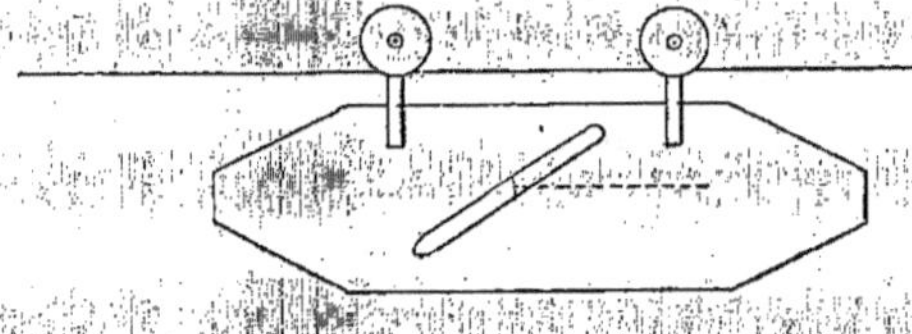

portant l'oiseau (*fig.* 195, 196) permettent à celui-ci de parcourir

Fig. 197.

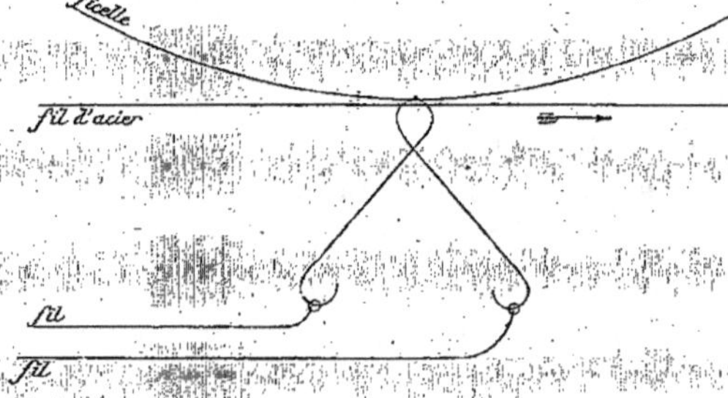

l'espace entre les deux poteaux sous l'action du vent et d'une impulsion première ; l'oiseau est lancé de l'un ou l'autre appui suivant la direction du vent, il entraîne avec lui une ficelle. La ficelle étant ainsi passée facilement entre deux appuis consécutifs, on l'utilise pour tirer le long du fil d'acier un petit équipage auquel on attache les fils à poser (*fig.* 197).

Le passage d'un fil n'en est pas moins une opération assez longue, aussi profite-t-on toujours d'une pose de fils pour en passer quelques-uns en réserve.

Les portées courantes à adopter sont de 80^{m} à 120^{m} ; il est bon de ne pas dépasser sans raison cette dernière longueur.

On évite les soudures en pleine portée, la présence des manchons faciliterait les mélanges ; de plus, en raison du très faible diamètre des fils employés, il serait à craindre que l'opération de la soudure n'altérât les qualités mécaniques du fil ; on fait donc les soudures sur les isolateurs ; les deux fils sont arrêtés sur la tête de l'isolateur autour de laquelle ils font plusieurs tours, et les extrémités libres sont ensuite réunies par une torsade et soudées (*fig.* 198) ; la partie soudée n'est dès lors soumise à aucun effort mécanique.

Fig. 198.

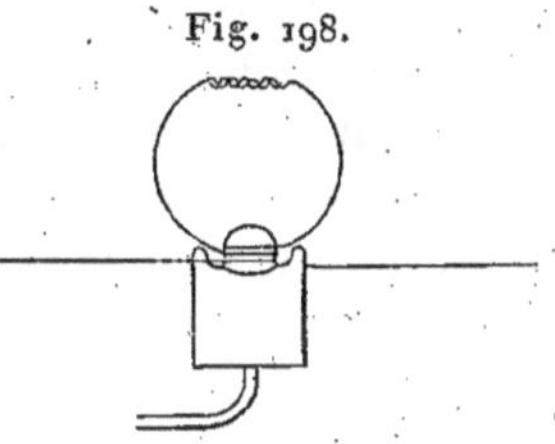

279. **Entrée de postes d'abonnés.** — Dans les réseaux à simple

Fig. 199.

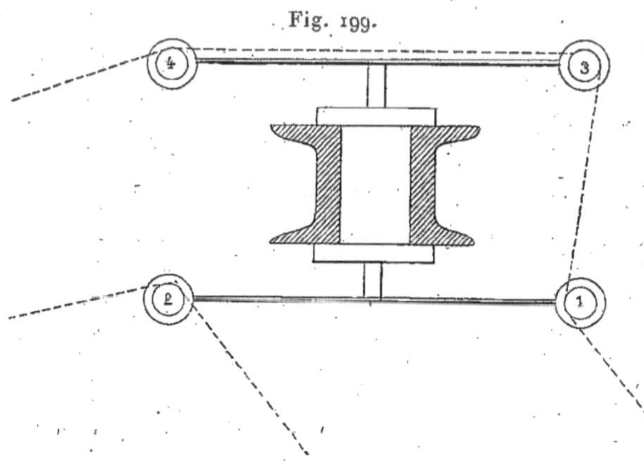

fil, le conducteur quitte l'artère à un appui et arrive chez l'abonné en s'appuyant sur un ou plusieurs isolateurs à tiges longues.

Dans les réseaux à double fil, on remplace les deux isolateurs ordinaires sur le potelet de bifurcation, par deux isolateurs doubles qui permettent aux fils de s'échapper de la nappe sans contacts avec leurs voisins (*fig.* 199).

280. **Sourdines.** — Sous l'influence du vent, les fils vibrent comme s'ils étaient frottés par un archet dans le sens de leur longueur, et cela d'autant plus qu'ils sont plus tendus. Ces vibrations produisent un son continu et persistant qui se transmet à l'appui, et, de là, à l'immeuble qui le supporte, au point de devenir gênant pour les habitants. Lorsque le potelet est fixé sur des pièces de charpente qui forment caisse de résonance, le bruit devient même intolérable; il importe en tous cas de le faire disparaître.

Maintes dispositions ont été proposées à cet effet, notamment l'intercalation de semelles de plomb et de caoutchouc entre les

Fig. 200.

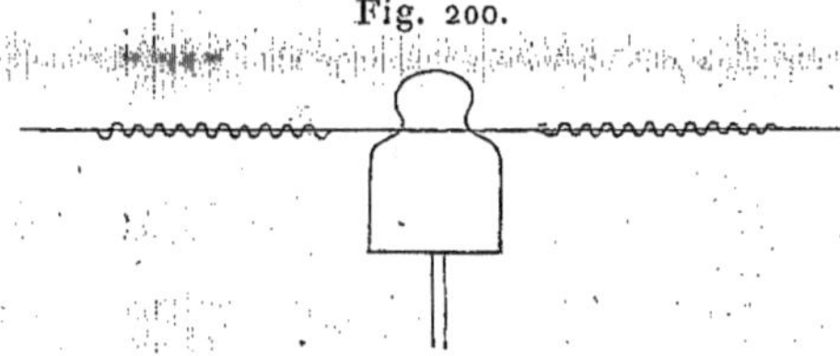

consoles et le potelet. On a également serré le fil de part et d'autre de l'isolateur au moyen d'un fil de plomb tordu en hélice qui arrête les vibrations (*fig.* 200). On diminue aussi le bruit en détendant les fils, mais ce moyen est souvent impraticable ou insuffisant.

La disposition la plus employée en France en raison de son efficacité et de la modicité de son prix est due à MM. Caël et Beau.

Cette sourdine se composait primitivement d'une couche de chanvre enroulée autour du fil à son point de contact avec l'isolateur, un tube de caoutchouc, fendu suivant sa longueur, recouvre le chanvre, le caoutchouc est à son tour enveloppé par une lamelle de plomb de $0^{mm},7$ à 1^{mm} d'épaisseur. L'ensemble est maintenu par un toron de trois brins de fil à ligature, enroulé en spirale autour du plomb et formant un collier dans lequel s'engage la tête de l'isolateur. Dans la partie s'appuyant sur la tête de l'isolateur, le collier est recouvert lui-même de chanvre, caoutchouc et plomb (*fig.* 201).

A l'usage, on a reconnu que la couche de chanvre se mouillait

Fig. 201.

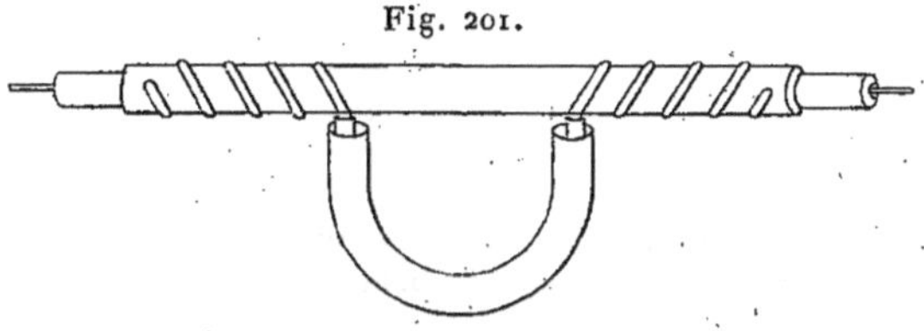

par la pluie qui glissait le long du fil, et qu'il en résultait une humidité permanente, laquelle amenait une détérioration assez prompte du conducteur. On supprime cet inconvénient en interposant entre le fil et le chanvre une autre feuille de plomb, qui se prolonge de part et d'autre de la sourdine, et ne permet pas à l'eau qui mouille le fil d'arriver jusqu'au chanvre.

VINGT-CINQUIÈME LEÇON.

SOMMAIRE.

Entretien des lignes aériennes. — Prescriptions générales pour les travaux d'entretien. — Petit entretien. — Gros entretien. — Dépôts de matériel. — Dépôts départementaux. — Dépôts régionaux. — Police des lignes. — Centre des fils.

---

281. **Entretien des lignes aériennes.** — L'entretien des lignes aériennes est une question fort importante, et sur laquelle on ne saurait trop insister : des lignes excellentes deviennent promptement défectueuses lorsqu'on ne les entretient pas; un entretien méthodique et bien entendu améliore rapidement les mauvaises lignes et les remet en parfait état.

Autrefois les lignes étaient entretenues comme le sont encore les routes; elles étaient divisées en sections; à chaque section était affecté un surveillant. Ce système dut être modifié lorsque le réseau télégraphique se développa; et les surveillants furent remplacés par les équipes de surveillance en 1875.

Malheureusement, on profita de la présence de ces équipes toutes formées pour leur confier la construction des lignes autrefois construites par des entrepreneurs, et cette substitution, excellente en elle-même, fut désastreuse pour le bon entretien des lignes. Les travaux neufs accaparèrent les équipes, et l'entretien fut négligé.

On remédia à cet état de choses, en 1884, par la création des équipes de petit entretien. Chaque équipe de petit entretien est constituée par un ou deux sous-agents détachés d'une façon permanente des équipes, et auxquels on adjoint des ouvriers temporaires suivant les besoins. Les sous-agents affectés au petit entretien ne doivent être, sous aucun prétexte, détournés de leurs travaux.

Ces travaux comprennent :

1° Les diverses opérations ayant pour but de maintenir ou d'améliorer la conductibilité et l'isolement des fils, telles que : la réfection des soudures, la rectification du réglage des fils, le remplacement des isolateurs, les nettoyages et lavages, l'enlèvement des corps étrangers, les élagages;

2° Les menues réparations intéressant la sécurité des communications et qu'il y a lieu d'effectuer d'urgence, telles que : repiquage, relèvement ou consolidation de poteaux brisés, renversés ou ébranlés;

3° Le sondage des appuis avant chaque revision et la réfection de la peinture au sommet des appuis.

Les équipes restent alors uniquement chargées des constructions neuves et du gros entretien.

Sont classés dans le gros entretien :

La remise au point de tous les appuis, le remplacement des poteaux trop faibles, pourris ou insuffisants, le renouvellement des fils usés ou détériorés, et toutes les améliorations ou rectifications de tracés dont l'expérience aurait fait reconnaître l'utilité.

S'il existe dans le département plusieurs équipes, chacune d'elles est chargée d'une circonscription fixe. La composition et l'importance de ces équipes sont déterminées par l'importance même du réseau qu'elles ont à entretenir. Lors donc qu'on les distrait des travaux d'entretien pour les affecter à une construction neuve, il convient, pour que l'entretien n'en souffre pas, de remplacer par des journées de temporaires, les journées de sous-agents consacrées aux travaux neufs.

282. Prescriptions générales pour les travaux d'entretien. — Chaque surveillant ou ouvrier employé à l'entretien des lignes est toujours, pendant son service, porteur d'un sac à outils complet.

Les chefs d'équipe ou de groupe se pourvoient, au dépôt ou magasin départemental, des outils de terrassement, de soudure et autres appropriés au genre de travail à exécuter.

Chaque groupe possède en outre les échelles et étriers nécessaires et est pourvu d'une provision suffisante d'isolateurs, de vis et de fils.

Le chef d'équipe ou de groupe est spécialement chargé de veiller à ce que les ouvriers prennent toutes les précautions voulues pour éviter les accidents et de vérifier les outils qui leur sont remis, en particulier les cordages, les moufles et les échelles.

Un ouvrier n'applique une échelle ou ne monte sur un poteau qu'après avoir vérifié l'état du poteau. Si la solidité de l'appui est douteuse, l'ouvrier l'assujettit, réclamant au besoin l'assistance de ses collègues.

Il est recommandé de faire assister un ouvrier par un aide :

1° Lorsqu'il se sert d'une échelle de grande dimension (plus de six mètres) ou d'échelles accouplées ;

2° Lorsqu'il travaille sur un toit;

3° Lorsque l'échelle, quelle que soit la hauteur, porte sur un point où elle pourrait être heurtée par une voiture ou par un passant;

4° Lorsque le pied de l'échelle repose sur un mur, sur une corniche, un rocher, un ouvrage d'art élevé, d'où elle pourrait glisser;

5° Et, en règle générale, pour tout travail pouvant entraîner des chutes dangereuses.

A la fin de chaque journée ou en quittant le travail dans le cours d'une journée, les ouvriers prennent soin de placer les outils en lieu sûr, d'enlever les poteaux et de relever les fils afin qu'ils ne puissent gêner la circulation ni causer des chutes; les échelles sont couchées le long des voies si l'on n'a pas la possibilité de les enfermer. Les opérations les plus délicates pouvant occasionner des dérangements, telles que la réfection d'une soudure, le renouvellement ou le déplacement d'un fil, sont effectuées de préférence le matin, autant que possible avant l'heure de l'ouverture des bureaux télégraphiques.

Après l'achèvement d'une opération quelconque, le chef d'équipe est tenu de vérifier lui-même toute la partie de ligne à laquelle on a touché et il ne la quitte qu'après s'être assuré que tout a été remis en ordre.

Les règlements concernant la police des travaux publics sont applicables aux opérations se rattachant à l'entretien comme à celles qui se rapportent à la construction des lignes télégraphiques.

283. Petit entretien. — Le petit entretien est continu et se poursuit pendant toute l'année sans interruption.

Les observations recueillies dans les bureaux et les essais électriques périodiques fournissent les plus utiles indications pour la direction à donner aux travaux de petit entretien et permettent de déterminer à l'avance les sections qui doivent être l'objet d'une attention particulière.

Sauf dans certains cas, où il s'agit de remédier d'urgence à un défaut déterminé, chaque vérification du groupe de petit entretien porte sur toutes les parties de la ligne.

Les ouvriers ne se bornent pas à suivre la ligne à pied. Ils sont tenus dans tous leurs parcours d'examiner chaque poteau et de monter sur les poteaux pour vérifier tous les isolateurs. Toutes les réparations pouvant intéresser la régularité ou la sécurité des communications sont effectuées, sans délai, dans le cours de la tournée, au moins provisoirement.

Les ouvriers doivent d'ailleurs s'attacher à observer les prescriptions suivantes :

Fils. — S'il n'y a aucun motif de craindre une rupture prochaine, le remplacement des fils jugés défectueux rentre dans le gros entretien. C'est, en effet, une opération délicate qui comporte de grandes précautions et exige le concours d'une équipe entière. Les progrès de l'usure des fils sont d'ailleurs le plus souvent assez lents pour qu'on puisse différer leur remplacement jusqu'à la principale revision annuelle. Le groupe d'entretien se borne donc ordinairement à examiner soigneusement les fils et à noter les parties de ligne sur lesquelles ils seraient corrodés, usés ou amincis.

Si les fils ne sont plus parallèles, on procède à un nouveau réglage. On utilise, à cet effet, le dynamomètre, ou bien l'on règle les autres fils sur celui qui paraît avoir été le moins affecté.

Soudures.— Il est indispensable de remplacer les soudures défectueuses ou celles dont les manchons seraient fendus ou endommagés.

Il ne serait pas possible de substituer simplement un nouveau manchon à l'ancien sans réduire la longueur du fil et augmenter sa tension. On est ainsi conduit à intercaler dans le fil une baguette de longueur égale à celle qu'on supprime et à la raccorder avec deux manchons soudés.

Il faut profiter de cette circonstance et donner à la baguette une longueur suffisante pour supprimer toutes les parties de fil voisines des manchons qui présenteraient des défauts. Toutefois il convient de ne pas trop multiplier les manchons et de remplacer une ou deux portées dans le cas où celles-ci renfermeraient plus de deux manchons chacune.

La soudure ne se fait en l'air ou sur échelle qu'à la dernière extrémité. Toutes les fois que les dispositions locales s'y prêtent, le fil est détaché successivement d'un, deux, trois ou quatre isolateurs suivant sa hauteur, écarté peu à peu, avec précaution, du faisceau des fils et descendu à la hauteur convenable. L'obligation de ne pas troubler le service complique ce travail.

Isolateurs. — Tout isolateur brisé, ébréché, ou dont l'émail est entamé, est remplacé.

Souvent, par la sécheresse, les poteaux se crevassent, et les vis ne peuvent plus retenir la console; il est inutile de déplacer légèrement les vis, la crevasse se reproduirait au nouvel emplacement de la vis; il est préférable de maintenir la console au moyen d'un collier en fil de fer de 3^{mm}.

Le nettoyage des isolateurs a une grande importance, et l'état de propreté de ceux-ci influe considérablement sur l'isolement de la ligne : d'où la nécessité de laver et nettoyer au moins une fois par an les isolateurs, surtout dans les endroits où ils sont plus particulièrement exposés aux fumées.

Chaque lavage est fait complètement, en s'attachant à enlever non seulement les poussières, mais encore les parties graisseuses déposées sur la porcelaine. On emploie à cet effet de la potasse caustique dissoute dans dix fois son poids d'eau. L'usage du sable mouillé ou des poussières de grès, qui pourraient altérer l'émail, est à proscrire.

L'isolateur devant être nettoyé à l'intérieur de la cloche aussi bien qu'à l'extérieur, les ouvriers se munissent, pour les isolateurs à double cloche, de brosses longues ou d'éponges et de linges montés sur fil de fer, permettant d'atteindre le fond des deux cavités.

Enlèvement des corps étrangers en contact avec les fils. Élagages. — Les corps étrangers venant à toucher les fils peuvent, surtout par les temps brumeux, pluvieux et humides, faire varier l'isolement et occasionner parfois de véritables dérangements. Les uns sont fixés et accrochés aux fils, les autres ne les atteignent que par intermittence poussés par le vent ou par toute autre cause.

Parmi les premiers on trouve les bouts de fils métalliques, des ficelles, des débris de linges et de cerfs-volants abandonnés, jetés ou poussés par le vent, ainsi que les toiles d'araignée tissées sur plusieurs fils. Si l'on ne peut les atteindre avec une perche, au milieu d'une portée, il est d'usage de mettre le feu à ceux qui sont combustibles. Ce procédé, appliqué en temps calme, ne présente ordinairement aucun inconvénient surtout sur les lignes en fil de fer; mais il a déjà été recommandé d'éviter de surchauffer le fil de cuivre. On s'abstient donc de brûler les débris de linges et de cerfs-volants lorsqu'ils sont fixés à des fils de cuivre. On les enlève plutôt en plaçant à cheval sur le fil près de l'isolateur une corde ou un fil de fer flexible qu'on fait ensuite glisser le long du fil de ligne jusqu'à l'appui suivant.

Il est prescrit aux ouvriers de ne pas laisser sur le terrain les bouts de fil inutiles, notamment les vieux fils à ligature et de s'abstenir de les lancer en l'air. La même précaution est recommandée pour tous les bouts de fils provenant des travaux des compagnies ou des riverains. Il suffit le plus souvent d'une entente avec les agents des compagnies et avec les riverains pour éviter des imprudences involontaires, mais en définitive très préjudiciables au service. Cependant, si les mêmes faits continuaient à se produire malgré les recommandations faites, il conviendrait pour y mettre un terme de faire dresser procès-verbal.

On sait que, lors de la construction d'une ligne, on éloigne à une distance de $1^m,50$ toutes les branches des arbres plantés près de la ligne. Ces élagages sont soigneusement entretenus et renouvelés, autant que possible deux fois par an, au printemps et à l'automne. On en laisse le soin aux compagnies, services publics, propriétaires et riverains. Ce n'est que sur la demande des intéressés ou dans le cas où ceux-ci ne se conformeraient pas aux avis donnés, que les élagages sont faits par les équipes, après une mise en demeure. Ce travail doit être exécuté avec toutes les précautions convenables. On s'abstient notamment de casser ou de tirer les branches à élaguer et on se munit des serpes, scies à main et croissants nécessaires pour les couper proprement.

Enfin il peut arriver que les fils balancés par le vent viennent toucher des murs, des ouvrages ou des appareils construits ou posés après l'établissement de la ligne, et que cet effet n'ait pas été remarqué tout d'abord. On y remédie en effectuant, suivant le cas, la plantation d'un nouvel appui ou une rectification de tracé.

Consolidation provisoire des poteaux. — Les ouvriers chargés de la vérification d'une ligne examinent tous les poteaux successivement et consolident provisoirement ceux qui sont ébranlés, renversés ou atteints sérieusement de pourriture, afin qu'ils puissent résister jusqu'à la plus prochaine revision principale.

Ils ont recours, autant que possible, pour ces consolidations provisoires, à tous les moyens et aux matériaux qu'ils trouvent sur place. Les procédés les plus usuels sont ceux qui consistent à haubanner le poteau, à le repiquer, s'il est pourri en terre, à le recouper et à descendre les fils, si la partie supérieure est atteinte, ou encore à le garnir de tuteurs.

Le hauban est placé de façon à ne pas gêner la circulation et à prendre un point d'appui solide à une distance convenable. Il est ordinairement formé de trois fils de fer tordus.

Les tuteurs sont formés d'un, de deux ou même de trois bouts de poteaux, bien sains, ayant une longueur de 1^{m} à $1^{m},50$, qu'on applique de part et d'autre sur la partie atteinte du poteau à consolider. Ces tuteurs sont simplement rattachés au poteau au-dessus et au-dessous du point faible et défectueux avec des liens en fil de fer; pour tendre ces liens, on engage dessous un coin qu'on enfonce à refus au maillet.

Sondage. — Le sondage est une opération délicate, mais capitale pour l'entretien. De la façon dont il est exécuté dépendent la sécurité des communications et la bonne direction des travaux de gros entretien. Il ne doit être confié qu'à un agent intelligent et expérimenté déjà formé à ce genre de travail.

Il se fait à la fois au son et par pénétration.

Pour vérifier un poteau au son, on frappe de petits coups secs, comme s'il s'agissait de constater qu'un tonneau est plein ou vide, et, lorsqu'on en a l'habitude, on juge, par le son qui se produit, de l'état de conservation du bois.

On apprécie également le degré de conservation d'un poteau en cherchant à y enfoncer un poinçon ou un ciseau, mais il faut éviter soigneusement d'entamer le poteau en l'attaquant à la pioche.

Chaque poteau est vérifié sur toute sa longueur, mais particulièrement à la partie où il sort de terre et sur une profondeur de 25^{cm} à 30^{cm} au-dessous du sol, ainsi qu'au sommet. Il est rare qu'un poteau soit pourri au-dessous de 50^{cm} et il y aurait des inconvénients à le déchausser.

Le poteau est soigneusement recouvert après le sondage.

On a soin de ramener la terre autour du poteau et de la damer, pour éviter la formation à la longue d'une cuvette qui entretiendrait l'humidité au pied du poteau et amènerait une pourriture plus rapide.

Les poteaux à remplacer sont immédiatement marqués d'un coup de pinceau.

Lorsque dans un accouplement un des poteaux est à remplacer, il est bon de prévoir aussi le remplacement du second, et de constituer ainsi un nouvel accouplement entièrement neuf; on évite par ce moyen d'avoir à remanier trop fréquemment les accouplements.

Les résultats du sondage sont reportés au fur et à mesure sur un tableau descriptif semblable à celui qui est dressé pendant le piquetage d'une ligne neuve. On y relève par kilomètre les poteaux à remplacer, en indiquant avec précision leurs dimensions, leurs emplacements, leurs numéros et le nombre des isolateurs qu'ils supportent. Ce tableau sert à préparer et à distribuer le matériel nécessaire pour le gros entretien.

284. Gros entretien. — Les opérations qui rentrent dans le gros entretien ont la plus grande analogie avec les travaux d'établissement des lignes neuves.

Le relevé de sondage, destiné au même usage que le tableau descriptif du piquetage, permet de préparer les poteaux et le matériel nécessaires.

Les poteaux et les isolateurs sont réunis dans une gare principale et distribués dans les diverses gares du parcours par un train de marchandises et au besoin par un train spécial. Ils sont déchargés par les ouvriers et transportés à pied-d'œuvre au moyen du wagonnet.

Il y aurait de sérieux inconvénients à planter un nouveau poteau dans le même trou que l'ancien, la terre contenant des germes de décomposition. Lorsque l'emplacement de l'appui n'est pas commandé, il suffit de placer le nouveau à 1^m de l'ancien; dans le cas contraire, on enlève la terre provenant de la fouille pour la remplacer par de la terre fraîche.

On peut être conduit, au cours du travail de remplacement d'un appui à soutenir provisoirement l'ancien ou le nouveau par des haubans ou des étais. Pour éviter les dérangements de ligne et les accidents, on ne doit pas quitter ces installations précaires ni laisser un poteau déchaussé pendant la nuit.

Dans le cas où le remplacement d'un poteau présente des difficultés pouvant prolonger la durée de ce remplacement, on entreprend l'opération le matin afin qu'elle soit terminée avant la nuit.

Les poteaux distribués dans les gares ne sont pas transportés à pied-d'œuvre à l'avance, mais seulement au moment du passage de l'équipe. Les poteaux remplacés sont ramenés, au moyen du wagonnet, à la gare la plus rapprochée où ils sont triés. Ceux qui sont susceptibles d'être utilisés sont envoyés au dépôt départemental ou au dépôt partiel le plus proche. Ils y sont remis en état ou transformés; les autres sont, autant que possible, livrés sur place à l'administration des domaines.

Les prescriptions relatives à la pose d'un nouveau fil sont applicables au remplacement d'un fil oxydé ou défectueux. Les précautions à prendre pour éviter d'interrompre les communications varient avec les dispositions locales. Le moyen le plus sûr est celui qui consiste à dérouler préalablement sur le sol, le long de la ligne, un câble de 800^m à 1000^m comprenant plusieurs fils isolés qui sont raccordés à leurs extrémités aux fils aériens. On peut alors détacher ceux-ci de la ligne aérienne, sur le même parcours, et les déplacer ou les enlever sans aucune crainte. Après la soudure des nouveaux fils, le câble est reporté plus loin et le remplacement s'effectue ainsi de proche en proche. La même disposition est applicable pour le renouvellement des appuis lorsqu'on peut redouter des accidents.

Si l'on ne peut disposer d'un câble, le remplacement d'un fil comporte quatre opérations distinctes :

1° La pose d'isolateurs provisoires pour recevoir les anciens fils et rendre leur place libre ;

2° Le déplacement de ces fils ;

3° La mise en place des nouveaux ;

4° L'enlèvement des anciens.

S'il s'agit des fils inférieurs, on les abaisse momentanément au-dessous de la hauteur réglementaire, à la condition de les surveiller spécialement pendant l'opération. Pour les fils supérieurs, on fixe provisoirement au sommet du poteau, au moyen de fortes vis à bois, des potelets sur lesquels sont posés des isolateurs petit modèle.

Durant le déplacement, l'élévation, le réglage et l'enlèvement des fils, ceux-ci doivent être maniés sans brusquerie et tenus soigneusement écartés des conducteurs en service. On prépare d'ailleurs ces opérations à l'avance, afin d'en restreindre la durée et l'on choisit le moment où un contact momentané offrirait le moins d'inconvénient et produirait le moins de troubles. C'est en général le matin, avant l'ouverture des bureaux.

Le fil remplacé est immédiatement renvoyé au dépôt départemental, quel que soit son état.

Lorsque l'état d'une ligne comporte des réparations importantes, on en profite pour améliorer l'installation de celle-ci. Ces améliorations consistent à appliquer progressivement les dispositions recommandées pour l'établissement des lignes neuves.

Pour les sections défectueuses sur un assez long parcours, il est souvent plus expéditif et économique de procéder par reconstitution partielle en suivant, autant que possible, les règles fixées pour les travaux neufs.

Les mesures de précaution ou de préservation qu'il y a lieu de prendre pour prolonger la durée du matériel se rattachent au gros entretien. La plus importante de ces mesures est le renouvellement des peintures.

Il est prescrit de peindre à deux couches tous les ferrements non galvanisés, les bois non injectés employés à la confection des potelets, des guérites, des boîtes de coupure, les appuis placés sur des points exceptionnels. Cette peinture est renouvelée ou rafraîchie par l'application d'une nouvelle couche au moins tous les quatre ans.

Dans chaque circonscription, les objets à peindre sont répartis en quatre sections ou groupes à peu près égaux, et chaque année on repeint ceux d'un même groupe. Le renouvellement de la peinture se fera ainsi par quart, d'année en année, sans surcharge pour les équipes.

Les trous de vis qui restent ouverts dans les poteaux, par suite de déplacement ou d'enlèvement d'isolateurs, sont soigneusement bouchés au moyen de chevilles en bois injecté enfoncées à refus.

DÉPOTS DE MATÉRIEL.

285. **Dépôts départementaux.** — Il n'y a qu'un dépôt de matériel par département; mais, lorsque le département possède plusieurs équipes ayant des points d'attache différents, il convient de constituer dans chaque résidence d'équipe un approvisionnement de matériel d'usage courant.

Le dépôt départemental est placé sous la surveillance directe du chef surveillant et du surveillant adjoint remplissant les fonctions de garde-magasin, qui reçoit, réexpédie ou conserve et classe le matériel de rechange et en tient la comptabilité. Les équipes prêtent au besoin leur concours pour les manutentions.

Les dépôts départementaux sont d'ailleurs complètement distincts et doivent rester entièrement séparés des dépôts régionaux constitués dans quelques départements et dont il est question plus loin.

Tous les objets sont placés de telle sorte qu'ils soient constamment en vue et d'un accès facile. Ils sont maintenus en parfait état de propreté. Une étiquette indique exactement le contenu de chaque caisse ou rayon.

Les isolateurs, vis, boulons, entretoises, le fil, l'alliage pour soudure, les manchons, etc., sont livrés ou expédiés aux chefs d'équipe sur ordre spécial, au fur et à mesure des besoins ou de la consommation.

Une armoire ou une guérite, fermant à clef, est mise à la disposition de chaque chef d'équipe, soit au dépôt départemental, soit à la gare de sa résidence, pour lui fournir le moyen de mettre à l'abri les outils de l'équipe et le matériel livré pour les travaux; mais ce sous-agent ne conserve, en sus de l'outillage, que les quantités correspondant à la consommation d'une semaine. L'excédent et tout le matériel provenant des lignes après remplacement sont immédiatement réintégrés au dépôt départemental.

Le matériel ayant servi est soigneusement nettoyé et mis en ordre par les soins du garde-magasin. Les objets réformés ou hors de service sont rangés à part, et livrés ensuite au service des domaines pour être mis en vente, après l'autorisation préalable de l'administration.

Chaque département comprend également un seul dépôt principal de poteaux.

Ce dépôt de poteaux est établi dans une gare à proximité de la résidence de l'équipe qui est chargée des manutentions. Son emplacement est choisi d'accord avec les représentants de la compagnie, de telle sorte que la réception ou la réexpédition s'effectue commodément et que la surveillance et la manutention soient faciles.

En outre, en vue d'économiser les frais de transport, on établit aux points de bifurcation des lignes, près des gares, et dans des endroits facilement surveillés, de petits dépôts qui permettent de parer à l'imprévu, sans qu'il soit nécessaire de faire venir un ou deux appuis du dépôt principal.

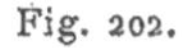
Fig. 202.

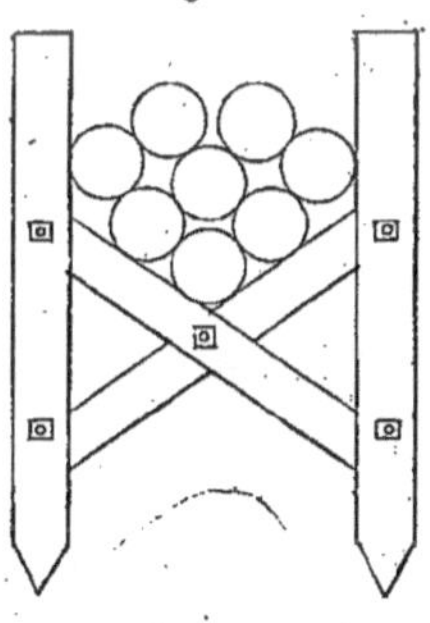

Les poteaux ne doivent jamais reposer directement sur le sol, où ils pourriraient promptement. Ils sont supportés à une petite hauteur au moyen de chevalets ou chantiers que les ouvriers confectionnent eux-mêmes dans l'intervalle des revisions annuelles, et qui sont formés de bouts de poteaux en bois injecté et assemblés au moyen de boulons en fer. On évite avec soin qu'ils ne soient atteints par les herbes (*fig.* 202).

Les poteaux neufs sont toujours séparés de ceux qui ont déjà servi. Les uns et les autres sont divisés ou classés par catégories, suivant leurs dimensions.

Les poteaux renvoyés aux dépôts après remplacement sur les lignes sont, dans le moindre délai possible, transformés et mis en état d'être employés à nouveau. A cet effet, on recoupe les parties atteintes, on appointisse les sommets lorsque c'est nécessaire, on bouche les trous de vis avec des chevilles, on repeint les sommets des poteaux, et on rétablit la marque-témoin si elle n'est pas suffisamment apparente ou si le poteau a été recoupé.

Il est bon aussi de passer une couche de coaltar sur toute la partie du poteau qui a été enterrée, après l'avoir grattée avec soin.

Lorsqu'il est fait un envoi pour l'entretien, les poteaux qui ont déjà servi sont livrés, sauf instructions contraires et spéciales, avant les poteaux neufs, et dans chaque catégorie on commence toujours par ceux qui sont arrivés le plus anciennement au dépôt.

286. **Dépôts régionaux.** — Les approvisionnements de poteaux sont ordinairement réunis et conservés dans des dépôts régionaux, avant d'être distribués entre les divers départements.

Le surveillant qui est chargé du service de chaque dépôt régional reçoit et fait expédier les poteaux, veille à leur conservation et tient les attachements des dépenses et des travaux faits au dépôt dont il a la garde.

Les conditions de réception au dépôt de chaque fourniture sont réglées par les cahiers des charges et les instructions spéciales de l'administration.

L'emplacement d'un dépôt principal de poteaux doit être choisi de telle sorte qu'on puisse réduire au minimum les frais de manutention entre le dépôt et la gare du chemin de fer qui le dessert.

Le dépôt doit donc être établi soit sur un terrain dépendant de la gare et cédé par la Compagnie, soit sur un terrain contigu et loué à un propriétaire riverain. La meilleure solution serait de disposer d'un emplacement se développant en longueur près d'une voie de service qui ne serait pas commandée par une plaque tournante; on cherche à s'en rapprocher le plus possible.

Les poteaux sont déposés par piles à base carrée d'une hauteur de 3^m ou 4^m au plus, chaque pile ne contenant que des bois de même longueur. Pour faciliter les manutentions et la surveillance, il est nécessaire de ménager entre les piles des allées d'une largeur de $1^m,50$.

En vue de la conservation des appuis, on dispose les piles de telle sorte que, dans deux couches superposées, les poteaux se croisent perpendiculairement. Dans une même couche deux poteaux contigus sont placés à contresens.

Il importe également que la couche inférieure ne repose pas directement sur le sol. Elle est placée sur un cadre ou tablier formé de poteaux ou débris de poteaux en bois sain; on utilise ordinairement ainsi des poteaux ayant déjà servi. Ces poteaux ou chantiers ne sont pas jointifs, afin de ne pas mettre obstacle à la circulation et au renouvellement de l'air.

Enfin le terrain, destiné à chaque pile, est préparé à l'avance. Les germes de putréfaction, ou les matières en décomposition qu'il contiendrait, sont enlevées et remplacées par du sable, du gravier ou du ballast. On pratique ensuite des petites saignées ou rigoles pour faciliter l'écoulement des eaux. Les herbes qui viennent à pousser seront soigneusement arrachées, avant qu'elles puissent atteindre les premières couches de la pile.

Les piles sont rangées suivant un ordre régulier de manière à faciliter le chargement pour les réexpéditions, en ayant égard à cette considération que les fournitures les plus anciennes doivent être expédiées en premier lieu. Si donc le terrain du dépôt a une certaine profondeur à partir des voies, chaque fourniture est emmagasinée dans le sens de la profondeur plutôt que dans celui de la longueur des voies.

Dans le même but, on s'abstient d'empiler ensemble des poteaux de diverses fournitures ou de compléter une pile entamée avec des bois provenant d'une fourniture plus récente.

Les dispositions prises pour le chargement et le déchargement des bois varient avec les localités et suivant les circonstances.

La manière la plus économique d'opérer ces manutentions est de les confier à la Compagnie du chemin de fer au tarif réglementaire, mais la situation du dépôt de poteaux permet rarement qu'il en soit ainsi.

Dans tous les cas, ce n'est que par exception que les chargements et déchargements sont faits par les ouvriers d'équipe. En général, il est préférable de traiter à l'avance avec un entrepreneur ou des ouvriers de la localité et de passer un marché les obligeant à effectuer, à première réquisition, les manutentions qui leur sont demandées, et fixant le prix pour chaque catégorie de poteaux.

Les expéditions faites par un dépôt de poteaux ont lieu autant que possible par wagons complets.

Il existe également quelques dépôts régionaux pour du matériel autre que des poteaux. Ces dépôts, qui reçoivent éventuellement des fournitures livrées dans les départements, sont installés dans des locaux spéciaux loués par l'administration. Leur service est soumis à des règles analogues à celles qui concernent les dépôts régionaux de poteaux.

Un agent est chargé de veiller à la conservation, à l'entretien et au classement du matériel. Tout l'approvisionnement, y compris le fil, doit être mis à l'abri, dans un local clos et couvert. Le fil qui serait momentanément entreposé à l'air libre ne doit jamais être placé directement sur le sol nu.

287. **Police des lignes.** — Le décret-loi du 27 décembre 1851, Titre II, contient toutes les dispositions législatives destinées à sauvegarder les lignes télégraphiques contre la malveillance.

Les contraventions sont constatées par les surveillants qui dressent procès-verbal, même quand le fait ne leur paraît pas dû à la malveillance.

A cet effet, les surveillants doivent être assermentés devant le tribunal civil de l'arrondissement; ils ne peuvent verbaliser que s'ils sont porteurs de la tenue réglementaire, c'est-à-dire de la casquette.

Le délai de prescription est d'un an; les procès-verbaux sont, sous peine de nullité, datés et signés, puis affirmés dans les trois jours devant le juge de paix, ou le maire, soit de la résidence de l'agent, soit du lieu de la contravention.

Ils doivent, en outre, être visés pour timbre et enregistrés en débet dans le délai de quatre jours.

288. **Cartes des fils.** — Il y a quelques années, pour dresser la carte des fils d'un département, on traçait sur une feuille les noms des localités pourvues d'un bureau télégraphique, et les

voies de communication suivies par les lignes ; les fils étaient représentés parallèlement aux voies dans l'ordre qu'ils occupent sur les appuis en supposant ceux-ci renversés en dehors de la voie.

Tant que le nombre des fils est restreint, ce système est excellent, mais, dès que le nombre des fils augmente, les points de bifurcation deviennent trop chargés, et il n'est plus possible, si l'on veut être exact ou complet, de respecter l'échelle de la carte en ces points : on dresse alors une sorte de représentation schématique du réseau, dans laquelle aucune proportion n'est plus conservée pour les distances.

Enfin, le système actuellement en usage est un peu plus complexe, mais il a l'avantage de se prêter à toutes les extensions du réseau.

On se sert d'une carte et d'un carnet. La carte est à petite échelle ($\frac{1}{320\,000}$) : on n'y fait figurer que les bureaux et les voies de communication le long desquelles sont posées les lignes. La ligne est représentée par un seul trait ; ce trait est d'une couleur ou d'une autre suivant que la ligne renferme des fils ayant telle ou telle affectation : noir plein, noir ponctué, bleu, rouge, vert. Chaque section de ligne porte sur la carte un numéro d'ordre spécial. A chaque numéro correspond une page d'un carnet qui indique les distances kilométriques, la disposition des appuis par rapport aux voies suivies, les numéros et les noms de chacun des conducteurs ainsi que leurs emplacements sur les appuis, en distinguant ceux qui sont placés sur consoles longues de ceux qui reposent sur des consoles courtes.

Ces indications très complètes permettent de se rendre un compte très exact du parcours d'un fil, que l'on peut dès lors suivre, comme si l'on visitait effectivement les lignes qui le supportent.

FIN.

ERRATA.

Pages.	Lignes.	Au lieu de	Lire
19	25 et 26	volume	poids
106	4 du Tableau	80^m	800^m
114	3 de la Note	$sq = \frac{\pi d^2}{4}$	$sq = \frac{\pi d^2 q}{4}$
118	9	$t = 31,400 \times d^2$	$t = \frac{31,400 d^2}{n}$
»	10	$t = 35,325 \times d^2$	$t = \frac{35,325 d^2}{n}$
132	9	$31^{kg},4$	$3,14$
133	20	$\theta < \frac{a^2 p^2}{24 \alpha \theta t'^2}$	$\theta < \frac{a^2 p^2}{24 \alpha t'^2}$
292	3 du Sommaire	Centre	Carte

TABLE DES MATIÈRES.

SIXIÈME LEÇON.

SEPTIÈME LEÇON.

HUITIÈME LEÇON.

NEUVIÈME LEÇON.

DIXIÈME LEÇON.

ONZIÈME LEÇON.

DOUZIÈME LEÇON.

TREIZIÈME LEÇON.

QUATORZIÈME LEÇON.

QUINZIÈME LEÇON.

SEIZIÈME LEÇON.

DIX-SEPTIÈME LEÇON.

DIX-HUITIÈME LEÇON.

DIX-NEUVIÈME LEÇON.

VINGTIÈME LEÇON.

VINGT ET UNIÈME LEÇON.

VINGT-DEUXIÈME LEÇON.

VINGT-TROISIÈME LEÇON.

VINGT-QUATRIÈME LEÇON.

VINGT-CINQUIÈME LEÇON.

FIN DE LA TABLE DES MATIÈRES

17787 Paris. — Imprimerie GAUTHIER-VILLARS ET FILS, quai des Grands-Augustins, 55.

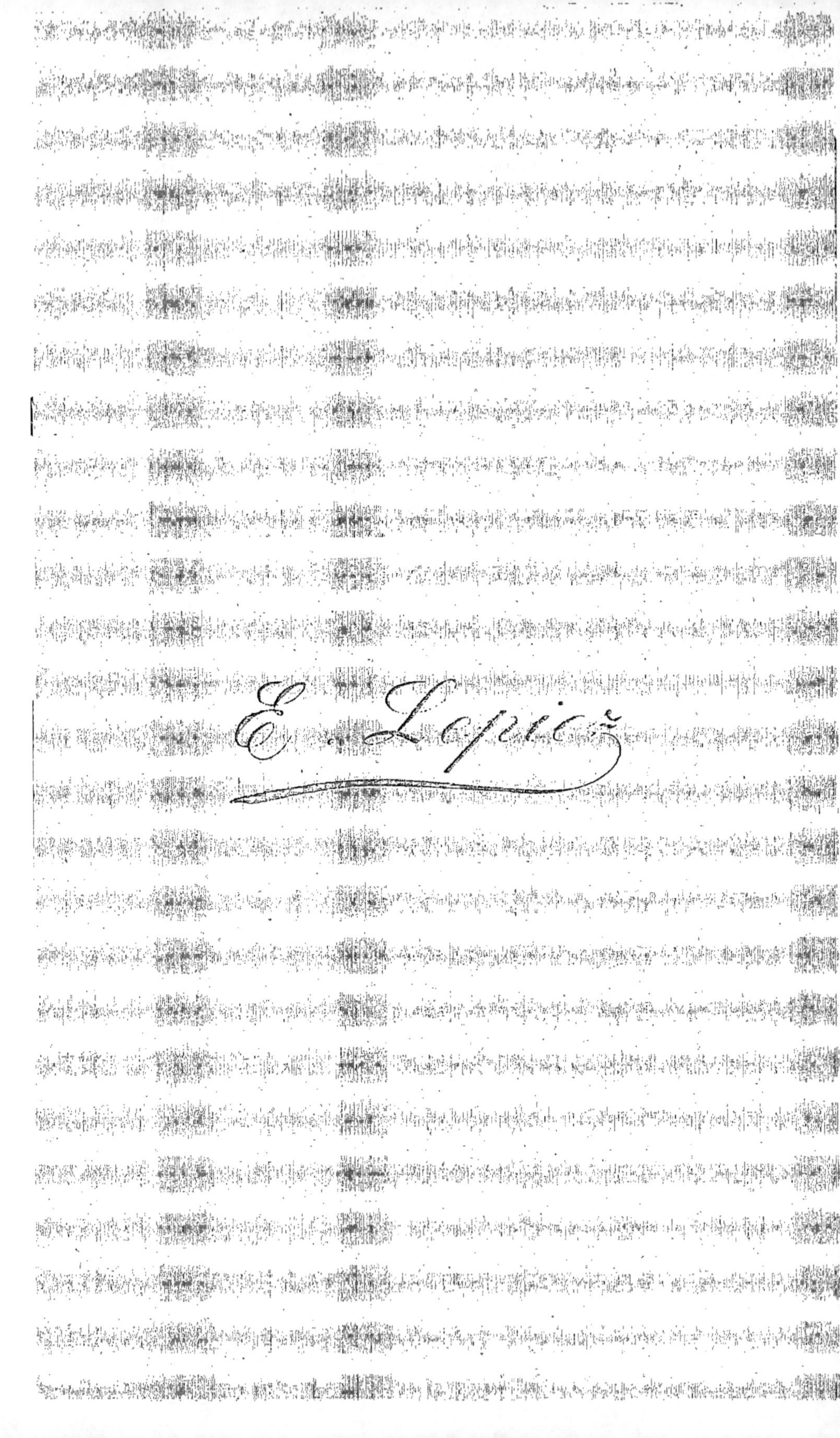

www.ingramcontent.com/pod-product-compliance
Lightning Source LLC
LaVergne TN
LVHW020542230826
846091LV00002B/357